JN298552

半導体工学

第2版

松波弘之 著

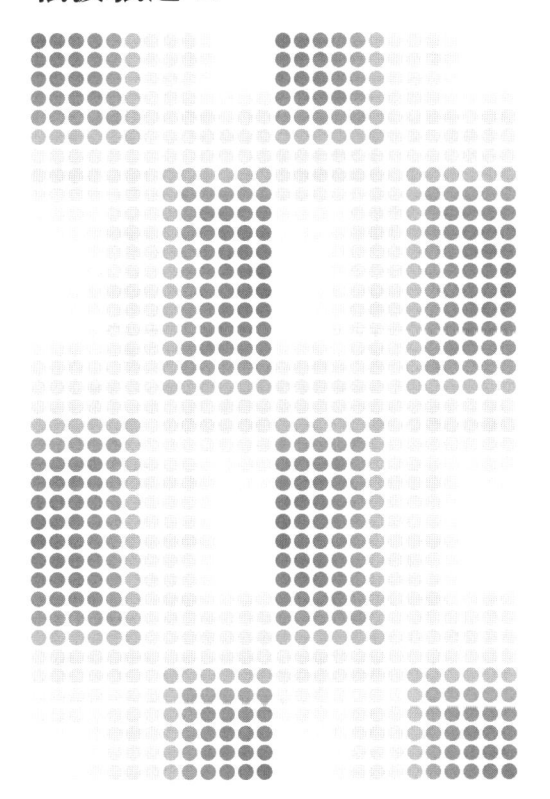

朝倉書店

本書は，株式会社昭晃堂より出版された同名書籍を再出版したものです．

まえがき

　今日のエレクトロニクスを理解，応用するためには，その中心的役割を果たしている半導体材料およびデバイスの基礎的諸現象や動作特性の学習が必要である．

　本書は，著者が京都大学工学部電気系学科の学部学生に講義を行ってきた内容をいささか拡張し，大学学部および工業高専の学生を対象として，教科書としてまとめたものである．本書にはいる前に固体の物性について学習してあれば申し分ないが，必ずしもそれにこだわることなく本書に入れるようにした積もりである．

　第1章においては，半導体を知るために必要な固体物理の基礎をまとめてある．第2，3章において半導体の基本的性質を述べたのち，第4章ではpn接合の動作を物理現象の観点から詳しく論じている．これらの内容は後に続く各種の半導体デバイスの基本原理とも言えるもので，本書ではかなりの重点を置いてある．第5章においては各種の半導体材料ならびに加工法について述べた．半導体工学の全体を把握するために，使われている材料や製作法を知ることが必要と考えているが，この章は第6章以下の半導体デバイスを理解したのちに学習してもよい．第6章以下第9章までは，ダイオード，トランジスタおよびそれらを組み合わせた集積回路の動作原理，諸現象，用途などについて述べてある．第10章では，近年発展の著しいオプトエレクトロニクスで半導体が担っている分野について概説してある．第11章では，前出のいずれの章にも入れにくいが，半導体の応用上欠かせないデバイスや諸効果を取り扱っている．

　半導体デバイスを製作する側も利用する側も，意志の相互伝達を図るために，今後ますます共通の言葉が必要となる．そのためには，半導体材料やデバイスを物理的観点から理解することが重要であると考えている．したがって本書では，数式の導出は特に重要な箇所で独習者にも分かるように記述したが，あくまでも物理現象の理解に必要なものに留めた．内容の至らぬ点や間違った点について大方のご叱正とご寛容をお願いする次第である．

おわりに，本書の執筆の話があった折に，刊行の検討を示唆いただき，執筆中に激励をいただいた京都大学名誉教授田中哲郎先生に紙上を借りて感謝する．また，遅筆の著者を暖かい目で見ていただいた昭晃堂出版部の方々にお礼申し上げる．

　昭和58年2月

　　　　　　　　　　　　　　　　　　　　　　　　　筆　　　者

改定版出版に当たって

　1983年の「半導体工学」の発刊以来15年が経過した．エレクトロニクスは大きく進展して社会を支え，その働きを享受する情報化社会ともいわれる時代に入っている．基盤となる半導体技術の展開は一段と進み，ハードウエアとソフトウエアを組み合わせた総合力が必要な時期となった．「工学」は設計ができてはじめてそう呼ばれるものであり，半導体技術者には，材料，プロセス，デバイスを包含する広い知識が要求される．初版ではこの点を重視し，その時代に即したデバイスを紹介した．初版出版から15年の間に，材料，プロセス，デバイスにかなりの変化が見られるので，時宜に応じた改定版が要求されるようになった．しかしながら，基本的なものには変化がないので，今回は，初版の流れを極力変えないようにし，必要な箇所で時代に即したことを含めるように努めた．

　まず，2章においては電流輸送機構を要領よくまとめなおした．5章においては材料の項を簡略化し，プロセスについては，その後の進展を加味した内容とした．この章は，工学として流れを知る上で必要であるが，講義ではパスしていただいてよい．6章以下のデバイス各論では，各種デバイスの世代交代を取り込んだ．特に，集積回路やホトニクス分野ではその後の進展と現状を取り込んだ．進展著しいパワーエレクトロニクスを新たに1つの章として整理を試みた．初版では，その他の応用として各種の半導体デバイスについて記述したが，その後の大きな進展が見えないことも勘案して省くことにした．全体を通じて，記述の冗長部を極力減らし，また幾分，高度な内容は小さな文字で表すようにした．

　初版で強調したように，半導体材料やデバイスを物理的に理解することを主たる目的にしているが，それを数理・物理的に証明することも独学者のために必要であると考え，数式の導出に留意してある．講義で強調しているが，半導体デバイスを理解するためには，pn接合と電界効果の物理が分かればよいと確信し，そのようにスペースを配分してある．初版には演習問題を入れなかったが，周辺からの嘱望もあり，各章での基本的なことがらを取り上げた．

演習問題については，吉本昌広，木本恒暢両氏に協力いただいた．記して謝意を表す．遅筆の筆者に寛容の態度で臨んでいただいた昭晃堂編集部の方々にお礼申し上げる．

1999年8月

著　者

目　　次

1　固体物理の基礎

1.1　原　子　構　造 …………………………………………………… 1
1.2　結晶と化学結合 …………………………………………………… 4
1.3　結晶の不完全性 …………………………………………………… 8
1.4　格　子　振　動 …………………………………………………… 10
1.5　エネルギー帯構造 ………………………………………………… 12
1.6　フェルミ・ディラック統計 ……………………………………… 15
　演　習　問　題 ………………………………………………………… 17

2　半導体の基礎的性質

2.1　真　性　半　導　体 ……………………………………………… 18
2.2　外因形半導体 ……………………………………………………… 19
2.3　多数キャリヤと少数キャリヤ …………………………………… 21
2.4　キャリヤ密度 ……………………………………………………… 23
2.5　フェルミ準位 ……………………………………………………… 26
2.6　半導体の電気伝導 ………………………………………………… 31
2.7　キャリヤの生成・消滅 …………………………………………… 37
2.8　キャリヤの生成・消滅があるときの電流 ……………………… 41
2.9　半導体内の空間電荷 ……………………………………………… 43
　演　習　問　題 ………………………………………………………… 45

3　半導体の諸性質

3.1　磁　電　的　性　質 ……………………………………………… 47
3.2　熱　電　的　性　質 ……………………………………………… 51

3.3 光学的性質 ………………………………………………………… 53
3.4 光電的性質 ………………………………………………………… 56
3.5 発光現象 …………………………………………………………… 60
3.6 高電界効果 ………………………………………………………… 61
演習問題 ………………………………………………………………… 64

4 接合ならびに界面の現象

4.1 金属と半導体の接触 ……………………………………………… 66
4.2 ショットキー障壁の解析 ………………………………………… 72
4.3 pn接合の理論 …………………………………………………… 77
4.4 薄いpn接合 ……………………………………………………… 89
4.5 pn接合の破壊現象 ……………………………………………… 92
4.6 ヘテロ接合 ………………………………………………………… 95
4.7 MIS構造 …………………………………………………………… 97
演習問題 ………………………………………………………………… 101

5 半導体材料と処理技術

5.1 半導体材料 ………………………………………………………… 103
5.2 半導体材料の精製 ………………………………………………… 110
5.3 単結晶製作法 ……………………………………………………… 112
5.4 半導体加工技術 …………………………………………………… 116
演習問題 ………………………………………………………………… 123

6 ダイオード

6.1 直流特性 …………………………………………………………… 124
6.2 交流特性 …………………………………………………………… 129
6.3 スイッチ特性,過渡特性 ………………………………………… 132
6.4 雑音 ………………………………………………………………… 136

6.5	各種の接合ダイオード	136
演習問題		142

7 バイポーラ・トランジスタ

7.1	構造と特性	143
7.2	直流動作特性	146
7.3	交流動作特性	152
7.4	ベース領域における諸現象	154
7.5	コレクタ接合の及ぼす効果	157
7.6	各種のバイポーラ・トランジスタ	158
演習問題		163

8 電界効果トランジスタ

8.1	MOS電界効果トランジスタ	164
8.2	接合形電界効果トランジスタ	172
8.3	ショットキー障壁ゲート電界効果トランジスタ	173
8.4	静電誘導トランジスタ	175
演習問題		176

9 集積回路

9.1	集積回路	177
9.2	バイポーラ集積回路	177
9.3	MOS集積回路	182
9.4	メモリ用集積回路	186
9.5	電荷転送素子	189
演習問題		192

10 半導体ホトニクス

- 10.1 太陽電池 ……………………………………………… 193
- 10.2 光検出素子 …………………………………………… 197
- 10.3 発光ダイオード ……………………………………… 202
- 10.4 半導体レーザ ………………………………………… 206
- 演習問題 …………………………………………………… 211

11 パワーエレクトロニクス

- 11.1 整流ダイオード ……………………………………… 213
- 11.2 パワートランジスタ ………………………………… 215
- 11.3 サイリスタ …………………………………………… 219
- 11.4 ゲートターンオフサイリスタ ……………………… 223
- 演習問題 …………………………………………………… 224

- 付録 1, 2 ………………………………………………… 225
- 付表 1. 周期表 ………………………………………… 228
- 付表 2. おもな物理定数 ……………………………… 229
- 演習問題略解 ……………………………………………… 230
- 索引 ………………………………………………………… 234

1 固体物理の基礎

1.1 原子構造

物質を構成している原子 (atom) は,正の電荷をもつ原子核 (nucleus) とそれを取りまく負の電荷をもつ電子 (electron) とで構成されている.原子は電気的に中性で,正電荷の総数と電子の総数は等しい.原子番号と呼ばれる正電荷または負電荷の総数は,原子の化学的性質に強い影響を与えている.

原子の構造は基本的にはボーア (Bohr) の模型でうまく説明できる.図1.1に示すように,電子は原子核の周囲を円軌道を描きながら回転している.円軌道の半径をr,原子核がもつ電荷をZe(Zは原子番号),電子の質量をm,速度をvとすると,電子の全運動エネルギーEは,軌道上のポテンシャルエネルギーと電子の運動エネルギーの和で表され,

$$E = -\frac{Ze^2}{4\pi\varepsilon_0 r} + \frac{mv^2}{2} \tag{1.1}$$

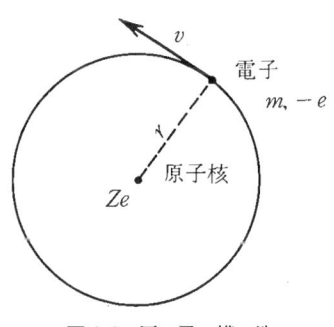

図1.1 原子構造

となる.ここに,ε_0は真空の誘電率である.

円運動している電子に働く遠心力は,正電荷との間のクーロン力と平衡しているので,

$$\frac{mv^2}{r} = \frac{Ze^2}{4\pi\varepsilon_0 r^2} \tag{1.2}$$

が成り立つ.2つの式からvを消去すると,

$$E = -\frac{Ze^2}{8\pi\varepsilon_0 r} \tag{1.3}$$

となり，電子の全エネルギーは軌道半径に反比例する．式 (1.2) を満たす r は無限にあるが，電子の描く軌道の半径は，任意の値がとれるのではなく，次に示すボーアの量子条件を満たす軌道のみが安定に存在する．この条件は，角運動量が $h/2\pi$ の整数倍という条件

$$mvr = n\frac{h}{2\pi} = n\hbar \qquad (n = 1, 2, 3, \cdots) \tag{1.4}$$

で，h はプランク (Planck) の定数である．

式 (1.2) と式 (1.4) から，軌道半径 r_n, および電子の全エネルギー E_n は，

$$r_n = \frac{\varepsilon_0 h^2}{\pi m Z e^2} n^2 \tag{1.5}$$

$$E_n = -\frac{mZ^2 e^4}{8\varepsilon_0^2 h^2} \cdot \frac{1}{n^2} \tag{1.6}$$

で与えられる．すなわち，電子のエネルギーはとびとびの値をとることになり，これをエネルギー準位 (energy level) という．$n = 1$ は基底状態 (ground state), $n = 2, 3, \cdots$ は励起状態 (excited state) と呼ばれる．基底状態と $n = \infty$ の準位とのエネルギー差を，イオン化エネルギー (ionization energy) という．水素原子の場合，式 (1.6) に $Z = 1$ を代入して，イオン化エネルギーは 13.6 eV[†] となる．

原子内の電子の配置は，ド・ブロイ (de Brogli) の提唱した物質波 (material wave) の仮説に基づく波動方程式 (wave equation) により論じられる．物質波の仮説では，電子のような微小粒子は同時に波動性をもち，その質量を m, 速度を v とすると，

$$\lambda = \frac{h}{mv} \tag{1.7}$$

で与えられる波長 λ の波を伴っていると考える[††]．シュレディンガー (Schrödinger) は物質波の概念をもとに，波の方程式を書き換えて次に示す波動方程式を導いた．

[†] 1個の電子を 1V の電位差にさからって移動させるのに必要なエネルギーを，1eV (エレクトロン・ボルト) といい，1.60×10^{-19} [C] $\times 1$ [V] $= 1.60 \times 10^{-19}$ [J] の大きさをもつ．
[††] 粒子が波動性をもつことは，電子による回折現象が見られることで実証されている．

$$-\frac{\hbar^2}{2m}\nabla^2\phi + V\phi = E\phi \tag{1.8}$$

$$\nabla^2 = \frac{\partial^2}{\partial x^2} + \frac{\partial^2}{\partial y^2} + \frac{\partial^2}{\partial z^2} \tag{1.9}$$

ここに，Eは電子の全エネルギー，Vはポテンシャルエネルギーである．ϕは波動関数（wave function）と呼ばれ，電子を波動と考えたときの振幅を指し，$|\phi|^2$は電子の存在確率を表す．この考えを用いれば，先に述べた電子の軌道は，存在確率が最大になる位置を表すことになる．

式（1.8）でVが与えられると，この微分方程式は，Eが特定の値をとるときのみ解をもつようになる．電子のエネルギー準位がとびとびの値をとる理由はここにある．数多くの解を区別するために，次の4つの量子数（quantum number）を用いる．

(1) **主量子数**（principal quantum number）：n

電子のエネルギーを決定するのに最も重要な因子で，正の整数nで表される．nの小さいほどエネルギーが低い．表1.1に示すように主量子数の等しい軌道群を殻（shell）といい．内殻から順にK, L, M, N, …殻という．

表1.1 電子軌道

n	殻	l			
		0	1	2	3
1	K	1s			
2	L	2s	2p		
3	M	3s	3p	3d	
4	N	4s	4p	4d	4f

(2) **方位量子数**（azimuthal quantum number）：l

軌道の形状に関するもので，lは$0, 1, 2, \cdots, (n-1)$のn個の値をとるが，それぞれに対応して分光学的表記s, p, d, f, …で表されることが多い．nの値が同じであればlの小さい方がエネルギーが低い．

(3) **磁気量子数**（magnetic quantum number）：m_l

電子の波動関数の広がりが最大となる方向を示すもので，$-l, -(l-1), \cdots, 0, \cdots, (l-1), l$の$(2l+1)$個の値をとる．$n$と$l$が同じ場合，外部から磁界を印加しない限り磁気量子数の違いは区別できない．

(4) スピン量子数（spin quantum number）: m_s

電子の回転により生じる磁界の方向を量子化したもので，$+1/2$ と $-1/2$ で表される．n, l, m_l の3つの量子数で決まる電子の軌道に，異なったスピンをもつ2つの電子が存在できる．

これら4つの量子数によって電子の軌道が決められるが，原子を構成している電子は，パウリの排他原理（Pauli's exclusion principle）に従って，原子のエネルギーが最低になるように，低いエネルギー準位から順につまっていく．表1.2に各軌道に入る電子の数を示す．1つの殻に入る電子の総数は，表1.1，1.2からわかるように $2n^2$ である．1つの殻に収容されている電子数が，その殻に与えられた最大数である場合，その殻を閉殻（closed shell）という．通常，いくつかの閉殻の外側に完全には満たされていない殻がある．この殻にある電子は価電子（valence electron）と呼ばれ，その原子の化学的性質を決めている．

表 1.2 軌道内電子数

l	軌道	m_l	m_s	電子数
0	s	0	$\pm\frac{1}{2}$	2
1	p	$-1, 0, 1$	$\pm\frac{1}{2}$	6
2	d	$-2, -1, 0, 1, 2$	$\pm\frac{1}{2}$	10
3	f	$-3, -2, 1, 0, 1, 2, 3$	$\pm\frac{1}{2}$	18

元素の諸性質は，その元素の原子核がもつ電荷，すなわち核外電子の数によって周期的に変化する．すなわち，元素を原子番号順に並べると，一定の周期ごとに類似の性質をもつ元素が現れてくる．類似の性質をもつ元素の集団を族（family）といい，このような周期性を表にしたものを周期表（periodic table）という．長周期の周期表を付表1に示す．

1.2 結晶と化学結合

固体は結晶（crystal）と非晶質（non-crystalline）物質とに分類される．結晶は原子または分子が規則正しく配列したもので，試料全体が1つの結晶である場合，単結晶（single crystal）といい，これら単結晶の集まりである場合，多

結晶 (poly crystal) という. 非晶質は, 原子または分子が液体内におけるように不規則に配列しているもので, ガラスがその代表であり, 無定形 (amorphous) とも呼ばれる.

一般に結晶は, 図 1.2 に示すように, 構成の基礎単位 (単位格子 : unit cell) を規則正しく積み重ねた構造をもっている. 原子または分子は, 各稜に沿う基本並進ベクトル a, b, c を用いて,

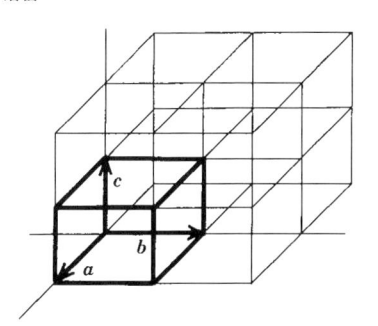

図 1.2 結 晶 格 子

$$R = n_1 a + n_2 b + n_3 c \quad (n_1, n_2, n_3 \text{は整数}) \tag{1.10}$$

で表されるベクトル R 上に存在する. この点を格子点 (lattice point) といい, 格子点の集合を空間格子 (space lattice) という. 実在する結晶では, 3つのベクトル a, b, c (長さ a, b, c と角 α, β, γ) の間に特定の関係があり, 表 1.3 のように 7つの晶系 (crystal system) に分類される.

a, b, c で構成される平行六面体の頂点のみに格子点のある場合を単純基本格子 (simple primitive cell) という. 実際の結晶では, 面の中心 (面心 : face center), 底面の中心 (底心 : base center), 体積の中心 (体心 : body center) にも原子をもつ. しかしながら, 7つの晶系がこれら4種類の基本格子をもつのではなく, 互いに独立なものは表 1.3 に示す 14 種類である.

表 1.3 7晶系と単位格子

晶 系	幾 何 学 的 条 件	単 位 格 子
三斜 (triclinic)	$c \leq a \leq b, \alpha \neq 90°, \beta \neq 90°, \gamma \neq 90°$	単純
単斜 (monoclinic)	$c \leq a, b$ 任意, $\alpha = \gamma = 90°, \beta \neq 90°$	単純, 底心
斜方 (orthorhombic)	$c < a < b, \alpha = \beta = \gamma = 90°$	単純, 底心, 面心, 体心
菱面体 (rhombohedral)	$a = b = c, \alpha = \beta = \gamma \neq 90°$	単純
正方 (tetragonal)	$a = b \neq c, \alpha = \beta = \gamma = 90°$	単純, 体心
六方 (hexagonal)	$a = b, c$ 任意, $\alpha = \beta = 90°, \gamma = 120°$	単純
立方 (cubic)	$a = b = c, \alpha = \beta = \gamma = 90°$	単純, 面心, 体心

結晶を扱う場合に重要な概念として結晶面がある．図1.3に示すように，3つの主軸 x, y, z を各軸方向の格子定数 (lattice constant) a, b, c の整数倍で切る面を結晶面という．ここで格子定数は結晶の主軸方向の格子点間の距離である．図では，それぞれ $n_1 a$, $n_2 b$, $n_3 c$ (n_1, n_2, n_3 は整数) で主軸が切られている．結晶内において平行な面はすべて同等と考えられるので，面の法線方向を指定すれば面が定まることになる．法線 N と x, y, z 軸となす角を α, β, γ とすると，それぞれの方向余弦は，

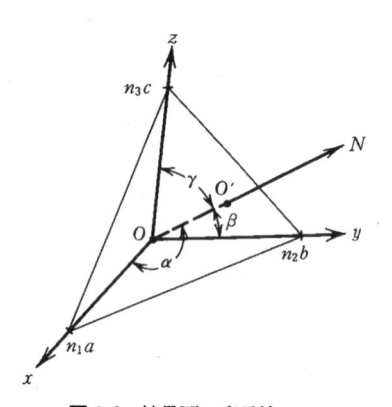

図1.3 結晶面の表示法

$$\cos\alpha = \frac{\overline{OO'}}{n_1 a}, \quad \cos\beta = \frac{\overline{OO'}}{n_2 b}, \quad \cos\gamma = \frac{\overline{OO'}}{n_3 c} \qquad (1.11)$$

となる．したがって，面の法線方向は，

$$a\cos\alpha : b\cos\beta : c\cos\gamma = \frac{1}{n_1} : \frac{1}{n_2} : \frac{1}{n_3} = h : k : l \qquad (1.12)$$

の比で指定できる．h, k, l はこの比を与える公約数で，これをミラー指数 (Miller indices) という．図1.4に立方晶系における結晶面の表示方法を示す．

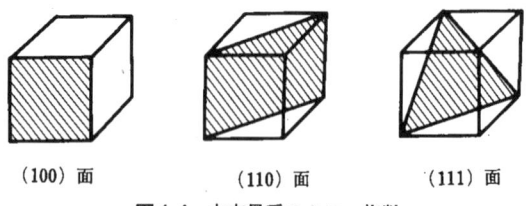

(100)面 (110)面 (111)面

図1.4 立方晶系のミラー指数

半導体工学上重要な結晶構造は，ダイヤモンド (diamond) 構造 (図1.5)，閃亜鉛鉱 (zincblende) 構造 (図1.6)，およびウルツ鉱 (wurtzite) 構造 (図1.7) である．ダイヤモンド構造は2組の面心立方格子を体対角の方向に体対角線長の1/4だけずらせた構造になっている．Ⅳ族元素の炭素 (C) がこの結晶構

造をもつとダイヤモンドになるのでこの名があり，半導体の中心的役割を果たすシリコン（Si）やゲルマニウム（Ge）もこの構造をとる．閃亜鉛鉱構造は天然の硫化亜鉛（ZnS）が立方晶をとる場合で，ダイヤモンド構造における1つの面心立方格子がZn，体対角方向に1/4ずれた面心立方格子がSで構成されている．周期表のⅢ族とⅤ族間の化合物によく見られる結晶構造である．ウルツ鉱構造は基本的には六方晶系で，硫化カドミウム（CdS）や酸化亜鉛（ZnO）などのⅡ族とⅥ族間の化合物や一部のⅢ-Ⅴ族化合物に見られる．

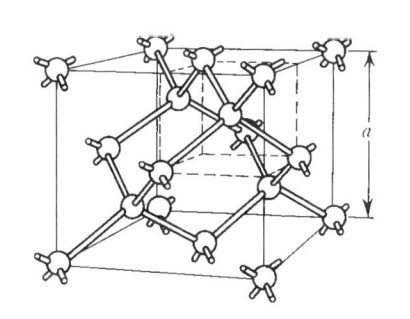

図1.5 ダイヤモンド構造

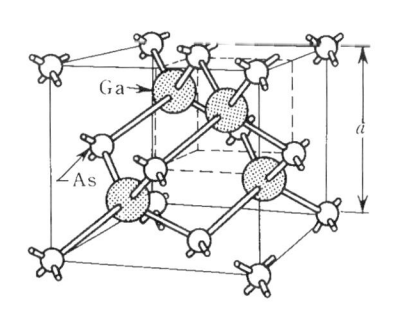

図1.6 閃亜鉛鉱構造

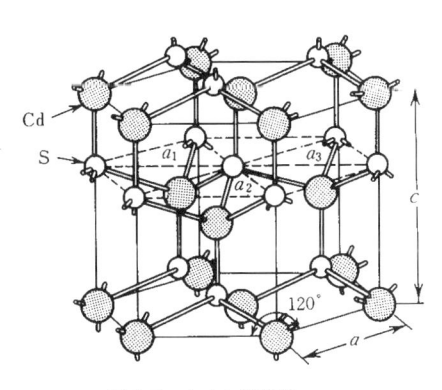

図1.7 ウルツ鉱構造

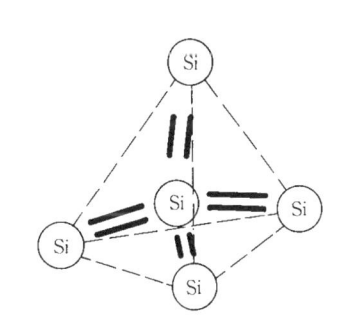

図1.8 正四面体構造

原子が結晶を形成する場合，原子間には化学結合力が働いている．半導体結晶においては，共有結合（covalent bond）とイオン結合（ionic bond）が重要な役割をする．このほかの化学結合には，金属結合，ファン・デァ・ワールス結合，水素結合などがある．共有結合は隣接原子間で価電子を共有する結合のことで，

図 1.5 のダイヤモンド構造をとる結晶がこの結合をもっている．IV族元素は最外殻の電子（価電子）が4個である．一般に原子は最外殻が閉殻になれば安定するが，このためにはIV族元素では電子が4個不足する．そこで，図 1.8 に示すように，隣接する4個の原子とそれぞれ価電子を1個ずつ共有して見掛上閉殻がつくられる．この結果，各原子は安定することになる．この共有結合は，いろいろな結合の仕方の中で最も強い結合力をもっている．中心にある原子は周囲の4個の原子がつくる正四面体の重心の位置にあり，これを正四面体結合 (tetrahedral bond) と呼ぶ．

イオン結合は構成原子が電子のやりとりでイオン化することによって閉殻をつくる場合に生じる結合である．代表例として塩化ナトリウム (NaCl) を考えると，ナトリウム (Na, Z=11) が価電子1個を塩素 (Cl, Z=17) に与えて Na^+，Cl^- の正，負のイオンとなり，共に最外殻が閉殻となる．正イオンと負イオン間にクーロン力が働き，同符号のイオン間では反発力が働くが，最近接の異符号のイオン間の吸引力が大きくて結晶をつくりあげる．半導体結晶は，上述の共有結合のみか，あるいは一部にイオン結合が混じったもので形成される．特に化合物半導体は共有結合とイオン結合が混じり，化合物の種類によってその割合が異なる．このイオン結合の混じる割合をイオン性 (ionicity) という．

1.3 結晶の不完全性

実際の結晶では原子は完全な規則的配列をしておらず，原子の配列に欠陥やずれがあったり，表面や境界に特異な状態ができたりする．これらを総称して結晶の不完全性 (imperfection)，あるいは格子欠陥 (lattice defect) という．これらは半導体の諸性質に影響を与える．代表的なものについて以下に簡単に説明する．

(1) **格子間原子** (interstitial atom)：図 1.9 に示したように，格子点でないところに入り込んだ原子を格子間原子という．この場合，格子点のすき間に割り込むので半径の大きな原子は入りにくい．

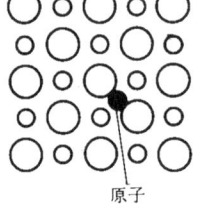

(2) **空格子点** (vacancy)：図 1.10 のように格子点の

図 1.9 格子間原子

原子が欠けている場合，原子の欠けた格子点を空格子点という．イオン性をもつ

1.3 結晶の不完全性

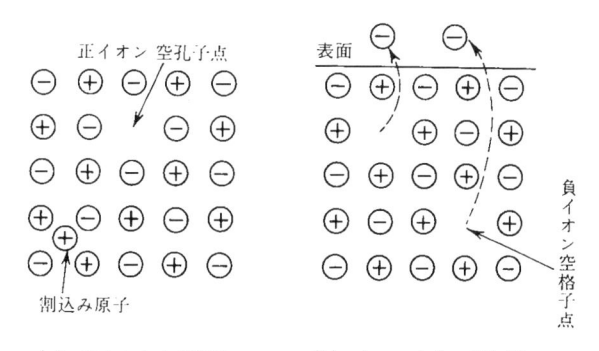

(a) フレンケル形欠陥 (b) ショットキー形欠陥

図1.10 空格子点

結晶では格子点の原子がイオンであるので，正イオンと負イオンの2種類の空格子点ができる．両者が同数であれば電気的中性が保たれるが，一方が過剰である場合には，これに伴って電気的中性を保つために結晶の不完全性がさらに生じる．格子点を抜けた原子が格子間原子となり，空格子点と対をつくるフレンケル形欠陥（Frenkel defect）と，原子が表面に出て空格子点が単独で存在するショットキー形欠陥（Schottky defect）とがある．

(3) **異種原子**（foreign atom）：結晶を構成する原子以外に含まれる原子で不純物原子（impurity atom）ともいう．結晶の格子点にある構成原子を置換する置換形（substitutional）と，割込み形（interstitial）とがある．半導体工学では，この不純物原子が非常に重要な役割を果たしている．

(4) **転位**（dislocation）：結晶内原子の規則正しい配列にずれを生じたもの

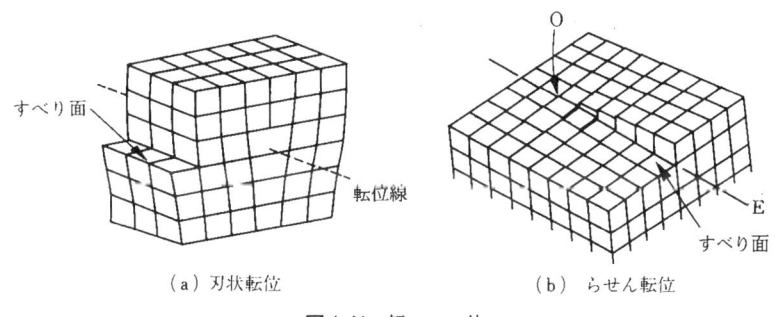

(a) 刃状転位 (b) らせん転位

図1.11 転　位

を転位という．すべりの生じ方の違いにより，図1.11に示す刃状転位（edge dislocation）と，らせん転位（screw dislocation）とがある．

(5) **結晶粒界**（grain boundary）：2つの結晶粒の境界で結晶軸方向にくい違いがある場合，図1.12に示すように平面状の格子の不完全性となる．一連の刃状転位が平面上に配列した構造をもっている．

1.4 格子振動

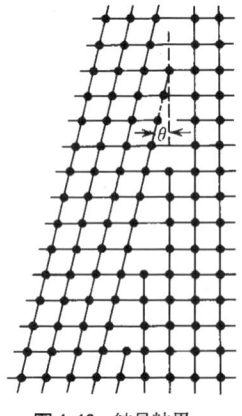

図1.12 結晶粒界

格子位置にある原子は，熱エネルギーによって平衡位置のまわりを振動しており，これを格子振動（lattice vibration）という．格子中の原子はその平衡位置から変位したとき，その変位に比例する復元力をもつ調和振動子の運動をすると考えることができ，量子力学的に解析すると$(n+1/2)h\nu$の離散的エネルギーをもつ．ここに，hはプランクの定数，νは振動数，nは0および正の整数である．$(1/2)h\nu$は量子力学における不確定性原理に基づく最低エネルギーで，これを除くと$h\nu$のエネルギー量子がn個集まった場合と同じエネルギー値となる．したがって，格子振動は$h\nu$を最小単位とする量子の集合として記述でき，この量子をホノン（音子：phonon）という．

図1.13 2種の原子による1次元格子

つぎに，格子振動の振動姿態について考える．図1.13に示すように，質量mおよびM（$M>m$）をもつ2種の原子が交互に配列して1次元結晶をつくっている場合，最近接原子間だけにフック（Hooke）の法則に従う相互作用があると仮定すると，次の運動法程式が成立する．

$$\left.\begin{array}{l} m\dfrac{d^2 u_{2n}}{dt^2} = f(u_{2n+1}-u_{2n}) - f(u_{2n}-u_{2n-1}) \\[2mm] M\dfrac{d^2 u_{2n+1}}{dt^2} = f(u_{2n+2}-u_{2n+1}) - f(u_{2n+1}-u_{2n}) \end{array}\right\} \quad (1.13)$$

ただし，fは復元力定数で，$u_0, u_1, u_2, \cdots$などは原子の平衡位置からのずれを表

す. 解として,
$$u_{2n} = A\exp\{j(\omega t + 2nqa)\}$$
$$u_{2n+1} = B\exp\{j(\omega t + (2n+1)qa)\}$$
(1.14)

の進行波の形をもつとして, 式 (1.13) に代入すると, 振幅 A, B を未知数とする連立同次方程式となる. ここで, a は平衡位置間隔, ω は振動の角周波数, q は波数ベクトルで $q = \omega/c_s = 2\pi/\lambda_s$ (c_s は伝搬速度, λ_s は波長) で与えられる. A, B が意味をもつための条件, すなわち, 係数でつくる行列式がゼロとなる条件より, ω^2 について解くと,

$$\omega^2 = f\left(\frac{1}{m} + \frac{1}{M}\right) \pm f\left[\left(\frac{1}{m} + \frac{1}{M}\right)^2 - \frac{4\sin^2 qa}{mM}\right]^{1/2}$$
(1.15)

が得られる. これより, $q = 0$ の場合,

$$\omega_1 = \left[2f\left(\frac{1}{m} + \frac{1}{M}\right)\right]^{1/2}, \ \omega_2 = 0$$
(1.16)

$q = \pm \pi/2a$ の場合,

$$\omega_1 = \left(\frac{2f}{m}\right)^{1/2}, \ \omega_2 = \left(\frac{2f}{M}\right)^{1/2}$$
(1.17)

となる. したがって, q に対する ω の変化は上の3式より, 図1.14 に示すような2つの分岐 (branch) となる. ω_2 に対するものを音響分岐 (acoustic branch), ω_1 に対するものを光学分岐 (optical branch) と呼ぶ. M/m の比が大きくなると2つの分岐間の ω の間隔が広くなる.

音響分岐では, 原子は図1.15 (a) に示すように, 相隣る2種の原子が同方向に運動し, 光学分岐では, 同図 (b) に示すように相隣る原子が互いに反対方向に動く.

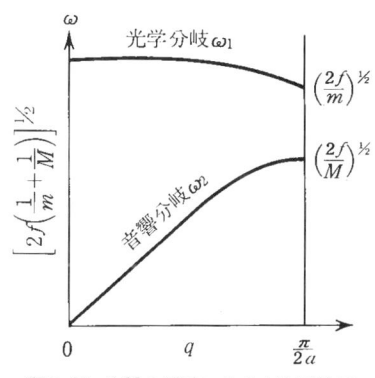

図 1.14 2種の原子による1次元格子の光学分岐と音響分岐

結晶がイオン性をもつ場合, 赤外領域において強い吸収を示すが, これは赤外線が図1.15 (b) のような姿態の格子振動を励起するためである. この場合, 正イオン格子が負イオン格子に対して, 重心が静止しているように振動するので, 誘導双極子モーメントを生じる. 通常, この振動姿態を有極性光学姿態 (polar

(a) 音響姿態　　　　　　　　　(b) 光学姿態

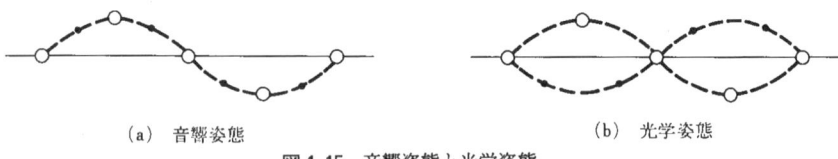

図 1.15　音響姿態と光学姿態

optical mode）という．格子振動は温度上昇とともにその振幅が増大し，固体の比熱，熱伝導，音波の伝搬などの諸現象を支配する．

1.5　エネルギー帯構造

原子の核外電子はその原子固有の軌道を描き，とびとびのエネルギー値をとるが，原子を規則的に並べて結晶を構成すると，各原子に属する電子は互いに影響を及ぼし合う．図1.16に示すように，原子と原子の間の距離が離れていると，電子はとびとびのエネルギー準位をもつが，原子間の距離が短くなると，相互作用により原子の数に相当する準位に分離してくる．結晶内の原子の数は非常に多いので，これらの分離した準位は重なってほぼ連続的に分布し，エネルギー帯（energy band）を形成するようになる．このような過程でエネルギー帯が形成されることを孤立原子近似という[†]．図1.16において，結晶がもつ格子定数の点での電子のエネルギーについてみてみると，電子が存在する

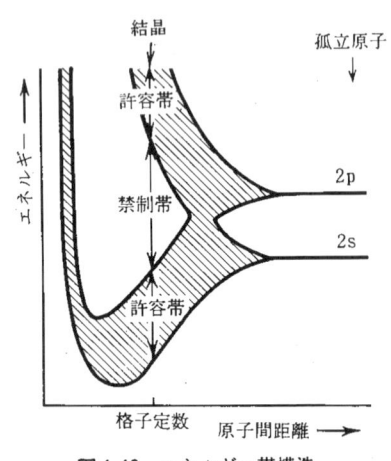

図 1.16　エネルギー帯構造

ことのできるエネルギー帯がいくつか存在する．これを許容帯（allowed band）といい，許容帯と許容帯の間で電子の存在が許されない範囲を禁制帯（forbidden band）という．

[†] これとは別に，結晶内の周期ポテンシャル内を運動する電子のシュレディンガー方程式を解くと自由電子がもつ連続的なエネルギーに「とび」が生じ，エネルギー帯を形成することがわかる．このような過程で帯形成されることをほぼ自由な電子からの近似という．

1.5 エネルギー帯構造

電子が許容帯を占有する方法は図1.17に示すように2つに分類できる．電子が完全につまった許容帯を充満帯 (filled band) といい，最もエネルギーの高い充満帯を価電子帯 (valence band) という．これは，この帯内の電子が結合に関与している価電子であるからである．充満帯の電子は，外部から電界を印加しても，エネルギーの少し高いところに空の準位がないために動くことができない．

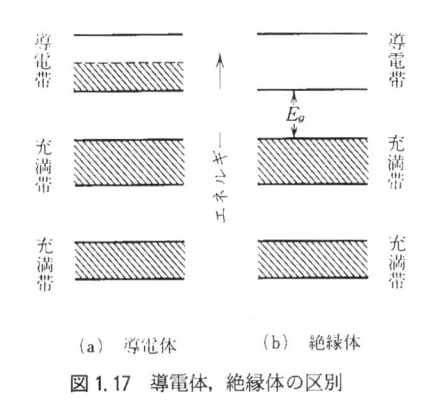

図1.17 導電体，絶縁体の区別
(a) 導電体　(b) 絶縁体

一方，空または一部つまっている許容帯を導電帯 (conduction band) という．導電帯の電子は，印加電界により容易に移動して電気伝導に寄与する．したがって，このような電子は自由電子 (free electron)，あるいは，伝導電子 (conduction electron) と呼ばれる．

図1.17 (a) の場合，電子が完全につまったいくつかの充満帯の上に，完全には満ちていない導電帯が存在している．導電帯の下部の電子は，電界からのエネルギーで少し上の空の準位に移ることができて自由電子となるので，電気伝導に大きく寄与する．このような場合，良好な導電体となる．同図 (b) の場合には，電子が完全につまったいくつかの充満帯の上に，禁制帯をへだてて完全に空の導電帯が存在している．この場合，充満帯の電子は禁制帯幅 (energy gap または bandgap) E_g 以上のエネルギーを得なければ空の導電帯に移ることができないので，電気抵抗が非常に大きな絶縁体となる．半導体は絶縁体と同様のエネルギー帯構造をもち，禁制帯幅が比較的小さいものをいう．すなわち，この場合には，価電子帯の電子は室温の熱エネルギーで禁制帯を飛び越えて，導電帯に上がることが可能となるので，導電帯にはわずかながら自由電子が存在するようになる．したがって，半導体では絶縁体に比べて抵抗率がかなり小さくなる．

上に述べたように，電子の許容帯へのつまり方，すなわち，帯（バンド）構造をもとに，結晶内の電子の挙動やそれに伴う諸現象を論じる理論を帯（バンド）理論という．多くの場合，電子現象に関与する導電帯と価電子帯を簡単に図1.18のように表示し，導電帯の上端，価電子帯の下端を省略する．

実際の半導体のバンド構造はこのように簡単ではなく，結晶の対称性やポテン

シャルエネルギーを考慮したシュレディンガー方程式の解から得られる電子のエネルギー E と波数ベクトル k の関係を示す E-k 曲線で与えられる．代表的な半導体材料であるゲルマニウム (Ge)，シリコン (Si) およびガリウムひ素 (GaAs) のエネルギー帯構造を図 1.19 に示す．価電子帯はいずれも $k = (0,0,0)$ に存在するが，導電帯は結晶によって異なり，Ge では〔111〕方向に等価なものが 8 個，Si では〔100〕方向に 6 個の谷 (valley) が存在し，GaAs では $k = (0,0,0)$ に存在することが実験的に確かめられている．なお，GaAs では等エネルギー面が球面であるが，Si や Ge では回転楕円体である．図 1.18 に示した構造は，図 1.19 の E-k 曲線の導電帯の底，および価電子帯の頂きを単に水平方向に伸ばしてエネルギー値の相対関係を示したものである．

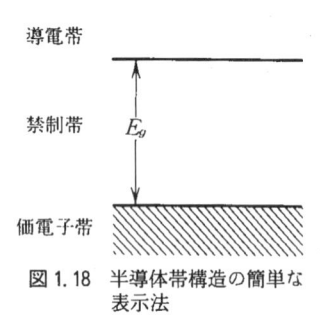

図 1.18 半導体帯構造の簡単な表示法

室温での禁制帯幅は，Ge : 0.66 eV，Si : 1.12 eV，GaAs : 1.42 eV である．

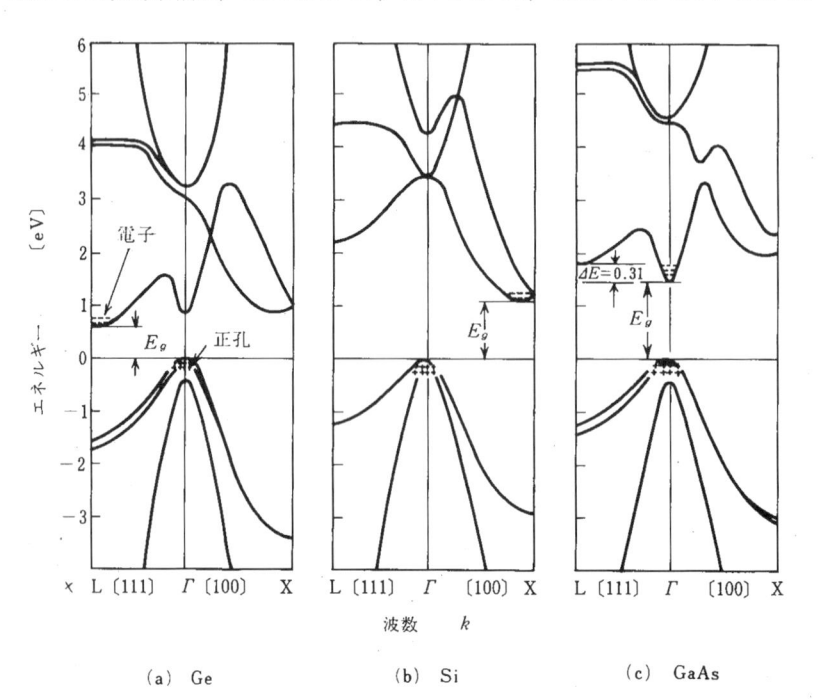

図 1.19 代表的な半導体のエネルギー帯構造

一般に，禁制帯幅は温度の関数で，

$$E_g(T) = E_g(0) - \frac{\alpha T^2}{T+\beta} \tag{1.18}$$

で表される（α, βは半導体によって異なる定数）．多くの半導体で温度上昇とともに，禁制帯幅は減少する．

図1.19のエネルギー帯構造を表すE-k曲線から，

$$\frac{1}{m_{ij}^*} \equiv \frac{1}{\hbar^2} \cdot \frac{\partial^2 E(k)}{\partial k_i \partial k_j} \quad (i,j = x,y,z) \tag{1.19}$$

で定義されるm_{ij}^*を有効質量（effective mass）という．結晶中にはポテンシャルエネルギーが存在して電子の挙動に影響を与えるが，その影響を取り込んだ形として有効質量が定義されている．これを用いると，電子はあたかも自由粒子であるかのように振舞うと考えてよい．

1.6 フェルミ・ディラック統計

金属中の自由電子密度は$10^{28} \sim 10^{29}$ m^{-3}で，標準状態（0℃，1気圧）の気体の分子密度2.7×10^{25} m^{-3}に比べてはるかに大きい[†]．このため，金属中の自由電子は，気体分子が従うマクスウェル・ボルツマン（Maxwell-Boltzmann）統計で取り扱うことができず，フェルミ・ディラック（Fermi-Dirac）統計を用いなければならない．この統計はつぎの2つの制限を基礎として組み立てられている．

① 電子の波動的性質のためにエネルギー準位が量子化され，Eと$E+dE$間の許容されたエネルギー準位数が制限される．これから，単位体積，単位エネルギー当りの取り得る状態数，すなわち，状態密度（density of states）が決めら

[†] 標準状態の気体の分子密度：

$$N_g = \frac{P}{kT} = \frac{1.01 \times 10^5 \,[\text{Nm}^{-2}]}{1.38 \times 10^{-23} \,[\text{JK}^{-1}] \, 273 \,[\text{K}]} = 2.68 \times 10^{25} \,[\text{m}^{-3}]$$

金属内の自由電子密度：原子1個当り自由電子を1個与えるとして，

$$N_0 = \frac{\rho}{M} N$$

（M：原子量，ρ：密度，N：アボガドロ（Avogadro）数$=6.02 \times 10^{23}$ [mol^{-1}]）
銅（Cu）原子の例：$M = 63.5 \times 10^{-3}$ [kg mol^{-1}], $\rho = 8.93 \times 10^3$ [kg mol^{-3}] を用いて以下となる．

$$N_0 = 8.47 \times 10^{28} \,[\text{m}^{-3}]$$

れる.

② パウリの排他原理により，E と $E+dE$ 間の許容されたエネルギーをもつ電子数が制限され，これから，ある電子がエネルギーE の状態を占有する確率が決定される.

制限①より，立方体の中に閉じ込められている電子を量子論的に解析して，状態密度 $Z(E)$ はスピン 2 を考慮して次のように与えられる.

$$Z(E)\,dE = 4\pi \left(\frac{2m^*}{h^2}\right)^{3/2} E^{1/2} dE \tag{1.20}$$

ここで，m^* は電子の有効質量である.

制限②より，エネルギーE の占有確率 $F(E)$ は次式で表される.

$$F(E) = \frac{1}{1+\exp\left(\dfrac{E-E_f}{kT}\right)} \tag{1.21}$$

ここで，k はボルツマン定数，T は絶対温度である．この関数は，図 1.20 に示したようなエネルギー分布をもつ．ここで，E_f はフェルミ準位 (Fermi level) と呼ばれ，式 (1.21) で $E=E_f$ とすると $F(E)=1/2$ となることからわかるように，占有確率が 1/2 になるエネルギー準位である．図のように，$T=0$ K では，$E \leq E_f$ で $F(E)=1$，$E > E_f$ で $F(E)=0$ (電子が存在しない) となるので，フェルミ準位は 0 K で電子が占有できる最大エネルギーを表している．図 1.20 には気体分子論で用いられるマクスウェル・ボルツマン分布も示してある．半導体では，式 (1.21) において，$E-E_f \gg kT$ が成り立つ場合が多く，この場合，フェルミ・ディラック分布は $F(E) \propto \exp(-E/kT)$ となり，マクスウェル・

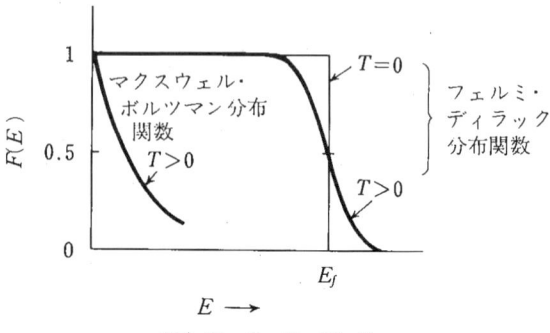

図 1.20 分布関数

ボルツマン分布で近似できるようになる.

エネルギー E と $E+dE$ の間にある電子数 $n(E)dE$ は, $Z(E)$, $F(E)$ を用いて,
$$n(E)dE = Z(E)F(E)dE \tag{1.22}$$
で与えられる. 系全体が熱平衡状態にあれば, その系を構成する電子全体が最低エネルギー状態にあるが, フェルミ・ディラック統計ではすべての電子が最低のエネルギー状態にあるのではなく, パウリの排他原理に従ってエネルギー準位の低い方からつまっていく. したがって, 金属中の自由電子密度 n は,
$$n = \int n(E)dE = \int F(E)Z(E)dE \tag{1.23}$$
で与えられる. $T=0\mathrm{K}$ の場合には, $E \leq E_{f0}$ で $F(E)=1$, $E > E_{f0}$ で $F(E)=0$ より,
$$n = 4\pi\left(\frac{2m^*}{h^2}\right)^{3/2}\int_0^{E_{f0}} E^{1/2}dE \tag{1.24}$$
となる. これより, 0K でのフェルミ準位 E_{f0} は,
$$E_{f0} = \frac{h^2}{2m^*}\left(\frac{3n}{8\pi}\right)^{2/3} \tag{1.25}$$
となって, 自由電子密度 n によって決められることになる. $T>0\mathrm{K}$ の場合, 式 (1.23) を計算して, $E_f \gg kT$ とすれば,
$$E_f \simeq E_{f0}\left\{1 - \frac{\pi^2}{12}\left(\frac{hT}{E_{f0}}\right)^0\right\} \tag{1.26}$$
となり, フェルミ準位は 0K の場合より少し小さくなる.

演習問題

1.1 水素原子において, $n=2$ の励起状態から $n=1$ の基底状態に電子が遷移した場合, そのエネルギー準位差に応じた発光が観測される. その発光波長を求めよ.

1.2 ダイヤモンド構造の単位格子には何個の原子が含まれるか.
閃亜鉛鉱構造の単位格子に含まれる構成原子の数はいくらか.

1.3 Si (格子定数が0.543nm) の (001) 面および (111) 面上での格子点の密度を求めよ.

1.4 格子振動の振動姿態を表す式 (1.15) を導出せよ.

1.5 結晶内電子がエネルギー帯構造をもつことを説明せよ.

1.6 電子の状態密度を表す式 (1.20) を導出せよ.

2 半導体の基礎的性質

2.1 真性半導体

固体内の電気伝導は導電性と絶縁性に大別でき,導電体の抵抗率は,$10^{-6} \sim 10^{-8}\Omega m$程度で,絶縁体では$10^{8}\Omega m$以上もある.半導体の抵抗率はこれらの中間にあり,$10^{-6} \sim 10^{4}\Omega m$である.しかし,抵抗率の大きさだけで半導体とはいえず,エネルギー帯構造をもとにした電気伝導を考えなければならない.

1.2で述べたように半導体は,基本的には共有結合をもつ正四面体構造を示す.この結合の様子を簡略化して2次元的に描くと図2.1(a)のようになり,エネルギー帯図は同図(b)のようになる.図において,価電子帯と導電帯の間の禁制帯幅E_gは,共有結合の強さを表すと考えてよい.E_gがあまり大きくない場合,室温の熱エネルギーで共有結合が切れ,図2.1(a)に示すように自由電子と電子の抜け穴ができる.この抜け穴には,結合に寄与している他の価電子が移ることができる.このように価電子が抜け穴を順につめていくが,見方を変えると,抜け穴が価電子の移る方向と逆方向に順に移っていくとも考えられる.したがって,この抜け穴はあたかも正の電荷をもつ粒子のように振舞うので,正孔(hole)と

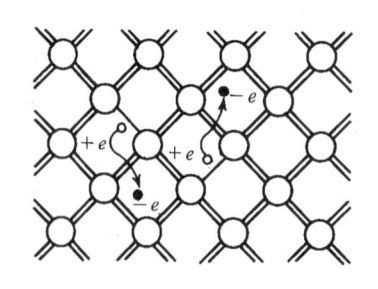

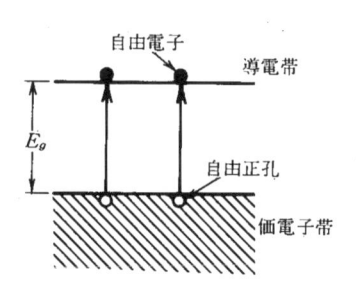

(a) 共有結合　　　(b) エネルギー帯図

図2.1　真性半導体

呼ばれる.半導体内では,自由電子と自由正孔がともに電荷を運ぶ荷電粒子となって電気伝導に寄与する.これら荷電粒子をキャリヤ(担体:carrier)という.電子と正孔が常に対になって生成されることを電子・正孔対生成(electron-hole pair generation)という.この様子をエネルギー帯図に示したものが図2.1(b)である.

禁制帯幅E_gが小さい場合,低温では絶縁体であるが,温度上昇につれて熱エネルギーによって共有結合が切れ,価電子帯の電子が導電帯に上がって導電性をもつようになる.室温で図2.1に示すように,熱エネルギーによって比較的多くの電子・正孔対が生成されている半導体を真性半導体(intrinsic semiconductor)という.これは,その半導体特有の性質を示すので,きわめて純粋な材料であるといえる.

これに対し,格子欠陥や不純物などによって,電子あるいは正孔のいずれかが多くなっている半導体を外因形半導体(extrinsic semiconductor)という.真性半導体に不純物原子を添加して,n形あるいはp形の半導体ができる.電子が過剰に存在する半導体をn形(n-type)といい,正孔が過剰に存在する半導体をp形(p-type)という.ここで,n形,p形は過剰に存在するキャリヤの電荷の符号(電子の場合:negative,正孔の場合:positive)の頭文字をとったものである.

2.2 外因形半導体

2.2.1 n形半導体

純粋なSiの単結晶に周期表のV族元素(P,As,Sbなど)を不純物として加えた場合,不純物は通常図2.2(a)に示すように,Si原子と置換して格子点に入る.不純物原子は最外殻に5個の価電子をもつが,このうち4個はまわりのSi原子と共有結合を形成する.残り1個の価電子は,不純物原子の正の電荷とクーロン力で弱い結合をし,あたかも水素原子と同様に振舞う.したがって,わずかのエネルギーで不純物原子から離れて自由電子となる.電子を離した不純物原子は1価の正イオンとなるが,これは格子点から動けない.この結果,電子が過剰となってn形半導体となる.このように過剰な電子を放出する不純物をドナー(donor)という.この種の半導体のエネルギー帯構造は図2.2(b)のようにな

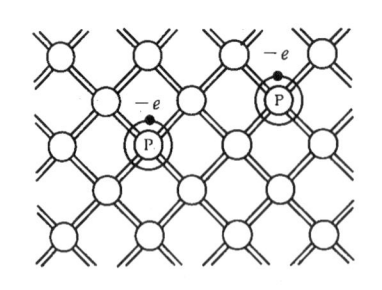

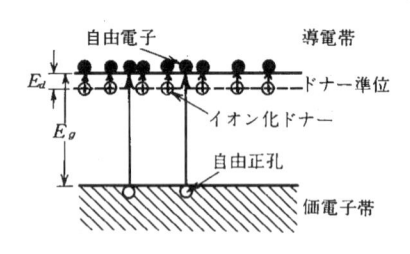

(a) 共有結合とV族不純物　　(b) エネルギー帯図

図2.2　n形半導体

り，禁制帯の中で導電帯に近い（導電帯から E_d のエネルギーをもつ）ところにドナーによる不純物準位（impurity level）ができる．添加するドナーの数は通常は少なく，空間的にとびとびであるので，これらがつくるドナー準位（donor level）を局在準位（localized level）といい，点線で示してある†．水素原子に類似しているのを基に，導電帯とドナー準位のエネルギー差 E_d は式(1.6)から近似的に，

$$|E_d| \simeq 13.6\left(\frac{m_n^*}{m}\right)\frac{1}{\varepsilon_s^2 n^2} \text{ [eV]}, \quad (n = 1,2,\cdots) \tag{2.1}$$

で与えられる．ここに，m_n^* は電子の有効質量，ε_s は半導体の比誘電率（relative dielectric constant）である．$n=1$ は基底状態といわれ，このときの値をドナーのイオン化エネルギー（ionization energy）という．現実には不純物の種類によってドナー準位が異なり，Si 中では 0.045 (P)，0.054 (As)，0.039 (Sb) eV などとなる．室温の熱エネルギー（0.026 eV††）でほとんどのドナー原子をイオン化して電子を導電帯に上げるような準位を浅い準位（shallow level）といい，そのエネルギーでイオン化されにくいものを深い準位（deep level）という．

2.2.2　p形半導体

純粋な Si 単結晶に周期表のⅢ族元素（B，Al，Ga，In など）を不純物として加えた場合，不純物は図2.3(a) に示すように，Si 原子と置換して格子点に入る．

---

† 不純物を多量に添加した場合には，不純物準位が帯状になることもある．
†† 室温を $T = 300$ [K] とすると，$kT = 1.38 \times 10^{-23} \times 300$ [J] $= 0.026$ [eV]．

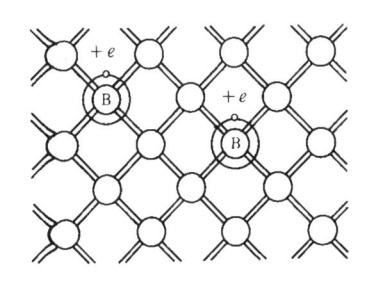

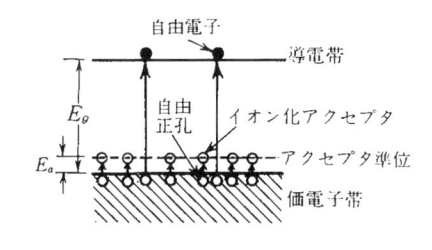

(a) 共有結合とⅢ族不純物　　　(b) エネルギー帯図

図 2.3　p 形 半 導 体

この不純物原子は最外殻に3個しか電子をもたないので，Si と共有結合を形成するには価電子が1個不足する．このため，他の Si 原子から価電子を1個取って共有結合をする．価電子を取られた Si 原子には電子の抜け穴，すなわち，正孔ができる．この正孔は，電子を1個得て負イオンになった不純物原子とクーロン力で弱い結合を形成する．したがって，わずかのエネルギーで不純物原子から正孔が価電子帯に移って自由正孔となり，正孔が過剰となって p 形半導体となる．このように，電子を受け取って正孔を放出する不純物をアクセプタ（acceptor）という．この種の半導体のエネルギー帯構造は図 2.3(b) のようになり，禁制帯の中で価電子帯に近い（価電子帯から E_a のエネルギーをもつ）ところにアクセプタによる局在準位ができる．価電子帯とアクセプタ準位（acceptor level）のエネルギー差 E_a は，式 (2.1) の m_n^* を正孔の有効質量 m_p^* で置き換えればよい．現実には Si 中でのアクセプタ準位は，0.045(B)，0.067(Al)，0.072(Ga)，0.16(In) eV などとなる．

2.3　多数キャリヤと少数キャリヤ

真性半導体では熱エネルギーによって電子・正孔対が生成されて電気伝導が起こるが，外因形半導体でも温度が高くなると電子・正孔対が生成される．その結果，n 形半導体ではわずかの正孔が，p 形半導体ではわずかの電子が存在することになる．n 形半導体中の電子のように数多く存在するキャリヤを多数キャリヤ（majority carrier），正孔のように数少ないキャリヤを少数キャリヤ（minority carrier）といって区別する．

ここでは，熱平衡状態におけるこれらキャリヤの数を求める[†]．電子・正孔対の生成割合gは，価電子帯の中で電子・正孔対生成の対象になる価電子がほぼ無限にあり，導電帯に上げられた電子の占有できるエネルギー準位が無数にあるので，電子密度[††]や正孔密度には無関係で一定となる．この逆の過程を再結合（recombination）といい，導電帯の電子がエネルギーを放出して，価電子帯の正孔を埋め，再び対生成に関与するようになる．この場合，再結合の割合は，関与する電子密度nと正孔密度pに比例する．再結合確率（一定）をrとすれば，その割合はrnpで与えられる．したがって，正孔密度の時間的変化は，

$$\frac{dp}{dt} = \underset{(生成)}{g} - \underset{(再結合)}{rnp} \tag{2.2}$$

となる．熱平衡状態では，$dp/dt = 0$で，gおよびrは一定であるから，

$$np = \frac{g}{r} = 一定 \tag{2.3}$$

の関係が得られる．

真性半導体では，$n_i = p_i$（添字iは真性（intrinsic）を意味する）であるから，

$$n_i p_i = n_i^2 = \frac{g}{r} = 一定 \tag{2.4}$$

となる．n形で$n = n_n$, $p = p_n$, p形で$n = n_p$, $p = p_p$（添字n, pはそれぞれの伝導形を示す）とすると，

$$n_n p_n = n_p p_p = n_i^2 = 一定 \tag{2.5}$$

が得られる．すなわち，熱平衡状態においては，多数キャリヤ密度と少数キャリヤ密度の積が一定となる．

ドナー密度N_dをもつn形半導体を例にとって，n_n, p_nを求めてみる．電子・正孔対がなければ$n_n = N_d$であるが，電子・正孔対が生成しておれば，$n_n = N_d + p_n$となる．式(2.5)より，

$$(N_d + p_n)p_n = n_i^2 \tag{2.6}$$

が得られ，これを解くと，

[†] ここでは，簡単のために電子と正孔が直接に再結合する場合を考える．後述するように再結合中心を介した再結合では論議が複雑になる．
[††] 単位体積あたりの数を密度と呼んでいる．

$$p_n = -\frac{1}{2}N_d + \frac{1}{2}N_d\left(1+\frac{4n_i^2}{N_d^2}\right)^{1/2} \tag{2.7}$$

となる．これを次の2つの場合に分けて考えてみる．
(1) $N_d \ll n_i$：ほぼ真性状態に近い場合，

$$\left.\begin{array}{l} p_n \simeq -\dfrac{1}{2}N_d + n_i \\ n_n \simeq \dfrac{1}{2}N_d + n_i \end{array}\right\} \tag{2.8}$$

(2) $N_d \gg n_i$：極端に外因形の場合，

$$\left.\begin{array}{l} p_n \simeq -\dfrac{1}{2}N_d + \dfrac{1}{2}N_d\left(1+\dfrac{2n_i^2}{N_d^2}\right) \simeq \dfrac{n_i^2}{N_d} \\ n_n \simeq N_d \end{array}\right\} \tag{2.9}$$

アクセプタ密度N_aをもつp形半導体に対しても同様に解析できる．

ここで，ドナー密度N_d，アクセプタ密度N_aをもつ補償形（compensated）半導体を考えてみる．もし，$N_d > N_a$であれば半導体はn形，$N_d < N_a$であればp形になる．いま，$N_d > N_a$とすると，N_d個のドナーから放出される電子のうち，N_a個はアクセプタ準位に落ちて，アクセプタをイオン化するのに使われるので導電帯中の電子は$N_d - N_a$となる．電子・正孔対がp_nできるとすれば，式(2.5)は，次式となる．

$$p_n(N_d - N_a + p_n) = n_i^2 \tag{2.10}$$

2.4 キャリヤ密度

図2.4に，導電帯の底からエネルギーE_d離れたところにドナー準位をもつn形半導体における状態密度，分布関数，ならびにキャリヤ密度のエネルギー分布状態を示す．式(1.22)に示したように，Eと$E+dE$の間の電子数$n(E)dE$は，

$$n(E)dE = Z(E)F(E)dE \tag{2.11}$$

で与えられる．状態密度$Z(E)$は，電子の有効質量をm_n^*として式(1.20)を図2.4に適用して，次式で表される．

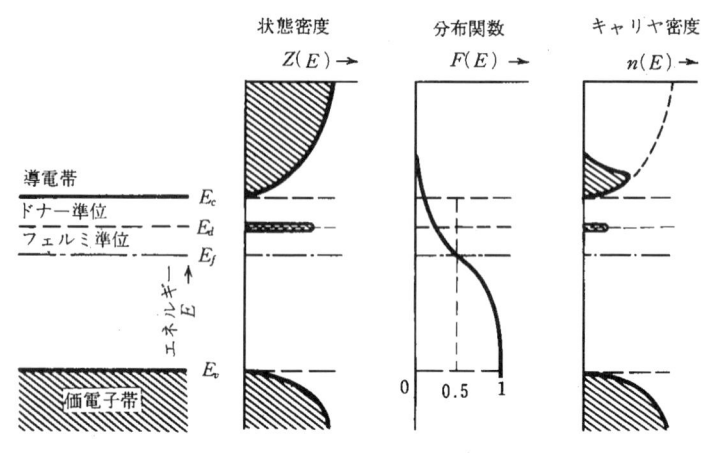

図2.4 n形半導体のエネルギー帯構造とキャリヤ密度

$$Z(E)dE = 4\pi\left(\frac{2m_n^*}{h^2}\right)^{3/2}(E-E_c)^{1/2}dE \tag{2.12}$$

導電帯の電子密度 n は,式 (2.11) を導電帯の底から,電子が導電帯中で占める最高エネルギー E_m まで積分すればよい.したがって, n は,

$$n = \int_{E_c}^{E_m} Z(E)F(E)dE = 4\pi\left(\frac{2m_n^*}{h^2}\right)^{3/2}\int_{E_c}^{E_m}\frac{(E-E_c)^{1/2}}{1+\exp\left(\frac{E-E_f}{kT}\right)}dE$$

$$\tag{2.13}$$

で与えられる.フェルミ・ディラックの分布関数は E が十分大きいところでゼロになるため,式 (2.13) の積分の被積分関数がゼロになって,この積分の上限を ∞ としても誤差は少ない.さらに,フェルミ準位が導電帯の底からかなり下にあって, $E-E_f \gg kT$ を満たす場合には,

$$\frac{1}{1+\exp\left(\frac{E-E_f}{kT}\right)} \simeq \exp\left(-\frac{E-E_f}{kT}\right) \tag{2.14}$$

と近似できる. $E-E_c$ を新たに E とおくと, n は次のようになる.

$$n \simeq 4\pi\left(\frac{2m_n^*}{h^2}\right)^{3/2}\int_0^\infty E^{1/2}\exp\left\{-\frac{(E+E_c-E_f)}{kT}\right\}dE$$

2.4 キャリヤ密度

$$= 4\pi\left(\frac{2m_n^*}{h^2}\right)^{3/2}\exp\left(-\frac{E_c-E_f}{kT}\right)\int_0^\infty E^{1/2}\exp\left(-\frac{E}{kT}\right)dE$$

$$= N_c \exp\left(-\frac{E_c-E_f}{kT}\right)^\dagger \tag{2.15}$$

$$N_c = 2\left(\frac{2\pi m_n^* kT}{h^2}\right)^{3/2} = 2.51\times10^{25}\left(\frac{m_n^*}{m}\cdot\frac{T}{300}\right)^{3/2}\ [\mathrm{m^{-3}}] \tag{2.16}$$

式 (2.16) で m は電子の静止質量である. この N_c を導電帯における有効状態密度 (effective density of states) という.

同じようにして, 価電子帯の正孔密度 p は,

$$p \simeq N_v \exp\left(-\frac{E_f-E_v}{kT}\right) \tag{2.17}$$

で表される. ここに N_v は,

$$N_v = 2\left(\frac{2\pi m_p^* kT}{h^2}\right)^{3/2} = 2.51\times10^{25}\left(\frac{m_p^*}{m}\cdot\frac{T}{300}\right)^{3/2}\ [\mathrm{m^{-3}}] \tag{2.18}$$

で, 価電子帯における正孔の有効状態密度を表し, m_p^* は正孔の有効質量を意味する.

式 (2.15), (2.17) および式 (2.5) を組み合わせると,

$$pn = n_i^2 = N_c N_v \exp\left(-\frac{E_c-E_v}{kT}\right) = N_c N_v \exp\left(-\frac{E_g}{kT}\right)$$

$$= 4\left(\frac{2\pi m_n^* kT}{h^2}\right)^{3/2}\left(\frac{2\pi m_p^* kT}{h^2}\right)^{3/2}\exp\left(-\frac{E_g}{kT}\right)$$

$$= 6.30\times10^{50}\left(\frac{m_n^* m_p^*}{m^2}\right)^{3/2}\left(\frac{T}{300}\right)^3\exp\left(-\frac{E_g}{kT}\right)\ [\mathrm{m^{-3}}] \tag{2.19}$$

$$n_i = 2.51\times10^{25}\left(\frac{m_n^* m_p^*}{m^2}\right)^{3/4}\left(\frac{T}{300}\right)^{3/2}\exp\left(-\frac{E_g}{2kT}\right)\ [\mathrm{m^{-3}}] \tag{2.20}$$

となる. 式 (2.20) により, 真性キャリヤ密度 (intrinsic carrier density) が求まり, これが温度の関数であることがわかる. 禁制帯幅 E_g も温度の関数である. よく知られている半導体の禁制帯幅, 有効質量, 有効状態密度, 真性キャリ

---

† $x = E/kT$ とおき, $\int_0^\infty x^{1/2}e^{-x}dx = \sqrt{\pi}/2$ を用いると計算できる.

ヤ密度を表2.1に示す.

表2.1 おもな半導体の室温における禁制帯幅,有効質量,有効状態密度,真性キャリヤ密度

半導体	禁制帯幅E_g 〔eV〕	有効質量		有効状態密度〔m^{-3}〕[†]		真性キャリヤ密度 〔m^{-3}〕
		電子 $m_n{}^*/m$	正孔 $m_p{}^*/m$	導電帯 N_c	価電子帯 N_v	
Si	1.08	0.33	0.55	2.83×10^{25}	1.02×10^{25}	1.44×10^{16}
Ge	0.65	0.23	0.29	1.05×10^{25}	3.94×10^{24}	2.42×10^{19}
GaAs	1.43	0.067	0.47	4.34×10^{23}	8.14×10^{24}	1.78×10^{12}

2.5 フェルミ準位

前節ではキャリヤ密度を求めるために,半導体の禁制帯中にフェルミ準位を考え,フェルミ・ディラック分布関数$F(E)$の図を描いた.半導体の禁制帯中には,電子の存在は許容されていないが,関数的表示として連続的な分布を描いたもので,見掛け上存在確率が1/2になるエネルギー準位をフェルミ準位という.

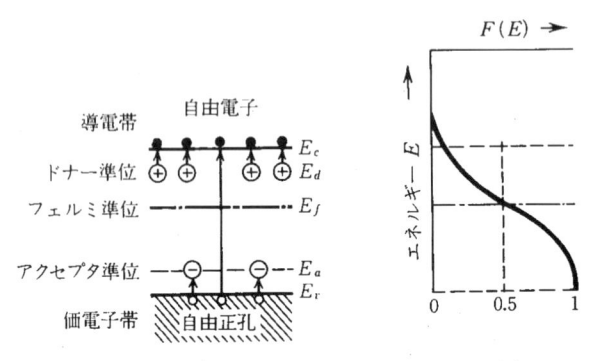

図2.5 半導体のエネルギー帯構造とフェルミ準位

半導体内におけるフェルミ準位は,熱平衡状態で電気的に中性であることを条件にして求める.ドナーおよびアクセプタが同時に含まれている一般的な半導体のエネルギー帯構造を図2.5に示し,この場合のフェルミ準位の求め方を述べる.ある温度でドナーおよびアクセプタの一部がイオン化していると,導電帯には自由電子,価電子帯には正孔が存在することになり,それらに相当する数だけドナー

[†] 有効状態密度の計算には導電帯の等価な谷の数を考慮してある.

は正イオンに，アクセプタは負イオンになっている．したがって，半導体が電気的に中性である条件は，

自由正孔密度＋イオン化したドナー密度
＝自由電子密度＋イオン化したアクセプタ密度 (2.21)

となり，この式からフェルミ準位が求められる．

2.5.1 真性半導体

不純物が存在しないから自由電子密度と自由正孔密度が等しくなる．式(2.15)，(2.17)から，

$$\exp\left(\frac{2E_f-E_c-E_v}{kT}\right)=\frac{N_v}{N_c} \quad (2.22)$$

となり，したがって，

$$E_f=\frac{E_c+E_v}{2}+\frac{1}{2}kT\ln\left(\frac{N_v}{N_c}\right)=\frac{E_c+E_v}{2}+\frac{3}{4}kT\ln\left(\frac{m_p^*}{m_n^*}\right) \quad (2.23)$$

となる．もし，$m_p^*=m_n^*$ であれば $E_f=(E_c+E_v)/2$ となってフェルミ準位が禁制帯の中央に存在することになる．現実には，表2.1に示したように $m_p^*>m_n^*$ であるので，式(2.23)からわかるように，フェルミ準位は禁制帯の中央よりわずかながら上にくる．

2.5.2 n形半導体

図2.6に示すドナー密度 N_d の n 形半導体の場合には，式(2.21)でイオン化し

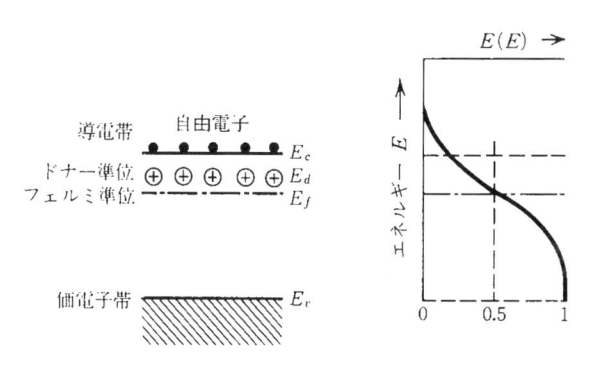

図2.6 n形半導体のフェルミ単位

たアクセプタ密度の項を無視すればよい．導電帯の自由電子密度および価電子帯の自由正孔密度は，式 (2.15)，(2.17) で与えられる．ドナー準位に電子が捕獲されている割合は，フェルミ・ディラック統計を用い，スピンを考慮して[†]，

$$N_d \frac{1}{1+\frac{1}{2}\exp\left(\frac{E_d-E_f}{kT}\right)}$$

で与えられるので，イオン化したドナー密度は次式となる．

$$N_d\left[1-\frac{1}{1+\frac{1}{2}\exp\left(\frac{E_d-E_f}{kT}\right)}\right]=N_d\frac{1}{1+2\exp\left(\frac{E_f-E_d}{kT}\right)}$$

したがって，電気的中性条件は，

$$N_c\exp\left(-\frac{E_c-E_f}{kT}\right)=N_d\frac{1}{1+2\exp\left(\frac{E_f-E_d}{kT}\right)}+N_v\exp\left(-\frac{E_f-E_v}{kT}\right) \quad (2.24)$$

となる．これより E_f を求めればよいが，計算は簡単ではない．n 形半導体であるので価電子帯の自由正孔密度が小さいとして第3項を無視すると，

$$\exp\left(\frac{2E_f}{kT}\right)+\frac{1}{2}\exp\left(\frac{E_f}{kT}\right)\exp\left(\frac{E_d}{kT}\right)$$
$$-\frac{N_d}{2N_c}\exp\left(\frac{E_c}{kT}\right)\exp\left(\frac{E_d}{kT}\right)=0 \quad (2.25)$$

が得られる．これを $\exp(E_f/kT)$ について解くと，次式となる．

$$\exp\left(\frac{E_f}{kT}\right)=\frac{1}{4}\exp\left(\frac{E_d}{kT}\right)\left[-1+\left\{1+8\frac{N_d}{N_c}\exp\left(\frac{E_c-E_d}{kT}\right)\right\}^{1/2}\right] \quad (2.26)$$

温度がきわめて低い場合には，式 (2.26) の [ ] 内の指数関数の項が大きくなり，他の項が無視できるので，

[†] フェルミ・ディラック分布は式 (1.21) で与えられるが，これを不純物準位に適用する場合には，
$f(E)=\dfrac{1}{1+\dfrac{1}{g}\exp\left(\dfrac{E-E_f}{kT}\right)}$ となる．ここに g は不純物準位の縮退度である．ドナーではスピンの上向きあるいは下向きの電子を取りうるので $g=2$，アクセプタでは価電子帯頂上が2重に縮退している影響を受けるので，スピンを考慮して $g=4$ となる．

$$E_f \simeq \frac{E_c+E_d}{2} - \frac{kT}{2}\ln\left(\frac{2N_c}{N_d}\right) \qquad (2.27)$$

となる．これは，ドナーのイオン化が少ない場合に相当し，フェルミ準位が導電帯とドナー準位の間に存在していることを示している．式 (2.16) に示したように N_c は $T^{3/2}$ に比例するので，この領域で温度が低くて $2N_c < N_d$ が成り立つ範囲では温度上昇とともに E_f が $(E_c+E_d)/2$ より上昇するが，温度が高くなって $2E_c > N_d$ が成り立つ範囲では，温度上昇につれて E_f が $(E_c+E_d)/2$ より下がってくる．

温度が上がってドナーがほとんどイオン化し，$n \simeq N_d$ が成り立つ領域では，式 (2.26) で $N_d \ll N_c$ であるので，[ ] 内の第3項が小さくなる．したがって，$\{\ \}^{1/2}$ の式を展開して，

$$E_f \simeq E_c - kT\ln\left(\frac{N_c}{N_d}\right) \qquad (2.28)$$

となる．すなわち，フェルミ準位は温度上昇とともに下がりつづける．さらに温度が上がると価電子帯から導電帯へ電子が上がって真性状態に近づくので，フェルミ準位は禁制帯のほぼ中央にくる．

なお，式 (2.28) は $n = N_c \exp\{-(E_c-E_f)/kT\} \simeq N_d$ からも求められる．

2.5.3 p形半導体

図2.7に示すようにアクセプタ密度 N_a の p 形半導体の場合には，導電帯における自由電子密度が小さいのでこれを無視して次式が成り立つ．

$$N_v \exp\left(-\frac{E_f-E_v}{kT}\right) = N_a \frac{1}{1+\frac{1}{4}\exp\left(\frac{E_a-E_f}{kT}\right)} \qquad (2.29)$$

これより，

$$\exp\left(\frac{E_f}{kT}\right) = \frac{N_v}{2N_a}\exp\left(\frac{E_v}{kT}\right)\left[1+\left\{1+\frac{N_a}{N_v}\exp\left(\frac{E_a-E_v}{kT}\right)\right\}^{1/2}\right] \qquad (2.30)$$

低温では式 (2.30) の [ ] 内の指数関数の項が大きいので，

$$E_f \simeq \frac{E_a+E_v}{2} + \frac{kT}{2}\ln\left(\frac{N_v}{4N_a}\right) \qquad (2.31)$$

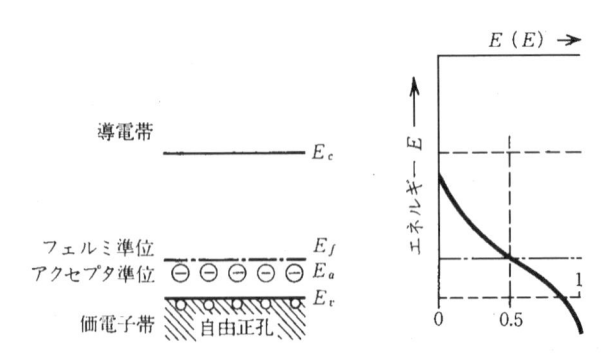

図2.7 p形半導体のフェルミ準位

となる．これはアクセプタのイオン化が少ない場合に相当し，フェルミ準位は価電子帯とアクセプタ準位の間にくる．$N_v \propto T^{3/2}$ であるので，低温で $4N_a > N_v$ が成り立つ範囲では，フェルミ準位は温度上昇とともに価電子帯とアクセプタ準位の中央より下がるが，温度が上がって，$4N_a < N_v$ が成り立つようになると中央を横切ってアクセプタ準位に近づいていく．

温度が高くなり $p \simeq N_a$ が成り立つ領域では，$N_v \gg N_a$ から $(N_a/N_v)\exp\{(E_a-E_v)/kT\} \ll 1$ となるので，E_f は近似的に，

$$E_f \simeq E_v + kT \ln\left(\frac{N_v}{N_a}\right) \tag{2.32}$$

で与えられることになる．温度上昇とともにフェルミ準位が上がっていき，真性状態に近づいていく．

なお，式(2.32)は $p = N_v \exp\{-(E_f-E_v)/kT\} \simeq N_a$ からも求められる．

2.5.4 温度，不純物密度の影響

n形，p形半導体におけるフェルミ準位の温度変化の様子を図2.8に示す．いずれも，温度上昇とともに禁制帯の中央に近づいていく．不純物密度を変化させたとき，フェルミ準位は式(2.28)あるいは式(2.32)に従って変化する．その様子を図2.9に定性的に示してある．フェルミ準位は真性状態では，禁制帯のほぼ中央にくるが，不純物密度が増すにつれて導電帯あるいは価電子帯に近づいていく．不純物密度が極端に増すと，縮退（degenerate）状態となり，導電帯あるいは価電子帯内に入る．

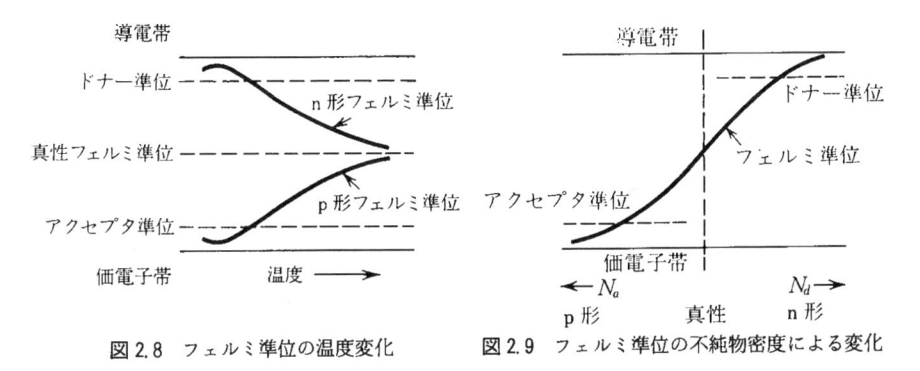

図2.8 フェルミ準位の温度変化

図2.9 フェルミ準位の不純物密度による変化

2.6 半導体の電気伝導

2.6.1 移動度と導電率

半導体内の電気伝導は,有効質量 m^*,電荷 e をもつキャリヤの運動によって生じると考えてよい.熱平衡状態では,温度を T として,熱速度 $v_{th} = (3kT/m^*)^{1/2}$ で乱雑な運動をしている.したがって,多数のキャリヤについて平均すると 0 となり,これによる電流は流れない.電界が印加されると平均速度で流され(ドリフト:drift),電流が流れることになる.

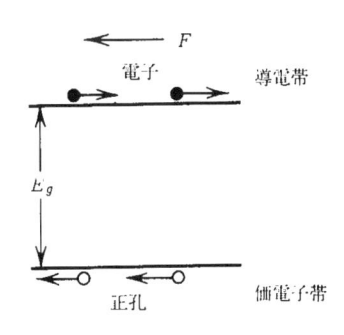

図2.10に示すように,キャリヤが電子の場合には,電界 F 〔Vm^{-1}〕と逆方向に動くので,その平均のドリフト速度(drift velocity)v_d 〔ms^{-1}〕は,

$$v_d = -\mu F \tag{2.33}$$

と表せる†(脚注 p32).係数 μ はドリフト移動度(drift mobility)と呼ばれ,単位電界当り得る速度を意味して,その単位は〔$m^2 V^{-1} s^{-1}$〕で与えられる.

導電帯にある電子密度を n 〔m^{-3}〕とすると,電荷密度 q 〔Cm^{-3}〕は,

$$q = -en \tag{2.34}$$

図2.10 電子,正孔の電界による移動の方向

で表される. したがって, この電荷の移動による電流はドリフト電流といわれ, 電流密度 J 〔Am^{-2}〕は,

$$J = qv_d = en\mu F = \sigma F \tag{2.35}$$

で与えられる. ここに, σ は導電率 (conductivity) で,

$$\sigma = en\mu \quad \text{〔Sm}^{-1}\text{〕} \tag{2.36}$$

である. 導電率の逆数が抵抗率 ρ (resistivity) で, 〔Ωm〕の単位をもつ.

キャリヤが正孔の場合には, 図 2.10 に示したように電界と同方向に動くので, 式 (2.33), (2.34) の符号が変わるだけで他は電子の場合と同じようになる. したがって電子と正孔が同時に存在するときには, 導電率 σ は,

$$\sigma = e(n\mu_n + p\mu_p) \tag{2.37}$$

となる. ここに, n, p は電子, 正孔の密度を, μ_n, μ_p は電子, 正孔の移動度を表している. 真性半導体のようにキャリヤが対生成される場合には, 対の数を n_i として, 次式となる.

$$\sigma = en_i(\mu_n + \mu_p) \tag{2.38}$$

移動度は, キャリヤがドリフト中に散乱されるために生じるもので,

(ⅰ) 格子振動による散乱

(ⅱ) イオン化不純物による散乱

などで, その値が決定される.

(ⅰ)の場合, 温度上昇とともに格子振動の振幅が大きくなるので散乱が増し, 移動度は減少する. Si や Ge では音響形格子振動 (音響ホノン (1.4 参照)) が散乱中心となり, 近似的に $T^{-3/2}$ の温度依存性をもつ. GaAs などでは有極性の光学形格子振動 (光学ホノン (1.4 参照)) が散乱中心となる. (ⅱ)の場合, 温度上昇とともにキャリヤの運動エネルギーが増すので散乱が減り, 移動度は増加する. イオン化不純物密度を N_i とすると $T^{3/2}N_i^{-1}$ に比例した形をもつ. 通常, (ⅰ), (ⅱ)の散乱によって移動度が決まるが, 高純度の半導体において, 室温付近では, (ⅰ)の格子振動による散乱が移動度を決定している.

---

† 真空中では電子の加速度が電界に比例するので時間経過とともに速度が増加する. 固体中では電子の速度が大きくなると結晶格子などとの衝突が増すのでエネルギーを失い, 平均速度が電界に比例するようになる.

2.6.2 導電率の温度変化,不純物密度変化

真性半導体では,導電帯の電子密度,価電子帯の正孔密度は n_i で,式(2.20)で示したように温度上昇とともに $\exp(-E_g/2kT)$ に比例して増加する.したがって,導電率 σ は,

$$\sigma \propto e(\mu_n + \mu_p)\exp\left(-\frac{E_g}{2kT}\right) \tag{2.39}$$

で与えられる.移動度の温度変化は比較的小さいのでそれを無視すると,導電率の自然対数 $\ln\sigma$ は $1/T$ に比例することになる.実験的には図 2.11 のような直線となり,傾斜角 θ を用いると,

$$\tan\theta = \frac{E_g}{2k} \tag{2.40}$$

が得られる.一般に,この傾きを〔eV〕単位で表したものを活性化エネルギー(activation energy)という.真性半導体の場合には,導電率の温度依存性から禁制帯幅 E_g を推定することができる.

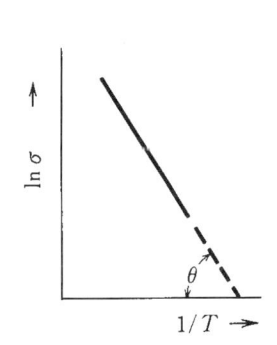

図 2.11 真性半導体の導電率の
　　　　温度変化

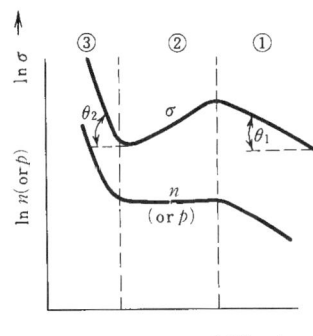

図 2.12 外因形半導体のキャリヤ密度,
　　　　導電率の温度変化

不純物を添加した半導体の導電率の温度依存性は,図 2.12 のように 3 つの領域に分けられる.同図にはキャリヤ密度の変化も示してある.n 形半導体の場合,電子密度を n,ドナー密度を N_d とすれば,

領域 ① (低温):温度上昇とともにドナーのイオン化が進むので導電帯の電子
　　　　$(n < N_d)$ 密度が増加し,導電率も増す.直線部の傾斜 $\tan\theta_1$ からドナー準位 E_d が推定できる.

領域 ②（中温）：ドナーがすべてイオン化されてしまうが，価電子帯から導電
($n \sim N_d$)　帯への電子の励起が起こるほどの高い温度ではないので，導
電帯の電子密度はドナー密度と等しくなる．温度変化を示さ
ないこの領域を出払い領域（exhausted region）または飽
和領域という．通常，温度上昇とともに移動度が減少するの
で，導電率が減少する．
領域 ③（高温）：価電子帯から導電帯へ電子が励起され，電子密度が増加する．
($n > N_d$)　この場合，電子・正孔対生成であるので，半導体の真性状態
が実現されることになる．電子密度の増加に伴い導電率も増
加する．直線部の傾斜 $\tan \theta_2$ から禁制帯幅 E_g が推定できる．
p形半導体の場合も同じように説明できる．

式(2.36)に示したように導電率はキャリヤ密度[†]と移動度の積に比例する．移動度が不純物密度によって変化するので，導電率の逆数である抵抗率の不純物密度変化は図2.13のように変化する．同じ不純物密度であれば，p形の抵抗率がn形より2倍以上大きいが，これは正孔の移動度が電子の移動度の半分以下であるからである．

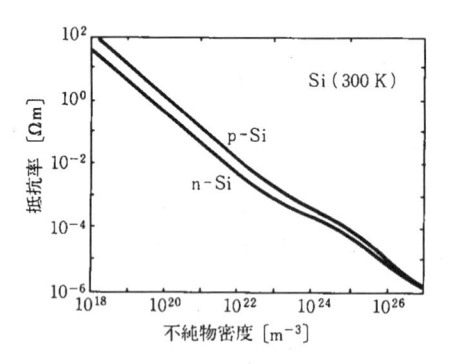

図2.13　Si の抵抗率の不純物密度依存性

2.6.3 拡散電流とアインシュタインの関係

半導体を流れる電流はドリフト電流のほかに，キャリヤ密度に勾配があるとき

[†] 不純物準位が浅ければ室温では出払い領域となり，キャリヤ密度は不純物密度にほぼ等しい．

に流れる拡散電流（diffusion current）がある．図2.14のように，点 x での正孔密度を $p(x)$，$x+dx$ でのそれを $p(x+dx)$ とすると，

$$p(x+dx) \simeq p(x) + \frac{dp}{dx}dx \tag{2.41}$$

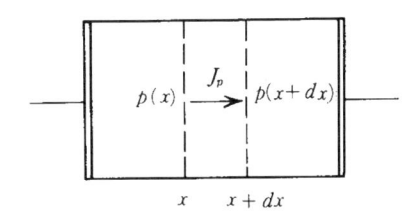

図2.14 拡散電流(正孔の場合)

と展開できる．図の左側の方が正孔密度が高いとすると，左から右への正味の正孔の流れができることになり，$dp/dx < 0$ となる．正の電荷 e をもつ正孔の移動による電流は，

$$J_p = -eD_p\frac{dp}{dx} \tag{2.42}$$

と表され，負号は電流が密度勾配と逆向きに流れることを意味する．この電流を拡散電流といい，比例定数 D_p を正孔の拡散定数（diffusion constant）という（単位は $[m^2 s^{-1}]$）．

電子密度に勾配がある場合にも同様にして，

$$J_n = eD_n\frac{dn}{dx} \tag{2.43}$$

の拡散電流が流れる．D_n は電子の拡散定数である．電子の流れの方向と電流の向きは逆であるので，式(2.43)では符号が正である．

移動度は電界からキャリヤが得る速度を意味するので，散乱が激しくなるとその影響を強く受ける．拡散はキャリヤ密度勾配の存在によって起こるが，これも散乱の影響を強く受ける．したがって，移動度と拡散定数の間に何らかの関係があるものと予測される．

図2.15のように $x=0$ でドナー密度が大きく，$x=l$ でドナー密度が小さくなるような不純物分布をもつn形半導体を考える．出払い領域であれば，$x=0$ 付近の導電帯内電子密度は $x=l$ 付近よりも多く，フェルミ準位は $x=0$ 付近の方が導電帯に近い．電子密度に勾配があるため，電子は $x=0$ から l の方へ拡散していく．ドナーイオンは結晶格子に束縛されて動けないので，$x=0$ 付近では正電荷が過剰となり，$x=l$ 付近では負電荷が過剰となる．このため，図に F で示す向きに電界ができる．拡散によって $x=0$ から l 方向に移動する電子の電流

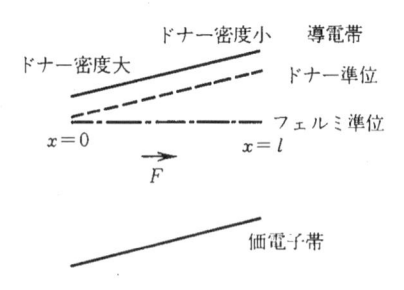

図 2.15 不純物分布のある n 形半導体

$eD_n(dn/dx)$ と，形成された電界で $x = l$ から 0 の方向にドリフトによって移動する電子の電流 $en\mu_n F$ の和が 0 となって平衡状態をつくる．簡単のために電界が一定の場合を考える．

電子密度 n は式 (2.15) から，

$$n = N_c \exp\left(-\frac{E_c - E_f}{kT}\right) \tag{2.44}$$

で与えられるので，

$$\frac{dn}{dx} = -\frac{n}{kT} \cdot \frac{d(E_c - E_f)}{dx} \tag{2.45}$$

となる．電界 F は，電位を V として $F = -dV/dx$ であるので，

$$F = \frac{1}{e} \cdot \frac{d(E_c - E_f)}{dx} \tag{2.46}$$

で与えられる．これらを電子電流が流れない条件 $J_n = 0$ の表記式

$$J_n = en\mu_n F + eD_n \frac{dn}{dx} = 0 \tag{2.47}$$

に代入すると，

$$\frac{D_n}{\mu_n} = \frac{kT}{e} \tag{2.48}$$

が得られる．熱平衡状態においては一般にこの式が成立する．p 形半導体でも同様であるので，

$$\frac{D_n}{\mu_n} = \frac{D_p}{\mu_p} = \frac{kT}{e} \tag{2.49}$$

が成立する．これをアインシュタインの関係（Einstein's relation）という．

2.7 キャリヤの生成・消滅

2.7.1 トラップ

半導体内には，浅いドナーやアクセプタ以外の不純物や各種の格子欠陥などによって，図2.16に示すように，導電帯の底あるいは価電子帯の頂上からかなり

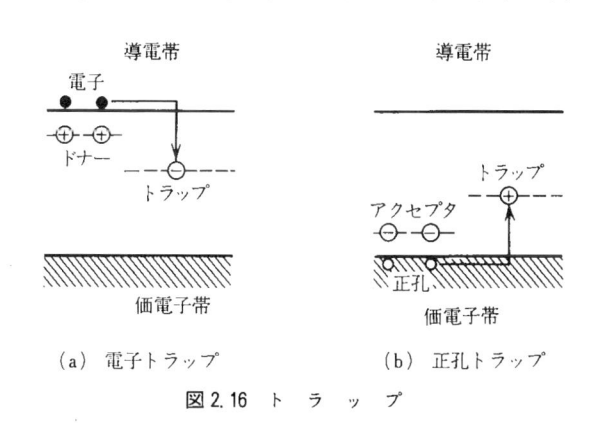

(a) 電子トラップ　　　(b) 正孔トラップ

図2.16　ト　ラ　ッ　プ

深いところに局在したエネルギー準位が形成される．これらを一般的に深い準位（deep level）と呼ぶが，この局在したエネルギー準位は通常は空になっている．図2.16(a)では，ドナーから放出された導電帯の自由電子は，半導体内を自由に動きまわるが，深い準位をつくる不純物や格子欠陥の近くにくると，もっているエネルギーの一部を光や熱として放出して，そこに捕獲される．このように自由電子を捕獲する局在準位を電子トラップ（electron trap）という．捕獲されている電子が熱エネルギーによって導電帯に上げられ，自由電子となることもできる．すでに述べたアクセプタは導電帯から離れたところに準位をつくるが，通常，これは価電子帯からの電子を捕らえているので，導電帯の自由電子のトラップとしては働かない．同図(b)は価電子帯の自由正孔のトラップを示している．通常は電子を捕えて負に帯電しているが，この電子がエネルギーを失って価電子帯へ移る．すなわち価電子帯の正孔がこのエネルギー準位に捕えられたといえるので，これを正孔トラップ（hole trap）という．すでに述べたドナーは，電子を失って正イオンとなるので，正孔トラップとしては働かない．

******

図 2.17 に示すように，導電帯の底から E_t 離れたところに単位体積当り N_t の電子トラップがあるとする．導電帯に n 個の自由電子，トラップ準位に n_t 個の捕獲された電子があって，トラップと導電帯の間で電子のやり取りをするものとし，価電子帯の電子や正孔とは相互作用をしないものとする．自由電子とトラップ電子の分布が何らかの原因で乱されたとすると，平衡状態へ戻る過程は次式で記述される．

図 2.17 トラップへのキャリヤの捕獲とトラップからの放出

$$\frac{dn}{dt} = -\frac{dn_t}{dt} = -vs(N_t - n_t)n$$
(捕獲)

$$+ \nu_0 \exp\left(-\frac{E_t}{kT}\right) n_t \tag{2.50}$$
(放出)

ここに，v は自由電子の熱速度 (thermal velocity)，s はトラップの捕獲断面積 (capture cross section)，ν_0 は振動周波数 (vibration frequency) と呼ばれるものでトラップからの電子放出に関係した因子である．これに，自由電子 n とトラップ電子 n_t の総和が一定 n_0 である条件，すなわち，次式が付加される．

$$n + n_t = n_0 \tag{2.51}$$

自由電子が単位時間に増加する割合（トラップ電子の変化の割合とは符号が逆になる）は，トラップに捕獲される割合とトラップから放出される割合とによって決まる．前者は空のトラップの密度 $(N_t - n_t)$，自由電子密度 n，および電子が捕獲される確率 vs[†] に比例する．後者は格子振動との相互作用で熱エネルギーを得て電子を放出する過程で，その振動数 ν は，

$$\nu = \nu_0 \exp\left(-\frac{E_t}{kT}\right) \tag{2.52}$$

で与えられる．通常 ν_0 は $10^{13} \mathrm{s}^{-1}$ 程度であり，$\exp(-E_t/kT)$ は捕獲されている電子が振動周期内に E_t のエネルギーを得る確率である．総放出量はこれにトラップ電子密度 n_t を掛けたものとなる．

捕獲断面積の大きさは，中性のトラップに対して $10^{-19} \mathrm{m}^2$ 程度で，これは原子の断面積

[†] 自由電子とトラップとの距離がある値 r_0 より小さくなればトラップに捕獲されたとする．電子が単位時間当り移動する径路に沿って半径 r_0 の円筒（断面積 $s = \pi r_0^2$）内に空のトラップがあれば電子は捕獲されることになる．すなわち，電子が単位時間当りトラップに出会う確率は円筒の体積 vs で与えられる（図 2.18 参照）．

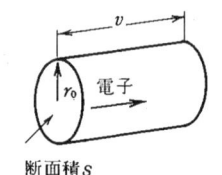

図 2.18

とほぼ同じ大きさである．イオン化したトラップがキャリヤを引き寄せる場合は $10^{-17}\,\mathrm{m}^2$，反発する場合は $10^{-26}\,\mathrm{m}^2$ 程度となる．

＊＊＊＊＊＊

2.7.2 再 結 合

半導体中で少数キャリヤは次の2つの過程を通して多数キャリヤと再結合（recombination）する．図2.19に示したように導電帯の自由電子と価電子帯の自由正孔とが直接に再結合する場合を直接再結合（direct recombination）という．これに対し，図2.20のように再結合中心（recombination center）を介して導電帯の電子と価電子帯の正孔が再結合する場合を間接再結合（indirect recombination）という．同図(a)のように，導電帯の電子が再結合中心に捕えられて負に帯電し，(b)のように正孔トラップに変わる．ついで，(c)のように正孔が捕えられてこの準位が中性となり，再び再結合中心に変わる（同図(d)）．このように，電子が入っていないと

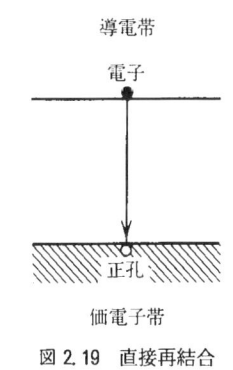

図 2.19 直接再結合

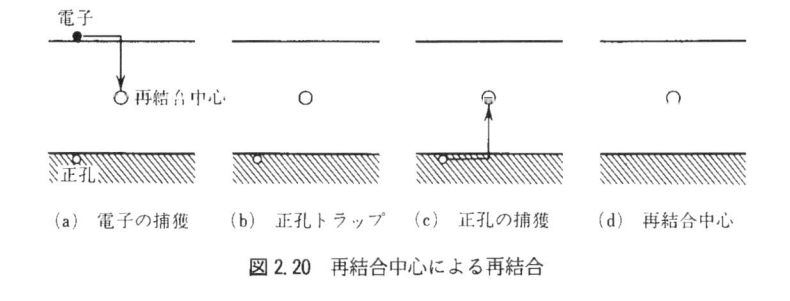

(a) 電子の捕獲　(b) 正孔トラップ　(c) 正孔の捕獲　(d) 再結合中心

図 2.20 再結合中心による再結合

き電子トラップとして働き，電子が入ると正孔トラップとして働くようなトラップを特に再結合中心という．まず正孔が捕えられ，ついで電子が捕えられるような場合もある．先に述べた電子トラップ，正孔トラップはともに再結合中心となるが，空いているときに電子を捕える確率の方が大きい場合を電子トラップといい，満ちているとき正孔を捕える確率の方が大きい場合を正孔トラップという．再結合中心は，この2つの確率がほぼ同程度の場合をいい，禁制帯のほぼ中央に存在することが多い．

2.7.3 少数キャリヤの寿命

過剰に存在する少数キャリヤが,直接再結合によって消滅していく過程は,式(2.2)を用いて解析できる.n形半導体で平衡状態での電子,正孔密度をそれぞれ n_{n0}, p_{n0} とし,過剰の電子・正孔対 p' が生成されたとすると, $n_n = n_{n0}+p'$, $p_n = p_{n0}+p'$ となり, $g = rp_{n0}n_{n0}$ であるので,式(2.2)は次のようになる.

$$\frac{dp_n}{dt} = \frac{dp'}{dt} = r[p_{n0}n_{n0} - (p_{n0}+p')(n_{n0}+p')]$$
$$\simeq -r(p_{n0}+n_{n0})p'$$
$$= -\frac{p'}{\tau} \tag{2.53}$$

ここで, p'^2 の項は p' が n_{n0}, p_{n0} に比べて小さいとして無視してある.これより,

$$p' = p'_0 \exp\left(-\frac{t}{\tau}\right) \tag{2.54}$$

が解として得られ,過剰少数キャリヤは図2.21に示すように指数関数的に減少する.ここに, p'_0 は $t=0$ における過剰少数キャリヤ密度である.

$$\tau = \frac{1}{r(p_{n0}+n_{n0})} \tag{2.55}$$

は少数キャリヤの寿命 (lifetime) と呼ばれ,過剰少数キャリヤ密度が $t=0$ のときの $1/e$ になるまでの時間で与えられる.n形半導体中で過剰の正孔が $1/e$ に減少するまでの時間を正孔の寿命,p形半導体中で過剰の電子が $1/e$ に減少するまでの時間を電子の寿命という.

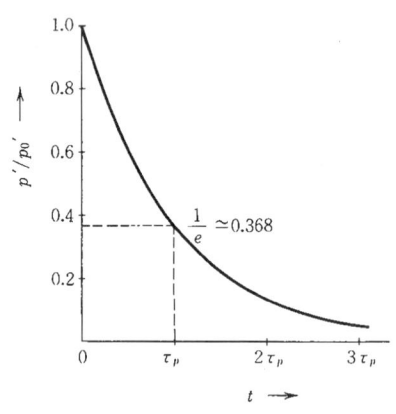

図2.21 過剰少数キャリヤの消滅の過程

******

再結合中心を介して電子と正孔の再結合は,Shockley-Read, Hall により詳しく解析されている (SRH モデル)†(脚注 p.41 参照).再結合の割合 U は,

$$U = \frac{pn - n_i^2}{(n+n_1)\tau_{p0} + (p+p_1)\tau_{n0}} \tag{2.56}$$

で与えられる. ここに,

$$\left.\begin{array}{l} n_1 = N_c \exp\left(-\dfrac{E_c - E_t}{kT}\right) = n_i \exp\left(\dfrac{E_t - E_i}{kT}\right) \\[6pt] p_1 = N_v \exp\left(-\dfrac{E_t - E_v}{kT}\right) = n_i \exp\left(-\dfrac{E_t - E_i}{kT}\right) \end{array}\right\}^{\dagger\dagger} \tag{2.57}$$

および,

$$\tau_{n0} \equiv \frac{1}{v_n s_n N_t}, \quad \tau_{p0} \equiv \frac{1}{v_p s_p N_t} \tag{2.58}$$

である. n_i は真性キャリヤ密度, N_t は再結合中心密度である. v および s はキャリヤの熱速度および捕獲断面積で, 添字 n および p は電子および正孔を示す.

* * * * * *

2.8 キャリヤの生成・消滅があるときの電流

n形半導体中での正孔による電流について考える. p_{n0} を平衡状態での正孔密度, τ_p を正孔の寿命とすると, 正孔の流れがない場合には, 正孔密度の変化は式(2.53)から $p' = p_n - p_{n0}$ であるので, 下の式(2.59)で与えられる.

$$\frac{dp_n}{dt} = -\frac{p_n - p_{n0}}{\tau_p} \tag{2.59}$$

正孔の流れがある場合には, 式(2.59)に正孔の流れによる項がつけ加えられる. 図2.22において, $J_p(x)$ を点 x における正孔電流密度とすると, 点 $x+dx$ における電流密度 $J_p(x+dx)$ は,

---

† 付録1参照.
†† 真性半導体のフェルミ準位 E_i は式(2.23)から,

$$E_i = \frac{1}{2}(E_c + E_v) + \frac{kT}{2}\ln\left(\frac{N_v}{N_c}\right)$$

これと, $E_c - E_v = E_g$ より,

$$\begin{cases} E_c = E_i + \dfrac{1}{2}E_g - \dfrac{kT}{2}\ln\left(\dfrac{N_v}{N_c}\right) \\[6pt] E_v = E_i - \dfrac{1}{2}E_g - \dfrac{kT}{2}\ln\left(\dfrac{N_v}{N_c}\right) \end{cases}$$

となる. これに,
$$n_i = \sqrt{N_c N_v} \exp(-E_g/2kT)$$
を用いると求められる.

$$J_p(x+dx) \simeq J_p(x) + \frac{dJ_p}{dx}dx \tag{2.60}$$

となる．単位時間当り，単位断面積で幅 dx の微小体積内に到達する正味の正孔密度は，$-(1/e)(dJ_p/dx)dx^\dagger$ である．単位体積当りではこれを dx で割ればよい．この電流による正孔の増減を考えると，式 (2.59) は，

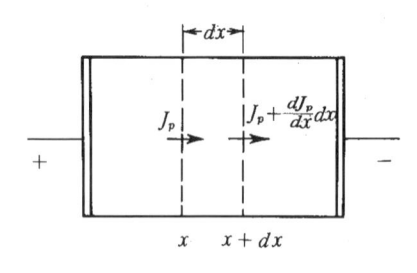

図 2.22 正孔の流れがある場合

$$\frac{\partial p_n}{\partial t} = -\frac{p_n - p_{n0}}{\tau_p} - \frac{1}{e}\frac{\partial J_p}{\partial x} \tag{2.61}$$

となる．式 (2.59) と異なって偏微分の形をとっているのは，正孔密度 p_n が場所と時間の関数となるからである．式 (2.61) を正孔の連続の方程式 (continuity equation)[††] という．

p 形半導体中での電子に対しても，平衡状態での電子密度を n_{p0}，電子の寿命を τ_n とすると，式 (2.61) と同じように，

$$\frac{\partial n_p}{\partial t} = -\frac{n_p - n_{p0}}{\tau_n} + \frac{1}{e}\frac{\partial J_n}{\partial x} \tag{2.62}$$

が得られ，これを電子の連続の方程式という．ここに，J_n は電子による電流密度である．電子の電荷が $-e$ であるので，式 (2.62) の第 2 項の符号が式 (2.61) の第 2 項と反対になる．

半導体を流れる電流は 2.6 で述べたように，(ⅰ) 電界によるドリフト電流，および，(ⅱ) キャリヤの密度勾配による拡散電流である．これらの和として J_p, J_n は，

$$J_p = ep_n\mu_p F - eD_p \frac{\partial p_n}{\partial x} \tag{2.63}$$

$$J_n = en_p\mu_n F + eD_n \frac{\partial n_p}{\partial x} \tag{2.64}$$

[†] 負号は，$\dfrac{dJ_p}{dx} > 0$ であれば到達するよりも流出する方が多いことを示している．

[††] 電荷 q の生成・消滅がなければ，連続の方程式は $\partial q/\partial t + \partial J/\partial x = 0$ で与えられる．

で表される．これを式 (2.61), (2.62) に代入すると，

$$\frac{\partial p_n}{\partial t} = -\frac{p_n - p_{n0}}{\tau_p} - \mu_p \frac{\partial (p_n F)}{\partial x} + D_p \frac{\partial^2 p_n}{\partial x^2} \tag{2.65}$$

$$\frac{\partial n_p}{\partial t} = -\frac{n_p - n_{p0}}{\tau_n} + \mu_n \frac{\partial (n_p F)}{\partial x} + D_n \frac{\partial^2 n_p}{\partial x^2} \tag{2.66}$$

が得られる．ここでは，正孔，電子の移動度は半導体内で一定であるとしてある．

ドリフト電流が小さいとして右辺の第2項を無視すると，

$$\frac{\partial p_n}{\partial t} = -\frac{p_n - p_{n0}}{\tau_p} + D_p \frac{\partial^2 p_n}{\partial x^2} \tag{2.67}$$

$$\frac{\partial n_p}{\partial t} = -\frac{n_p - n_{p0}}{\tau_n} + D_n \frac{\partial^2 n_p}{\partial x^2} \tag{2.68}$$

と表される．これを拡散方程式（diffusion equation）という．式 (2.67), (2.68) は，注入された過剰少数キャリヤが関与する物理現象の基本方程式である．拡散方程式の解法は付録2を参照すればよい．

2.9 半導体内の空間電荷

2.9.1 ガウスの法則とポアソンの方程式

空間電荷 q とそれに伴う電界 $\boldsymbol{F}$ との間にはガウス（Gauss）の法則 $\mathrm{div}\,\boldsymbol{D} = \mathrm{div}(\varepsilon_s \varepsilon_0 \boldsymbol{F}) = q$（$\boldsymbol{D}$：電束密度）が成立するので1次元の場合には，

$$\frac{dF}{dx} = \frac{q}{\varepsilon_s \varepsilon_0} \tag{2.69}$$

の関係がある．ここに，F 電界，ε_s は半導体の比誘電率，ε_0 は真空の誘電率である．電界 F は電位 V を用いて，

$$F = -\frac{dV}{dx} \tag{2.70}$$

で表されるので，式 (2.69) は，

$$\frac{d^2 V}{dx^2} = -\frac{q}{\varepsilon_s \varepsilon_0} \tag{2.71}$$

となる．これをポアソン（Poisson）の方程式という．半導体内に空間電荷が存在するときに発生する電界や電位は式 (2.71) を解けば求められる．

ドナー密度 N_d をもつ n 形半導体の空間電荷密度は,
$$q = e(N_d + p - n) \tag{2.72}$$
で与えられる。ここに, n は導電帯中の電子密度, p は価電子帯中の正孔密度である。アクセプタ密度 N_a をもつ p 形半導体の空間電荷密度は,
$$q = -e(N_a + n - p) \tag{2.73}$$
となる。不純物が均一に分布していると, 電荷中性の条件からこれらは 0 となるが, 不均一に分布している場合には内部でキャリヤの拡散が起こり, 局所的に電荷中性の条件が成立しなくなって, 式(2.72), (2.73) が値をもつことになる。

2.9.2 誘電緩和

半導体に多数キャリヤが流入し, 平衡状態の数より多くなったときに起こる現象について考える。導電率を σ とすると, 次のような解析の結果から, $\varepsilon_s \varepsilon_0 / \sigma$ の時間内に多数キャリヤが半導体全体に分布するようになる。このような電荷の再分布を誘電緩和 (dielectric relaxation) といい, その時定数を誘電緩和時間という。

平衡状態での電子密度が n_{n0} の n 形半導体に n' ($n' \ll n_{n0}$) の電子が増加したとする。空間電荷の変化 $q = -en'$ により電界が形成される。多数キャリヤが流入する場合であるから再結合は考えなくてもよく, 1 次元の連続方程式は,
$$\frac{\partial q}{\partial t} = -\frac{\partial J_n}{\partial x} \tag{2.74}$$
となる。半導体の電子電流 J_n は,
$$J_n = en\mu_n F \tag{2.75}$$
で表せる†。ここに, $n_n = n_{n0} + n'$ であり, 流入した多数キャリヤ n' が空間電荷となって電界 F が誘起される。この電界によるドリフト電流が流れ, 半導体を平衡状態に戻すようになる。$n'F$ を含む項を無視すると, 式(2.75) は,
$$J_n \simeq en_{n0}\mu_n F \tag{2.76}$$
となる。両辺を x で微分すると,
$$\frac{\partial J_n}{\partial x} = en_{n0}\mu_n \frac{\partial F}{\partial x} = \sigma_n \frac{\partial F}{\partial x} \tag{2.77}$$

---

† 局所的な現象を論じるときは, これに拡散電流を加える必要がある。

となる．ここに，$\sigma_n = en_{n0}\mu_n$ は平衡状態における半導体の導電率である．連続の方程式およびガウスの法則を用いると，式 (2.77) は，

$$\frac{\partial q}{\partial t} = -\sigma_n \frac{\partial F}{\partial x} = -\frac{\sigma_n}{\varepsilon_s \varepsilon_0} q = -\frac{q}{\tau_d} \tag{2.78}$$

と表せる．

式 (2.78) から，

$$q = q_0 \exp\left(-\frac{t}{\tau_d}\right) \tag{2.79}$$

の解が得られる．ここに，$\tau_d = \varepsilon_s \varepsilon_0 / \sigma_n$ である．q_0 は $t = 0$ において流入した多数キャリヤによる空間電荷で，式 (2.79) は時間 τ_d 内に半導体内に広がることを示している．一方からの多数キャリヤの流入は，誘電緩和時間内に他方からの流出が生じて平衡状態に戻る．

一例として，抵抗率 $0.01\,\Omega\mathrm{m}$ のシリコンを考えると，$\varepsilon_s = 12$ であるので，

$$\tau_d = \frac{8.85 \times 10^{-12} \times 12}{0.01^{-1}} = 1.062 \times 10^{-12}\,[\mathrm{s}]$$

となり，きわめて短い時間である．したがって，抵抗率がきわめて大きな半導体でなければ誘電緩和は観測できない．

n 形半導体に少数キャリヤの正孔が注入された場合を考える．平衡状態での電子密度が正孔密度よりもきわめて大きいので，電子が誘電緩和時間内に再分布して，内部で電荷を中和するようになる．この後，正孔の密度勾配のために過剰の正孔が拡散によって徐々に広がっていき，再結合によって消滅してしまう．

演 習 問 題

2.1 Si に添加された浅いドナー不純物に束縛されている電子の最小軌道半径を求めよ．次に，このドナーから電子を導電帯に上げるのに要するエネルギーを求めよ．ただし，Si の比誘電率を 11.7 とし，電子の有効質量を $m_n^* = 0.33m$ とする．

2.2 Si の禁制帯幅を 1.1 eV とし，電子および正孔の有効質量をそれぞれ $m_n^* = 0.33m$，$m_p^* = 0.55m$ として，室温 300 K での真性キャリヤ密度を求めよ．

2.3 禁制帯幅 2.0 eV の真性半導体において，$m_p^* = 3m_n^*$ として，300 K および 500 K におけるフェルミ準位を計算せよ．

2.4 ドナー密度 $N_d = 5 \times 10^{22}\,\mathrm{m}^{-3}$ の Si において，室温における電子と正孔の密度を求め

よ．これに $N_a = 3 \times 10^{22} \mathrm{m}^{-3}$ のアクセプタを加えると，電子密度はいくらとなるか．
2.5 電子の移動度が $0.1\,\mathrm{m^2/Vs}$ の n 形半導体において，電子の散乱から次の散乱までの自由時間を求めよ．ただし，電子の有効質量を $m_n^* = 0.1m$ とする．自由電子密度を $2 \times 10^{21} \mathrm{m}^{-3}$ として，この半導体の導電率を求めよ．
2.6 n 形半導体におけるキャリヤ密度の温度変化の概略を図示し，その変化の理由を説明せよ．
2.7 半導体内の電流輸送機構として，ドリフト電流と拡散電流について説明せよ．
2.8 キャリヤの拡散方程式 (2.67)，(2.68) の物理的意味を説明せよ．

3 半導体の諸性質

3.1 磁電的性質

3.1.1 ホール効果

図3.1のように半導体薄板の長さ方向（x方向）に電流Iを流し，これに直角（$-z$方向）に磁束密度Bの磁界を加えると，ドリフトによって流れるキャリヤにローレンツ力（Lorentz force）が働く．このため，キャリヤは図の半導体の上面方向に押しやられる．p形半導体であればキャリヤが正孔であるので，上面寄りに正孔密度が高くなる．下面では，正孔を放出したアクセプタが半導体の結合に寄与していて動けず負の電荷が過剰となる．したがって，上面から下面に向かって電界が生じ，これが正孔の下面から上面への移動を妨げるように働くので平衡が保たれる．この結果，半導体の上面と下面の間に図示の極性の電圧V_Hが発生するようになる．n形半導体では，キャリヤが電子であるので上面寄りに電子密度が高くなり，電界は下面から上面に向かって生じる．この場合の発生電圧の極性は図とは反対となる．

このように，電流と磁界が直角方向にあるとき，両者に直角方向に電圧が誘起

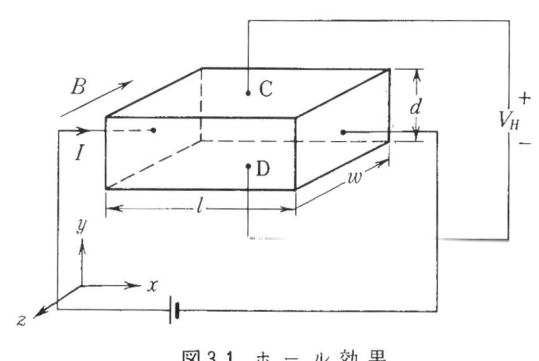

図3.1 ホール効果

される現象をホール効果（Hall effect）といい，発生する電圧をホール電圧（Hall voltage）という．

図 3.1 で半導体が p 形とするとキャリヤが正孔であるから，ドリフト速度 v_d で x 方向に動いている正孔に働くローレンツ力 f は，

$$f = e v_d B \tag{3.1}$$

で与えられる．この力は D から C に向かっていて（y 軸方向），正孔が電極 C 側へ押しやられることになる．このため，CD 間に C から D に向けてホール電界 F_y が生じ，これがホール電圧 V_H を発生する．均一電界であれば F_y は半導体の厚さ d を用いて，

$$F_y = -\frac{V_H}{d} \tag{3.2}$$

で表される．この電界 F_y が正孔に及ぼす下向きの力と，ローレンツ力による上向きの力が平衡する．これより次の関係が得られる．

$$e v_d B = \frac{e V_H}{d} \tag{3.3}$$

正孔によって x 方向に流れる電流 I は，

$$I = e p v_d w d \tag{3.4}$$

である．ここで，p は正孔密度，w は試料の幅である．式 (3.3) からホール電圧 V_H は，

$$V_H = v_d B d = \frac{IB}{epw} = R_H \frac{IB}{w} \tag{3.5}$$

で与えられる．ここに，

$$R_H = \frac{1}{ep} \tag{3.6}$$

は，ホール係数（Hall coefficient）と呼ばれる量である．式 (3.5) で I を [A]，B を [Wb/m^2]，w を [m] の単位としたとき，ホール電圧が [V] で与えられる．電子の素電荷 $e = 1.60 \times 10^{-19}$ [C] であるので，p を [1/m^3] の単位とすると，ホール係数は [m^3/C] の単位で与えられる．

n 形半導体の場合には，キャリヤが電子であるので，ホール係数 R_H は電子密度を n として，

$$R_H = -\frac{1}{en} \tag{3.7}$$

で表される．ここで負の符号は電子を表していて，発生するホール電圧の極性がp形半導体と反対になることを意味している．

これまでの計算では，キャリヤのドリフト速度が一定であるとしていたが，実際にはドリフト速度に無秩序な熱運動が重なっているので，キャリヤの速度に分布が存在する．また，キャリヤが移動する間に受ける散乱も，（ⅰ）格子振動による散乱，（ⅱ）イオン化不純物による散乱がある．これらの効果を考えに入れて，ホール係数 R_H は一般に，

$$R_H = \frac{\gamma}{ep}, \quad \text{または} \quad R_H = -\frac{\gamma}{en} \tag{3.8}$$

と表される．ここに γ は上述の効果を取り入れた補正係数である．キャリヤの速度分布をボルツマン分布と考え，音響形格子振動による散乱を受けるとした場合，よく知られている値 $\gamma = 3\pi/8$ が得られる．Si や Ge で室温付近でのホール係数からキャリヤ密度を計算する場合には，この値を用いればよい．イオン化不純物による散乱を受ける場合は $\gamma = 315\pi/512$ となる．

半導体の導電率 σ は式(2.36)に示したように，

$$\sigma = en\mu \tag{3.9}$$

で与えられる．ここに，n はキャリヤ密度，μ はキャリヤのドリフト移動度である．ホール係数 R_H を用いて，

$$\mu_H = \sigma R_H \tag{3.10}$$

で表されるホール移動度（Hall mobility）が計算できる．ホール係数 R_H は一般には式(3.8)で表されるので，ホール移動度 μ_H とドリフト移動度 μ の間には，

$$\mu = \frac{\mu_H}{\gamma} \tag{3.11}$$

の関係がある．

キャリヤとして正孔と電子が同時に存在する場合には，ホール係数 R_H は $\gamma = 1$ として，

$$R_H = \frac{1}{e} \cdot \frac{p\mu_p^2 - n\mu_n^2}{(n\mu_n + p\mu_p)^2} \tag{3.12}$$

で与えられる．ここに，n, μ_n は電子密度と電子移動度，p, μ_p は正孔密度と正孔

移動度である．式 (3.12) は $p\mu_p^2$ と $n\mu_n^2$ の大小関係によってホール係数の符号が変わることを意味している．一般に μ_n は μ_p に比べて大きいので，式 (3.12) で n, p の値が変化すると R_H の符号が変わることになる．図3.2にp形半導体のホール係数 R_H の温度依存性を示す．低温から中温まで出払い領域が続いていて R_H は式 (3.6) で与えられるが，温度が上がって禁制帯をへだてた電子・正孔対生成がはじまると電子密度が増加しはじめ，R_H は式 (3.12) で与えられるようになって R_H が減少する．$p\mu_p^2 = n\mu_n^2$ で R_H の反転が起こり，見かけ上n形となって R_H が増加するようになる．さらに温度が上がると半導体は真性状態に入るので再び R_H が減少するようになる．

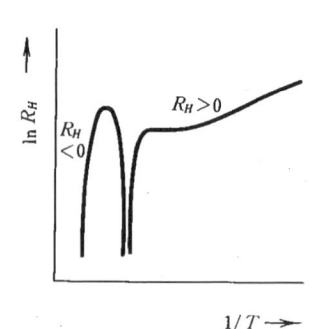

図3.2 p形半導体のホール係数の温度依存性

3.1.2 磁気抵抗効果

半導体に磁界を加えると電気抵抗が変化する現象を磁気抵抗効果（magneto-resistance effect）という．図3.1で示したように磁界が電流方向と直角に加わる場合の効果を横磁気抵抗効果，両者が互いに平行な場合を縦磁気抵抗効果という．これらの効果は，キャリヤが速度分布をもつこと，および等エネルギー面が球面でないことに基づいて起こる．

磁界によって生じたホール電界による力は平均としてはローレンツ力と平衡を保つが，キャリヤの速度に分布があると，平均値と異なる速度をもつキャリヤに対しては，ホール電界による力はローレンツ力を完全には打ち消さないから，これらのキャリヤの軌道は磁界によって変化する．したがって，平均値と異なる速度をもつキャリヤが半導体を通りすぎる間に散乱を受ける回数が増え，電流方向の平均自由行程が減少して抵抗が増える．これが横磁気抵抗効果となる．この場合，抵抗率の増加の割合は，

$$\frac{\Delta\rho}{\rho_0} \simeq \xi R_{H0}^2 \sigma_0^2 B^2 \qquad (3.13)$$

で表され，磁束密度の2乗に比例する．ここに，ρ_0, σ_0 および R_{H0} は磁界の弱い場合の抵抗率，導電率およびホール係数で，ξ は磁気抵抗係数（magnetoresistance coefficient）という定数である．磁気抵抗係数はキャリヤの散乱機構によって異なる．速度分布にボルツマン分布を考えると，音響形格子振動による散乱を受ける場合は $\xi = 0.275$，イオン化不純物散乱を受ける場合は $\xi = 0.57$ となる．磁束密度が非常に大きくなると磁気抵抗効果に飽和が現れる．

Ge や Si では，縦磁気抵抗効果が大きい値をとり，結晶軸方向によって大きな異方性を示す．これは等エネルギー面が球面でないために生じる現象で，この縦磁気抵抗効果の詳しい測定結果からエネルギー帯構造が解明できる．

3.2 熱電的性質

3.2.1 ゼーベック効果

図 3.3 に示すように異種の 2 つの半導体を接続して閉回路をつくり，2 つの接続点 A，B 間に温度差 ΔT をもつようにすると，閉回路に電流が流れる．言い換えると，この回路に起電力 V が発生する．この現象をゼーベック効果（Seebeck effect），あるいは，熱起電効果（thermoelectric effect）といい，発生した起電力を熱起電力（thermo-electromotive force）という．

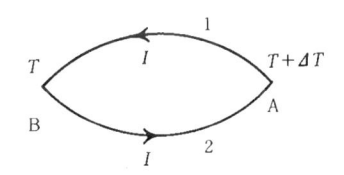

図 3.3 ゼーベック効果

1 つの材料の定数として温度差 1℃当り発生する熱起電力 α が決められ，これを絶対熱電能（absolute thermoelectric power）という．これを用いると，図 3.3 において材料 1，2 の絶対熱電能を α_1，α_2 とすれば，熱起電力 V_s は，

$$V_s = (\alpha_1 - \alpha_2)\Delta T = \alpha_{12}\Delta T \tag{3.14}$$

のように表される．ここに，α_{12} は相対的な熱電能で，ゼーベック係数（Seebeck coefficient）という．

図 3.4 (a) に示すように細長い半導体片の一端を温度 T，他端を $T + \Delta T$ にして，半導体片に一様な温度勾配を与える．一様なアクセプタ密度をもつ p 形半導体とし，温度 T 付近では正孔密度が温度上昇とともに増加するとする．正孔密度は温度の高い右端の方が温度の低い左端より多い．したがって正孔は右から左へ拡散し，左側に蓄積して正の空間電荷ができる．右側では負にイオン化したアクセプタが過剰になるので，左から右へ向けて電界 F が発生する．この電界

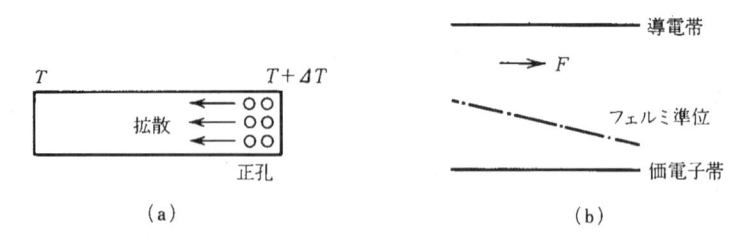

図 3.4 半導体のゼーベック効果

は正孔に対して左から右へドリフトさせる効果を及ぼす．定常状態では，このドリフト効果と拡散効果が平衡している．この様子をエネルギー帯で表すと図 3.4 (b) のようになる．両端のフェルミ準位の差が熱起電力として観測される．

3.2.2 ペルチェ効果

異種の 2 つの半導体をつないで電流を流したとき，接続点においてある一定の割合で熱の発生あるいは吸収が起こる．これをペルチェ効果（Peltier effect）という．図 3.5 に示すように 1 から 2 へ電流を流したとき，接続点で発生する熱量 Q_p は電流 I に比例し，

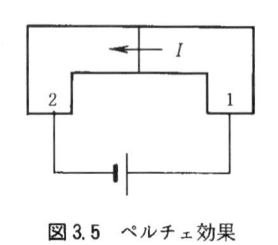

$$Q_p = \pi_{12} I \qquad (3.15)$$

図 3.5 ペルチェ効果

で与えられる．ここに，比例定数 π_{12} をペルチェ係数（Peltier coefficient）という．電流を流す向きを逆向きにした場合には，接続点で吸熱が起こる．このときのペルチェ係数を π_{21} とすれば，

$$\pi_{12} = -\pi_{21} \qquad (3.16)$$

の関係がある．

3.2.3 トムソン効果

図 3.6 に示すように半導体内に温度差 ΔT が存在するとき，これに電流を流すとジュール熱の発生のほかに，熱の発生または吸収がみられる．この熱量を Q_T とすると，電流 I，温度差 ΔT の積に比例して，

$$Q_T = \sigma I \varDelta T \qquad (3.17)$$

で表される．この効果をトムソン効果（Thomson effect）といい，比例定数 σ をトムソン係数 （Thomson coefficient）という．温度の高い方から低い方へ電流を流したとき熱が発生する場合を $\sigma > 0$ と定めている．

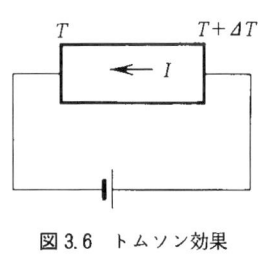

図 3.6 トムソン効果

3.3 光学的性質

半導体に光を照射したときの光吸収スペクトルは，図 3.7 に示すように大きく 3 つの領域に分けられる．領域 ① は光と半導体原子の内殻電子との相互作用による吸収，領域 ③ は光と半導体内の自由キャリヤ（電子や正孔）との相互作用による吸収（自由キャリヤ吸収と呼ばれている）である．半導体の光吸収で最も重要な役割を果たすのが領域 ② で，ここでは，価電子帯から導電帯への電子の励起，不純物原子や格子欠陥のまわりに

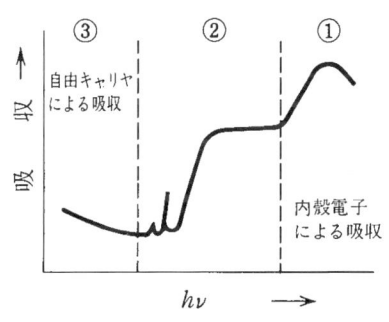

図 3.7 半導体の光吸収スペクトル

局在した電子と光との相互作用があり，厳密には量子力学的遷移の問題として取り扱わなければならない．本節では，半導体工学上特に重要である領域 ② における光吸収について述べる．

光が吸収される程度は，光の周波数 ν（波長 λ）と禁制帯幅 E_g とで決まる．光の周波数が低く（波長が長く），光量子がもつエネルギー $h\nu$ が E_g よりも小さければ，光はほとんどその半導体を透過し，$h\nu$ が大きくなると吸収が急激に増加してくる．光量子のエネルギー $h\nu$ が E_g より大きくなると，光は透過しなくなる．この場合，光の吸収によって価電子帯の電子が導電帯へ励起され，価電子帯には正孔が形成される．すなわち，電子・正孔対生成が行われる．光量子のエネルギーが E_g よりも小さければ光吸収があっても対生成は行われない．光吸収特性は図 3.8 において，$h\nu = E_g$ で垂直に立ち上がる破線で表されることになるが，実際には次に述べるような各種の遷移過程が存在するので，実線で示すように漸進的

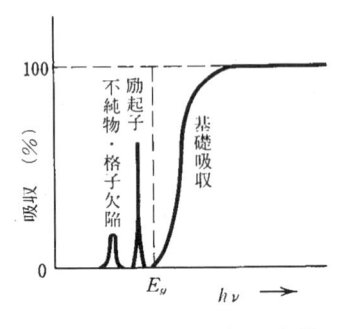

図3.8 半導体による光の吸収帯 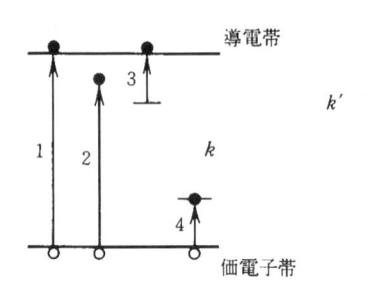　　図3.9 光吸収による各種の遷移

に変化する.

　図3.9に光の吸収によるいろいろな励起が示してある. 図において, 遷移1は $h\nu \geqq E_g$ に相当し, 電子・正孔対生成を伴う吸収で帯間遷移 (band to band transition) あるいは基礎吸収 (fundamental absorption) といい, 吸収のはじまる最小エネルギーを吸収端 (absorption edge) という.

　この基礎吸収には導電帯の底および価電子帯の頂きが関与するが, この付近では状態密度が小さいので, E_g 近傍のエネルギーをもつ光量子が吸収される割合が小さくなって, 図3.8に示したように光吸収が少ない. 光量子のエネルギーが大きくなるにつれて, 導電帯, 価電子帯の状態密度が大きくなるので光吸収が増大する.

　$h\nu < E_g$ の場合には帯間遷移は起こらないが, 図3.9に示した2, 3, 4 などの遷移が起こる. 遷移2は光の吸収で励起子 (exciton: エキシトン) が形成される場合である. 励起子とは正孔と電子が対になったもので, 正負の電荷が互いにクーロン力で引合っていて電気的に中性であるものをいう. 励起子は結晶中を動くことはできるが電流には寄与しない. しかしながら, わずかの熱エネルギーを得て電子・正孔対を生じる. したがって, 励起子を生じる光のエネルギーは E_g よりわずかに小さく, 便宜上, 図3.9の遷移2のように描くことが多い. この吸収は, 図3.8に示したように, 吸収端よりわずかに低エネルギー側に鋭いピークとなって現れる. 励起子の中には半導体内を自由に動きまわる自由励起子のほかに, 不純物や格子欠陥に束縛された束縛励起子がある. 図3.9の遷移3, 4は, 不純物あるいは格子欠陥に関与した光学遷移を示している. 遷移3の場合には導電

3.3 光学的性質

帯へ電子を励起し，4の場合には価電子帯へ正孔を励起している．このような場合には，基礎吸収端よりもかなり低いエネルギー側で吸収を示すことになる．

光を吸収する能力は吸収係数$\alpha(\lambda)$で定義される．これは，波長λ，強度I_0の光が入射したとき，その伝搬路に沿った距離xにおける強度Iが，

$$I = I_0 \exp\{-\alpha(\lambda)x\} \tag{3.18}$$

で表されるとして求められる．基礎吸収に関しては，半導体がもつエネルギー帯構造が大きな影響を与える．光学遷移では，エネルギー保存と運動量保存が満足されなければならない．図3.10(a)のようなエネルギー帯構造では，価電子帯から導電帯への電子の遷移は，同じ運動量kで起こるので，エネルギー保存側が成立すればよい．しかし，同図(b)の場合には，価電子帯の運動量kと異なる運動量k'をもつ導電帯への遷移であるので，運動量保存のためにホノン[†]（格子振動を量子化したもの）の助けを借りなければならない．このため，同図(a)に比べて(b)の遷移確率は小さくなり，したがって，吸収係数も小さくなる．前者のような遷移を直接遷移（direct transition），後者のような遷移を間接遷移（indirect transition）という．

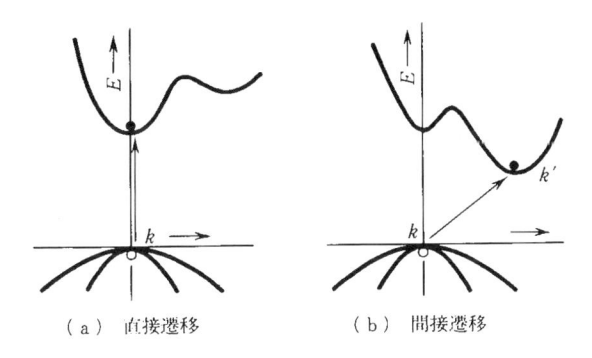

(a) 直接遷移　　　　(b) 間接遷移

図3.10　半導体における光学遷移

[†] ホノンについては1.4参照．

3.4 光電的性質

半導体で光吸収が起こると，導電帯に電子，価電子帯には正孔が励起されて，いろいろな現象が生じる．これを総称して光電効果（photoelectric effect）という．光電効果には，

(ⅰ) 光のエネルギーを吸収して高エネルギーの電子を放出する光電子放出（photoemission），

(ⅱ) 導電率が増加する光導電（photoconduction），

(ⅲ) 起電力を生じる光起電力（photovoltaic）

の3種類がある．(ⅰ)のうち，真空中へ電子を放出する外部光電子放出効果は，光電子増倍管（photomultiplier）などの光電面に使用されているが，半導体内の電子の挙動を積極的に利用していないのでここでは省略する[†]．

3.4.1 光導電効果

図3.11に示すように，断面積 S，長さ l の薄板状半導体の両端にオーム性電極[††]をつけ，外部から電圧 V を加える．光を照射しない暗状態の半導体中の電子密度を n_d，正孔密度を p_d とし，電子および正孔の移動度を μ_n, μ_p とする，このとき流れる電流，すなわち暗電流（dark current） I_d は，

$$I_d = e(n_d\mu_n + p_d\mu_p)\frac{V}{l}S = \sigma_d F S$$

(3.19)

で表される．ここで，

$$\sigma_d = e(n_d\mu_n + p_d\mu_p) \quad (3.20)$$

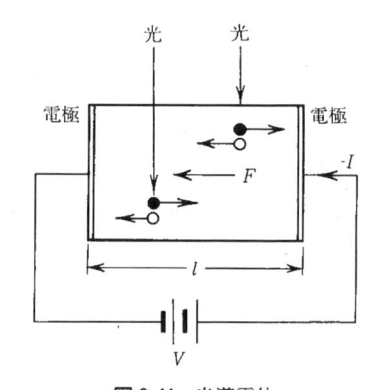

図3.11 光導電体

は，暗導電率（dark conductivity）と呼ばれている．

この半導体に禁制帯幅 E_g より大きいエネルギーをもつ（$h\nu \geq E_g$）光を照射すると電子・正孔対が生成され，電子は電極の正方向へ，正孔は負方向へと移動し

[†] 内部光電子放出効果は異種材料間接触のエネルギー差の解明などに使われる．
[††] オーム性電極については4.1を参照すること．

3.4 光電的性質

て，いずれも電流の増加に役立つ．すなわち，導電率の増加がみられる．このように光照射で自由キャリヤが増し，導電率が増加する現象を光導電効果という．単位体積内で毎秒発生する電子・正孔対の数を g とし[†]，電子と正孔の寿命をそれぞれ τ_n, τ_p とすると，単位体積内で光照射により増加した電子および正孔密度はそれぞれ $g\tau_n$, $g\tau_p$ で与えられる[††]．したがって，導電率の増加分 $\varDelta\sigma$ は，

$$\varDelta\sigma = eg(\tau_n\mu_n + \tau_p\mu_p) \tag{3.21}$$

で表されることになる．

光導電効果には，先に述べたように，光照射により禁制帯をへだてて電子・正孔対が生成されて導電率が増加する真性光導電 (intrinsic photoconduction) のほかに，不純物や格子欠陥が存在するために，比較的長波長の光を吸収してドナーやトラップから電子を導電帯に，あるいは，アクセプタやトラップから正孔を価電子帯に励起して，導電率が増加する外因形光導電 (extrinsic photoconduction) もある．この場合，1種類のキャリヤの増加によって導電率が増加するので，$\varDelta\sigma$ は式 (3.21) の第1項あるいは第2項のみで表される．

図 3.11 に示した光導電体で，簡単のために電子または正孔のみが光導電に寄与するとする．光導電体に毎秒つくられるキャリヤ数 N は，$N = glS$ であるから，流れる光電流 I は，

$$I = \varDelta\sigma FS = eg\tau\mu FS = eN\tau\mu\frac{F}{l} = eNG \tag{3.22}$$

で与えられる．ここに G は，

$$G \equiv \tau\mu\frac{F}{l} = \frac{\tau}{\dfrac{l}{\mu F}} = \frac{\tau}{\tau_d} \tag{3.23}$$

で表され，利得係数 (gain factor) と呼ばれている．式 (3.23) で，μF はキャリヤの平均ドリフト速度であるので，$\tau_d = l/\mu F$ は長さ l の光導電体をキャリヤ

[†] エネルギー $h\nu$ の光量子をもつ W〔W〕の光で半導体を均一に照射したとき，R を半導体の反射係数，η を対生成の量子効率とすると，単位時間当りの対生成率 g は $g = \eta W(1-R)/h\nu$ で与えられる．

[††] 光照射によって発生した電子は，再結合によって時間 t 後には $\exp(-t/\tau_n)$ に減少する．光照射して単位体積内で毎秒発生する対が g であるので，光を連続的に照射していると，t における電子密度は，そのときに発生した電子密度 g と，それ以前に発生した電子の生存分の和になる．したがって，t における電子密度 $\varDelta n$ は以下となる．

$$\varDelta n = \int_0^\infty g\exp(-t/\tau_n)dt = g\tau_n$$

が通過するのに要する平均ドリフト時間を与える．キャリヤの寿命がドリフト時間より長ければ，$\tau > \tau_d$ となって $G > 1$ となる．この場合，光照射によって発生したキャリヤが，ドリフトによっていったん電極に吸収されても，反対側の電極から再び注入されて，再結合されるまで電流に寄与することになる．

光導電体の感度はキャリヤの寿命 τ に依存するが，τ はトラップの存在などにより著しく影響される．トラップや再結合中心が τ に及ぼす影響は，すでに 2.7 において述べてある．実際には，電子-電子トラップ，正孔-正孔トラップ間でのキャリヤのやり取りのほかに，電子-捕獲正孔，正孔-捕獲電子などのやり取りを考えて解析しなければならず，事情は複雑となる．定性的にはほぼ次のようなことがいえる．入射光が弱いときは，これによって生じた電子や正孔の増分 Δn や Δp は，光の強さ B に比例するので，光電流 I_L も B に比例する．入射光が強くなると電子・正孔対の数がトラップの数に比べて非常に大きくなるので，トラップは満たされ，直接再結合の形をとる．このとき，電子密度 n の時間的変化の割合は，

$$\frac{dn}{dt} = -vsn^2 + g \tag{3.24}$$

となる．ここに，v は電子の熱速度，s は捕獲断面積である．定常状態では $dn/dt = 0$ より，n は $g^{1/2}$ に比例することになるので，光電流 I_L は $B^{1/2}$ に比例することになる．一般には，再結合過程はそれほど単純ではないから，I_L は $I_L \propto B^{\gamma}$ と表す．B が小さいときは $\gamma = 1$ で，B が非常に大きくなると $\gamma = 1/2$ となる．B が中間の値をとるときは γ は 1 と 1/2 の間の値をとる．

3.4.2 光起電力効果

光照射によって電子・正孔対ができ，外部から印加する電界がない状態で移動の方向が互いに逆向きになれば，半導体の一方に正の，他方に負の電荷が集まって，両端に起電力が発生することになる．これを光起電力効果という．この現象は，

（ⅰ）半導体内に内部電界のない場合，

（ⅱ）内部電界のある場合，

に大別される．

（ⅰ）の例として，図 3.12 のように半導体の両面にオーム性電極をつけ，片方

の電極を通して光照射する．光照射によって電子・正孔対が生成される．対の数は照射面部分で多く，内に向かうに従って少なくなり，厚さ方向に密度勾配がつくられる．このため，電子，正孔ともに対向電極の方に拡散するが，通常は電子の拡散速度が大きいために，電子が対向電極に達しても，正孔は入射電極側にとどまっていることになる．これにより正負の電荷が分離され，内部に電界が発生して図3.12に示すように外部に起電力を与えることになる．この現象はデンバー効果（Dember effect）と呼ばれている．

（ii）の例は，半導体にpn接合，ヘテロ接合，あるいは，ショットキー（Schottky）障壁[†]などを形成して内部に電界をつくりつけた場合で，光照射により生成された電子・正孔対が内部の電界により分離されて起電力を生じる．過剰少数キャリヤの電子や正孔は，接合の境界付近まで拡散していくが，境界付近に形成された内部電界のために，電子はn側へ，正孔はp側へと分離される．この結果，図3.13に示すように，p側の電極には正孔が，n側の電極には電子が集まって起電力を生じる．このような光起電力効果は，各種の半導体デバイスに応用されているが詳細は第10章で述べる．

図3.12 デンバー効果

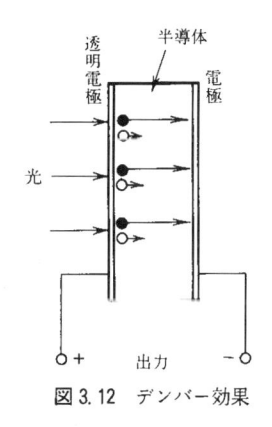

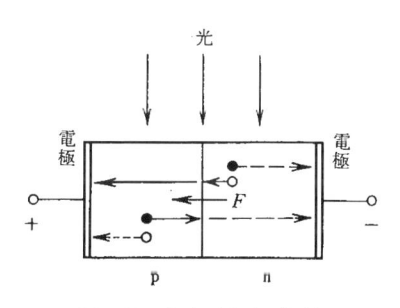

図3.13 光起電力効果
（破線は多数キャリヤの動き，実線は少数キャリヤの動き）

[†] 各種の接合については第4章を参照すること．

3.5 発光現象

紫外線，X線あるいは高速に加速された粒子を照射したときに半導体が発光する現象をルミネセンス（luminescence）という．発光を起こさせる励起エネルギーを加えたのち，瞬時に発光が終る現象を蛍光（fluorescence）といい，発光が長く続く場合をりん光（phosphorescence）と呼んでいて，これら発光を示す結晶をまとめて発光体（phosphor）という．

3.5.1 ルミネセンスの種類

ルミネセンスはその励起方法で区別して多くの種類があるが，原理的には，高エネルギー状態の電子が低エネルギー状態に遷移するとき，もっているエネルギーを光として放出する現象である．図3.14にルミネセンスの原理を示す．主なルミネセンスについて簡単に説明する．

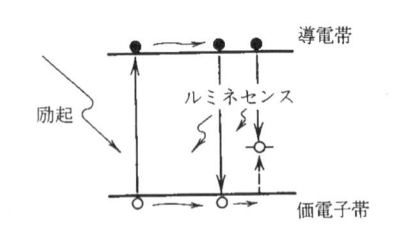

図3.14 ルミネセンスの原理

① **ホトルミネセンス**（photoluminescence）：紫外線または可視光線を照射した場合に発生するルミネセンスで，励起に使われた光より必ず長波長の光を発す．半導体内での発光機構の解明に用いられる．

② **X線ルミネセンス**（X-ray luminescence）：X線の照射で生じるルミネセンスで，ホトルミネセンスの範ちゅうに入れてもよい．X線像を可視像に変換できる．

③ **カソードルミネセンス**（cathodeluminescence）：電子線照射により発生するルミネセンスで，ブラウン管に用いられている．

④ **放射線ルミネセンス**（radioluminescence）：放射線を照射した場合に発生するルミネセンスで，α粒子が最も強く作用し，β粒子，γ線の順に弱くなる．粒子の衝突で点状に発光するので，シンチレーション（scintillation）と呼ぶ．放射線検出器（scintillator）として利用されている．

⑤ **エレクトロルミネセンス**（electroluminescence）：電界印加あるいは電

流を流すことによって発光する現象で、電気から光への直接変換ができる。詳細については第10章で述べる。

このほか、熱ルミネセンス（thermoluminescence）は、半導体が上述のいずれかの励起を低温において受けたのち、その温度が上昇すると発光する現象を指す。また、化学反応によって発光する化学ルミネセンス（chemiluminescence）やまさつなどの機械的エネルギーによって発光するまさつルミネセンス（triboluminescence）などがある。

3.5.2 特性ルミネセンスと非特性ルミネセンス

蛍光体がルミネセンスを発するために活性体（activator）となる不純物を添加することがある。活性体原子のエネルギー準位間の電子遷移によってルミネセンスを発生する場合、その原子特有のスペクトルであるので特性ルミネセンス[†]（characteristic luminescence）という。これに対し、母体結晶のエネルギー帯間の電子遷移によってルミネセンスを発生する場合には、スペクトルは活性体の種類に関係しないので、これを非特性ルミネセンス（noncharacteristic luminescence）という。

原子によっては励起準位から基底準位への遷移が発光を伴わないものがあり、これらは抑制体（killer）と呼ばれていて、結晶内に極力入らないように注意されている。

非特性ルミネセンスでは発光スペクトルは母体結晶の禁制帯幅によって決定され、活性体がスペクトルに多少の変化を与える。母体結晶には化合物が多く、活性体が母体結晶の構成原子を置換するときに電荷の中性を満たさないことがある。この場合、電荷中性を保つために添加する原子を共活性体（coactivator）という。

3.6 高電界効果

半導体では低電界において通常オーム（Ohm）の法則
$$J = \sigma F = en\mu F \tag{3.25}$$

[†] 母体の種類が異なるとスペクトルが少し異なることがある。

(J: 電流密度, σ: 導電率, F: 電界) が成立するが, 電界が非常に高くなるとオームの法則が成立しなくなり, 電流は電圧に比例しなくなる. これは, 比例定数の導電率が電界の関数になることを意味している. 導電率は $\sigma = en\mu$ で与えられるので, σ が電界によって変化する原因として, n と μ の変化が考えられる.

3.6.1 移動度が変化する場合

n 形半導体を考え, 電子密度 n の変化はないとして, 移動度 μ が電界とともにどのように変化するかを考える. 電子は電界からエネルギーを得, 格子振動による散乱によってエネルギーを格子系に与えるが, 1回の散乱によって格子系に与えるエネルギーはわずかである. したがって, 電界が高い場合には, 吸収したエネルギーは電子系の運動エネルギーを高めるのに使われ, その結果として, 電子温度 T_e (electron temperature) が高くなる. 電子が吸収したエネルギーは格子系に移されて格子温度 T (lattice temperature)[†] を高めるのに使われるが, 格子系の熱容量が電子系のそれに比べて大きいので, 格子温度の上昇速度は電子温度の上昇速度に比べて小さい. したがって, 電界を加えてから定常状態に達するまでに電子温度と格子温度の間にかなりの差が生じる. このように格子温度よりも高い電子温度をもつ電子を熱い電子 (hot electron) と呼んでいる.[††]

音響形格子振動によって散乱される場合, 移動度 μ は電子温度 T_e を用いて,

$$\mu = \mu_0 \left(\frac{T}{T_e}\right)^{1/2} \tag{3.26}$$

で表される. ここに, μ_0 は低電界での移動度である.

電子が単位時間内に電界から得るエネルギーを格子系に与えるエネルギーに等しいとおくことによって,

$$\frac{T_e}{T} = \frac{1}{2}\left[1 + \left\{1 + \frac{3\pi}{8}\left(\frac{\mu_0 F}{c_s}\right)^2\right\}^{1/2}\right] \tag{3.27}$$

が得られる. ここで, c_s は半導体内での音速である.

$\mu_0 F \ll c_s$ の場合には, 式 (3.27) は近似的に,

$$\frac{T_e}{T} \simeq 1 + \frac{3\pi}{32}\left(\frac{\mu_0 F}{c_s}\right)^2 \tag{3.28}$$

[†] 結晶の温度とほぼ同じ温度.
[††] このような状態のキャリヤを一般にホット・キャリヤ (hot carrier) という.

となり，μ は，

$$\mu \simeq \mu_0 \left[1 - \frac{3\pi}{64} \left(\frac{\mu_0 F}{c_s} \right)^2 \right] \tag{3.29}$$

で与えられる．

$\mu_0 F \gg c_s$ の場合には，

$$\frac{T_e}{T} \simeq \left(\frac{3\pi}{32} \right)^{1/2} \frac{\mu_0 F}{c_s} \tag{3.30}$$

となり，μ は次式となる．

$$\mu \simeq \left(\frac{32}{3\pi} \right)^{1/4} \left(\frac{\mu_0 c_s}{F} \right)^{1/2} \tag{3.31}$$

したがって，式 (3.25) と式 (3.29)，(3.31) を組み合わせて，電流密度と電界の関係は図 3.15 に示すようになる．すなわち，低電界では $J \propto E$ の比例関係が成立するが，適当に加速されると移動度が減少し，加速された電子の速度が音速に近づくと $J \propto E^{1/2}$ の関係をもつようになる．

さらに電界が高くなると，光学形格子振動によって散乱されて電子の速度は，電界に依存しなくなり，平均的に，

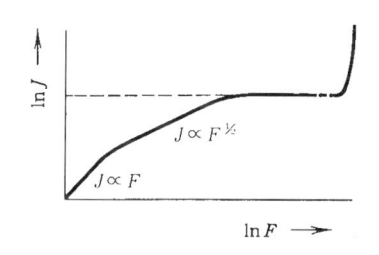

図 3.15 高電界効果 (1)
　　　　移動度が変化する場合

$$v_s = \frac{1}{2} \left(\frac{2\hbar\omega_0}{m_n^*} \right)^{1/2} \tag{3.32}$$

となる．ここに，$\hbar\omega_0$ は光学形格子振動のエネルギーである．この速度 v_s を飽和速度 (saturation velocity) と呼ぶ．電流密度は電界に依存しなくなる．

電界がさらに高くなると，加速された電子が不純物原子や結晶格子に衝突して結合を切り，電子を導電帯に励起するようになる．これが繰り返されて多数の自由キャリヤができるために n に変化が生じ，電流が急激に増加する．

3.6.2 キャリヤ密度が変化する場合

図 3.16 に示すようなエネルギー帯構造をもつ半導体を考える（GaAs など）．導電帯として，価電子帯頂上と同じ運動量の L 帯 (lower band) と，それよりもエネルギーの高いところに価電子帯頂上とは運動量の異なる U 帯 (upper

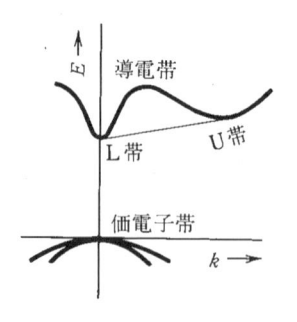

図 3.16　特別な半導体の
　　　　エネルギー帯構造

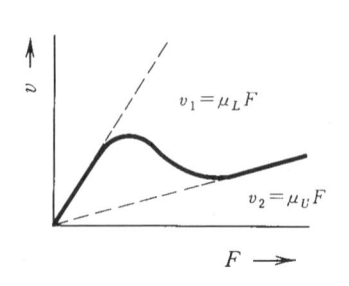

図 3.17　高電界効果 (2) キャリヤ密度が
　　　　変化する場合

band) をもつ．L 帯の電子は（有効質量が小さくて）移動度が大きく，U 帯の電子は（有効質量が大きくて）移動度が小さい．さらに，L 帯の状態密度は U 帯よりはるかに小さい．

このような半導体に電界 F が加えられると，低電界で電子は L 帯に存在するが，加速されて速度を増していくと十分のエネルギーを得て U 帯に上がる．電子のドリフト速度 v は，低電界では L 帯の移動度 μ_L で定まるが，電界増加につれて U 帯の移動度 μ_U の影響が現れ，L 帯から U 帯へ移る電子密度が増加するに従って μ_U の影響が優越するようになる．電子の移動度が下がるとドリフト速度が下がるので，図 3.17 に示すような変化をする．全電子密度が一定であれば，電流密度 J は電子のドリフト速度に比例するので，J と F の関係は図 3.17 と同じような変化をする．すなわち，ある電界領域で電界増加とともに電流密度の減少がみられ，いわゆる負性微分抵抗（negative differentinal resistance）がみられることになる．

演 習 問 題

3.1　幅 1 mm，長さ 10 mm，厚さ 0.1 mm の Si の棒状試料がある．長さ方向に 2 V の電圧を印加して 10 mA の電流を流しておく．厚さ方向に 0.5 T の磁束密度の磁界を加えた場合，電流，磁界の両方に垂直の方向に 20 mV のホール電圧が発生した．この試料のホール係数，キャリヤ密度，ホール移動度を求めよ．

3.2　式 (3.12) を導出せよ．

演習問題

3.3 代表的な熱電効果を取り上げてその物理的機構を説明せよ．

3.4 Si の光吸収係数は波長 500 nm で 1.8×10^6 m^{-1} である．この波長での Si への光の侵入深さを求めよ．ついで，厚さ 1 mm の Si に光を照射するとき，侵入した光が Si 内で 99 % 以上吸収されるためには，照射光の波長における Si の光吸収係数がいくら以上必要であるか．

3.5 厚さ 1 mm の Si に波長 500 nm，強度 1000 W/m² の光を照射した．単位時間，単位面積当りの電子・正孔対の生成率 g を求めよ．なお，Si の反射率を 0.589 とする．

3.6 抵抗率 2×10^{-2} Ωm の n 形 Si がある．この Si に光を照射して，帯間遷移により 2×10^{21} m^{-3} の電子・正孔対を生成した場合の抵抗率を求めよ．ただし，$\mu_n = 0.16$ m²/Vs，$\mu_p = 4.5\times10^{-2}$ m²/Vs とする．

3.7 上記の Si を用いて，長さ 10 mm，幅 2 mm，厚さ 0.1 mm の光導電セルをつくり，これに 8 V の電圧を加えておく．光照射によって 10^{22} m^{-3} s^{-1} の電子・正孔対が生成される場合の，利得係数 G と光電流 I_p を求めよ．ただし，$\tau_n = 1\times10^{-3}$ s，$\tau_p = 1\times10^{-3}$ s とする．

3.8 Si, GaAs, InP および SiC の電子の移動度の電界強度依存性を調べて比較せよ．

4 接合ならびに界面の現象

4.1 金属と半導体の接触

仕事関数†の異なる金属と半導体を接触させると,電荷の移動が生じて両者のフェルミ準位が同じ高さになるところで平衡状態となる.この場合,接触させる金属と半導体の仕事関数のいずれが大きいかによって,整流性接触,あるいは,オーム性接触のいずれかに分かれる.半導体をn形,p形に分けて事情が異なる様子を説明する.

4.1.1 金属とn形半導体の接触
(1) $\phi_m > \phi_s$ の場合

図4.1(a)に,金属の仕事関数 ϕ_m がn形半導体の仕事関数 ϕ_s より大きい($\phi_m > \phi_s$)の場合における接触前の両者のエネルギー準位図を示す.n形半導体のドナーは室温で完全にイオン化しているとする.n形半導体のフェルミ準位は金属のフェルミ準位より,$\phi_m-\phi_s$ だけ高い.半導体の導電帯の底から真空準位(VL: vacuum level)までのエネルギーは,電子親和力(electron affinity)と呼ばれ,χ_s で表す.両者を接触させると,半導体の導電帯中の電子は,イオン化したドナーを半導体表面に残して金属に移り,同図(b)に示すように,両者のフェルミ準位が一致して平衡に達する.この結果,界面付近に電位障壁(potential barrier),(あるいは単に障壁という)が形成され,半導体表面のエネルギー帯が上向きに湾曲する.この障壁の高さは,半導体側では $\phi_m-\phi_s$ であるが,金属側では,半導体の導電帯とフェルミ準位の差 $\phi_s-\chi_s$ を考えて,

$$(\phi_m-\phi_s)+(\phi_s-\chi_s) = \phi_m-\chi_s \tag{4.1}$$

---

† 真空中へ電子を放出するのに必要なエネルギーを指し,真空準位とフェルミ準位の差で与えられる.

4.1 金属と半導体の接触

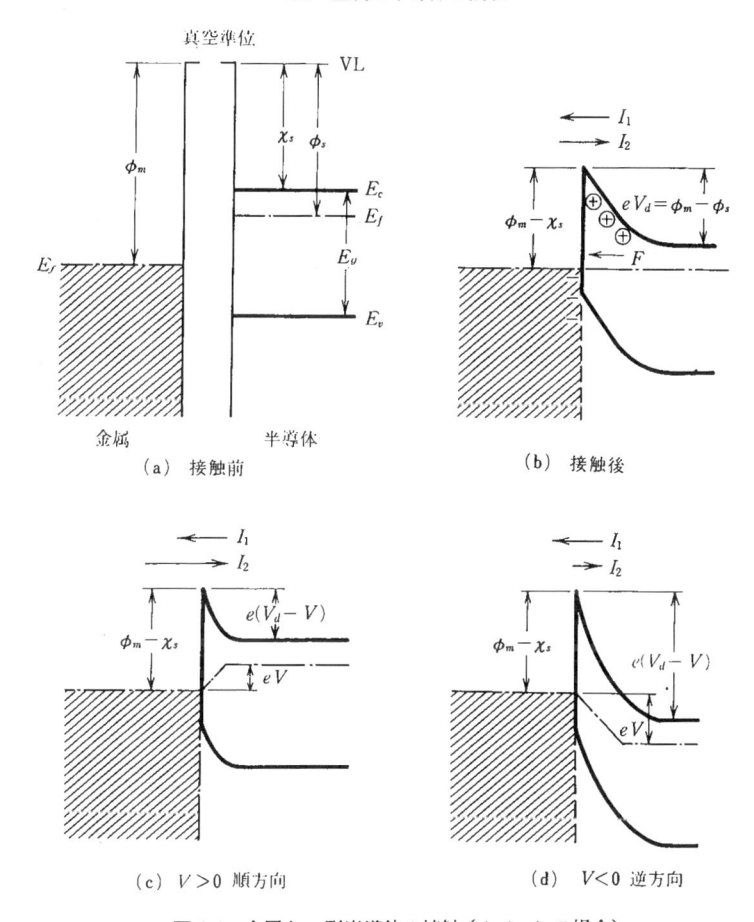

図4.1 金属とn形半導体の接触（$\phi_m > \phi_s$の場合）

(a) 接触前 (b) 接触後 (c) $V>0$ 順方向 (d) $V<0$ 逆方向

となる．半導体側からみた障壁高さをeV_d〔eV〕で表すと，

$$eV_d = \phi_m - \phi_s \tag{4.2}$$

となる．このとき，電位差V_dを拡散電位（diffusion potential）という．この電位差は，半導体表面に残ったイオン化したドナーの正の電荷と，金属表面に移動した過剰の電子による負の電荷とが形成する電気2重層（電界F）で保持されている．障壁が存在している領域は障壁層（barrier layer）と呼ばれ，同図(b)に示したように自由な電子がないので空乏層（depletion layer：自由キャリヤが存在しない層）という．

空乏層ではキャリヤがないのでその部分の抵抗率が高い．これに比べて半導体内部の抵抗率は低いので，このような金属-半導体接触に外部から電圧を印加すると，その大部分は空乏層にかかることになる．同図 (c)，および (d) はこの様子を表したもので，半導体内部には電圧がかからないのでフェルミ準位を水平に表示してある．

同図 (b) の平衡状態を考える．電流の流れは電子の移動方向と反対であるので，金属から半導体へ移動する電子による電流を I_1（図で左向き），半導体から金属へ移動する電子による電流を I_2（右向き）とすると，平衡状態では，$I_1 = I_2$ で正味の電流が流れない．

同図 (c) のように，金属が正，半導体が負になるような電圧を印加した場合を $V > 0$ とする．この印加電圧は拡散電位を打ち消す向きであるので，半導体中のフェルミ準位がこの電圧分だけ上がる．半導体側からみた障壁の高さが $e(V_d - V)$ に減少するので電流 I_2 は増加する．一方，金属側からみた障壁高さは $\phi_m - \chi_s$ で不変であり電流 I_1 は変化しない．したがって，正味として $I_2 - I_1$ の電流が金属から半導体の方向に流れ，その値は印加電圧 V を正の大きな値にするほど増加する．電流をよく流す電圧極性を順方向（forward direction）といい，このときの電圧，電流を順方向電圧および順方向電流という．

同図 (d) は，半導体側に正の電圧を印加した場合（$V < 0$）で，障壁の高さが増加する．この場合も金属側からみた障壁高さは $\phi_m - \chi_s$ で変化せず，電流 I_1 は同図 (b) と同じであるが，半導体側からみた障壁高さが増加するので平衡状態より I_2 が減少し，その結果，$I_1 - I_2$ の電流が半導体から金属へ流れる．しかしながら，$I_1 - I_2 < I_1$ であり，V が負の大きな値になると $I_2 \sim 0$ となるので，この電流は I_1 に近づき，一定値に到達する．このように電流がよく流れない電圧極性を逆方向（reverse direction）といい，このときの電圧，電流をそれぞれ逆方向電圧および逆方向電流という．

これらの電流-電圧特性を図示すると，図 4.2 の実線ⓐのようになる．ある方向には電流が流れやすいがその逆方向には流れにくい特性を整流性（rectifying）といい，このような特性を示す接触を整流性接触（rectifying contact）という．整流性を示す障壁

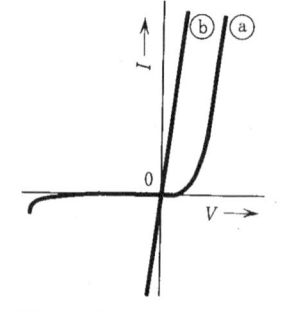

図 4.2　金属と半導体の接触
ⓐ整流性　ⓑオーム性

4.1 金属と半導体の接触

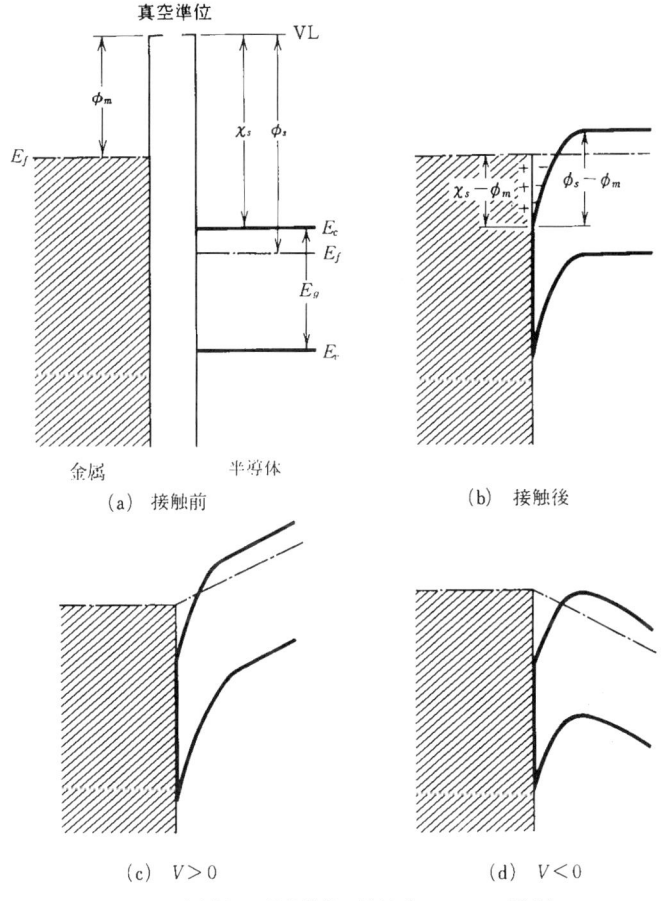

図4.3 金属とn形半導体の接触($\phi_m < \phi_s$の場合)

(a) 接触前　　(b) 接触後　　(c) $V>0$　　(d) $V<0$

をショットキー(Schottky)障壁という．

(2) $\phi_m < \phi_s$ の場合

金属と半導体の仕事関数が $\phi_m < \phi_s$ の関係にある場合には，図4.3(a)に示すように，金属のフェルミ準位が半導体のフェルミ準位より高いので，接触させると金属から半導体へ電子が移ってフェルミ準位が一致する．半導体表面のエネルギー帯は下向きに湾曲する．同図(b)に示すように金属表面には正電荷，半導体表面には負電荷が生じるが，この半導体表面電荷は自由な電子で動きやすいので，図4.1で示したような障壁層は形成されない．したがって，外部から印加した電圧は，半導体全体に一様に加わることになり，同図(c)および(d)に示す

ように，半導体領域のフェルミ準位が電界方向に依存した向きに傾くことになる．同図(c)では，電子が半導体から金属へ移動するが，その移動を妨げる障壁はない．同図(d)では，金属から半導体へ電子が移動するとき，電子が越えなければならない障壁はごくわずかである．すなわち，印加電圧 V の極性がいずれであっても電流がよく流れ，整流性を示さない．このような接触をオーム性接触 (ohmic contact) といい，図4.2の直線ⓑで示すようにオームの法則を満たす電流-電圧特性をもつ．良好なオーム性接触は接触部の抵抗が極力小さいことが望ましい．

4.1.2 金属とp形半導体の接触

(1) $\phi_m > \phi_s$ の場合

図4.4(a)，(b)に接触前と接触後のエネルギー準位図を示してある．半導体側のフェルミ準位が金属のフェルミ準位より高いので，接触させると半導体の価電子帯の電子が金属側へ移動して，半導体表面は残った正孔により正に帯電し，金属表面は負に帯電する．接触後は同図(b)のように，半導体表面でエネルギー帯が上向きに湾曲する．しかしながら，半導体表面に蓄積される電荷は正孔で動きやすいので，このエネルギー帯の曲りは障壁とはならない．金属に対して半導体が正になるような電圧を印加すると，正孔は容易に金属側に移って電流がよく流れる[†]．半導体が負になるような電圧をかけると，金属中で熱的に生成されてい

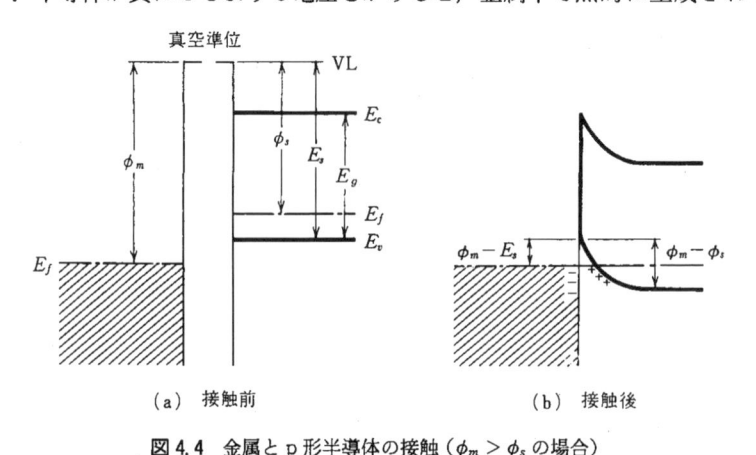

図4.4 金属とp形半導体の接触（$\phi_m > \phi_s$ の場合）

[†] 金属側に移った正孔はそこで多数存在する電子と再結合して外部回路では電子による電流が流れる．

る正孔が，ごくわずかに存在する障壁を乗り越えて半導体側に移っていく．いずれの場合にも正孔は容易に移動するので，このような接触はオーム性接触となる．

(2) $\phi_m < \phi_s$ の場合

図 4.5(a) に示すように，金属側のフェルミ準位が半導体のフェルミ準位より高いので，接触により金属から半導体へ電子が移動して，p形半導体の価電子帯の正孔が中和される．このため，半導体表面にはイオン化したアクセプタの負イオンが散在して負に帯電し，金属表面は電子が不足して正に帯電する．この結果として，半導体表面のエネルギー帯は図 4.5(b) に示すように下向きに湾曲し，正孔に対する障壁ができる．

拡散電位 V_d は，

$$eV_d = \phi_s - \phi_m \tag{4.3}$$

で与えられ，金属側からみた障壁の高さは $E_s - \phi_m$ となる．E_s は真空準位から測定した価電子帯頂上までのエネルギーで，$E_s = \chi_s + E_g$ である．半導体側から金属側への正孔の移動には拡散障壁 eV_d を越えなければならず，金属側から半導体側への正孔の移動にも $E_s - \phi_m$ の障壁を越えなければならない．外部からの印加電圧は障壁層のみにかかるので，図 4.1(c)，(d) と同様に，半導体側からみた障壁の高さを変えることになる．したがって，この接触は図 4.1 の場合と同様に整流性接触となるが，n形半導体の場合と異なり，半導体側から金属側へ正孔が移動する（この向きに電流が流れる）ような電圧極性（金属が負，p形半導体が正）が順方向となる．

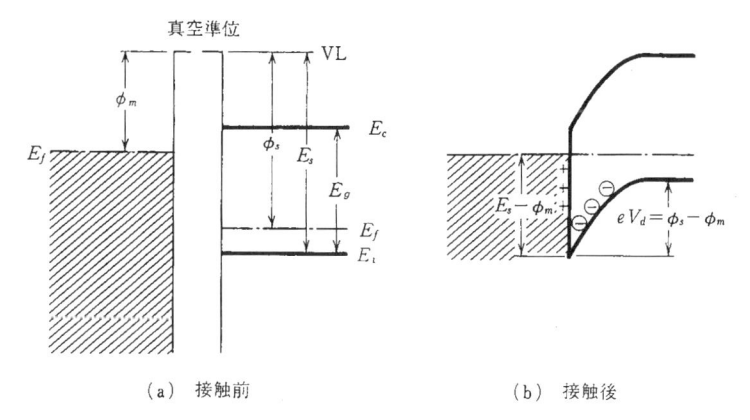

(a) 接触前　　　　　　　　(b) 接触後

図 4.5　金属と p 形半導体の接触（$\phi_m < \phi_s$ の場合）

4.2 ショットキー障壁の解析

4.2.1 空乏層の解析

図4.1や図4.5に示したように，金属と半導体の仕事関数の間にある関係があればショットキー障壁が形成される．障壁部分の空乏層の解析にはポアソンの方程式

$$\mathrm{div}\,\boldsymbol{F} = \frac{\rho(r)}{\varepsilon_s \varepsilon_0} \tag{4.4}$$

が用いられる（3次元表記）．ここに，$\boldsymbol{F}$ は電界，$\rho(r)$ は電荷密度，ε_s は半導体の比誘電率，ε_0 は真空の誘電率である．例として金属とn形半導体が障壁を形成する図4.1を取上げてその解析方法を説明する．

図4.6(a)に示すように，半導体表面から内部に向かう方向を x 軸とする，1次元構造を考えると，$F = -dV/dx$ であるので，ポアソンの方程式は，

$$\frac{d^2 V(x)}{dx^2} = -\frac{\rho(x)}{\varepsilon_s \varepsilon_0} \tag{4.5}$$

となる．ここに，$V(x)$ は点 x での電位である．空間電荷密度 $\rho(x)$ は，ドナーがすべてイオン化しているとして，一般に，

$$\rho(x) = e\{N_d - n(x)\} \tag{4.6}$$

で与えられる．e は電子の電荷，N_d はドナー密度，$n(x)$ は導電帯の点 x での電子密度である．$x \geq d$ の領域では電子密度はドナー密度と等しく $n(x) = N_d$ が成り立ち，この領域には電界がかからない．空乏層内（$0 \leq x \leq d$）の $x = d$ 付近ではわずかながら導電帯に電子が存在するが，近似的には，

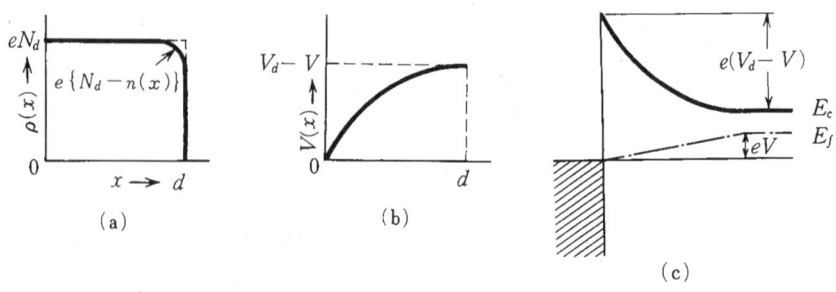

図4.6 ショットキー障壁の解析

4.2 ショットキー障壁の解析

$$\rho(x) \simeq eN_d \tag{4.7}$$

とおいてよい[†]．これは，空乏層にはキャリヤがほとんど存在しないことに相当している．なお，d は空乏層の厚さを表す．

式 (4.5) を解くための境界条件は図 4.6 (b) に示すようにつぎのようになる．

$$x = 0 \quad \text{で} \quad V(x) = 0 \tag{4.8}$$
$$x = d \quad \text{で} \quad dV/dx = 0^{\text{[††]}}, \ V(x) = V_d - V \tag{4.9}$$

ここで V は印加電圧を意味する．式 (4.9) を用いて式 (4.5) を解くと，

$$V(x) = (V_d - V) - \frac{eN_d}{2\varepsilon_s\varepsilon_0}(d-x)^2 \tag{4.10}$$

となる．式 (4.8) と式 (4.10) から，d は，

$$d = \left[\frac{2\varepsilon_s\varepsilon_0}{eN_d}(V_d-V)\right]^{1/2} \tag{4.11}$$

となる．空乏層内の空間電荷の総量 Q は，単位面積当り，

$$Q = eN_d d = [2\varepsilon_s\varepsilon_0 eN_d(V_d-V)]^{1/2} \tag{4.12}$$

である．単位面積当りの静電容量 C は，印加電圧 V に対する電荷 Q の変化として定義され，

$$C \equiv -\frac{dQ}{dV} = \left[\frac{\varepsilon_s\varepsilon_0 eN_d}{2(V_d-V)}\right]^{1/2} = \frac{\varepsilon_s\varepsilon_0}{d} \tag{4.13}$$

となる．この容量は障壁容量（barrier capacitance）といわれ，電極間距離 d の平行板コンデンサの容量と同じ表記式で与えられるが，その大きさが印加電圧 V によって変化する．

式 (4.13) より，

$$\frac{1}{C^2} = \frac{2(V_d-V)}{\varepsilon_s\varepsilon_0 eN_d} \tag{4.14}$$

となる．空乏層内で N_d が一定であれば，$1/C^2$ は $-V$ に比例することになるので，図 4.7 に示すような直線（実線）関係が得られる．この直線を外挿して $1/C^2 = 0$ との交点を求めると拡散電位 V_d が，さらに直線の傾斜から N_d が求められる．ドナー密度 N_d が一定でなければ直線関係は得られないが，式 (4.14) を

[†] 電子のエネルギー分布をマクスウェル・ボルツマン分布とすると，$n(x) = N_c \exp\{-e(V_d - V(x))/kT\}$ で与えられる．$e(V_d - V(x)) \gg kT$ であれば $n(x) \ll N_d$ としてもよい．
[††] 近似的にこう置く．もし $x \geq d$ の半導体に電界がかからなければ電流が流れない．境界条件として $dV/dx = 0$ とおけるほど小さいということを意味しているだけである．

用い，各電圧における微分値から N_d が求められ，半導体表面からの距離の関数として表される．

4.2.2 電流輸送機構

ショットキー障壁の電流輸送機構は，障壁層の厚さ d がキャリヤの平均自由行程 λ に比べて小さい場合と大きい場合とで異なったモデルで説明される．ここでは，熱電子放出 (thermionic emission) モデル，および拡散 (diffusion) モデルについて述べる．金属とn形半導体（ドナー密度N_d）の接触で1次元モデルを考える．

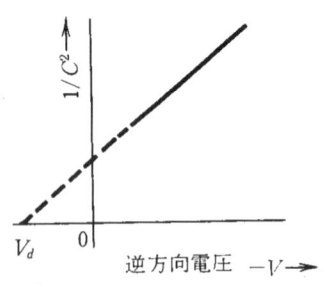

図4.7 ショットキー障壁における容量-電圧特性

(1) 熱電子放出モデル

$d<\lambda$ の場合で，運動エネルギーが障壁の高さよりも大きいキャリヤがすべて障壁を横切ると考えて解析を進める．接触面から半導体内へ向けて x 軸をとって，v_x を電子の速度の x 成分とする．電子が速度分布としてマクスウエル・ボルツマン分布をもっていると近似すると，v_x と v_x+dv_x の間の電子数 dn は，

$$dn = n\left(\frac{m_n^*}{2\pi kT}\right)^{1/2} \exp\left(-\frac{m_n^* v_x^2}{2kT}\right) dv_x \tag{4.15}$$

で与えられる．金属から半導体へ移動する電子による電流密度 J_1 は，金属のフェルミ準位をエネルギー0として，$\phi_m - \chi_s$ より大きな運動エネルギーをもった電子による．したがって，J_1 は，

$$J_1 = \int_{\frac{1}{2}m_n^* v_x^2 \geq \phi_m - \chi_s}^{\infty} ev_x dn = en\left(\frac{kT}{2\pi m_n^*}\right)^{1/2} \exp\left(-\frac{\phi_m - \chi_s}{kT}\right) \tag{4.16}$$

一方，半導体から金属へ移動する電子による電流密度 J_2 は，電圧 V が印加されているとき，

$$J_2 = \int_{\frac{1}{2}m_n^* v_x^2 \geq \phi_m - \phi_s - eV}^{\infty} ev_x dn' \tag{4.17}$$

で与えられる．ここに，

$$dn' = n'\left(\frac{m_n^*}{2\pi kT}\right)^{1/2} \exp\left(-\frac{m_n^* v_x^2}{2kT}\right) dv_x \tag{4.18}$$

4.2 ショットキー障壁の解析

$$n' = N_c \exp\left(-\frac{\phi_s - \chi_s}{kT}\right) = 2\left(\frac{2\pi m_n^* kT}{h^2}\right)^{3/2} \exp\left(-\frac{\phi_s - \chi_s}{kT}\right) \quad (4.19)$$

である．ここでは，式 (4.15) の n の代わりに半導体の導電帯中の電子密度を用いてある．式(4.17)より，

$$J_2 = \frac{4\pi e m_n^* k^2}{h^3} T^2 \exp\left(-\frac{\phi_m - \chi_s}{kT}\right) \exp\left(\frac{eV}{kT}\right) \quad (4.20)$$

$V = 0$ では $J_1 = J_2$ であるから，式 (4.20) および (4.16) から，正味の電流密度 $J = J_2 - J_1$ は，

$$J = \frac{4\pi e m_n^* k^2}{h^3} T^2 \exp\left(-\frac{\phi_m - \chi_s}{kT}\right) \left[\exp\left(\frac{eV}{kT}\right) - 1\right] \quad (4.21)$$

となる．ここで，

$$A^* \equiv \frac{4\pi e m_n^* k_2}{h^3} \quad (4.22)$$

はリチャードソン定数 (Richardson constant) といわれ，自由電子の場合 ($m_n^* = m$) には，$A^* = 1.20 \times 10^6$ (Am^{-2} deg^{-2}) である．式 (4.21) の電流密度-電圧の関係式が図 4.2 で示した整流性をもつことは明白であろう．このモデルはベーテ (Bethe) のダイオード理論ともいわれている．通常の半導体ではこのモデルが適用される．厳密には，電子の鏡像力 (image force) に基づく障壁高さの変化分を考慮した式を用いなければならない．

******

(2) 拡散モデル

$d > \lambda$ の場合，電流は電子密度の差によって生じる拡散により流れると考える．順方向電圧 V を印加し，図 4.6 のように x 軸をとると，電位 $V(x)$ と，電子密度 $n(x)$ は，

$$\left.\begin{array}{l} x = 0 \quad \text{で} \quad V(0) = 0,\ n(0) \\ x = d \quad \text{で} \quad V(d) = V_d - V,\ n(d) = N_d \end{array}\right\} \quad (4.23)$$

となる．電子による電流密度 J は，

$$J = en(x)\mu_n F(x) + eD_n \frac{dn(x)}{dx} \quad (4.24)$$

で与えられる．ただし，J の正の方向を図で右向きにとる．アインシュタインの関係式とマクスウエル・ボルツマン分布を用いると，

$$\mu_n = \frac{e}{kT} D_n \quad (4.25)$$

$$n(0) = N_d \exp\left(-\frac{eV_d}{kT}\right) \tag{4.26}$$

が成り立つ. 式 (4.24) の両辺に $\exp\{-eV(x)/kT\}$ を掛け, $F(x) = -dV(x)/dx$ および式 (4.25) を用いると,

$$J \exp\left(-\frac{eV(x)}{kT}\right) dx = eD_n d\left\{n(x) \exp\left(-\frac{eV(x)}{kT}\right)\right\}^\dagger \tag{4.27}$$

x に関して 0 から d まで積分し, 式 (4.26) を用いると,

$$J \int_0^d \exp\left(-\frac{eV(x)}{kT}\right) dx = eD_n\left[-n(0) + N_d \exp\left\{-\frac{e(V_d-V)}{kT}\right\}\right]$$

$$= eD_n N_d \exp\left(-\frac{eV_d}{kT}\right)\left\{\exp\left(\frac{eV}{kT}\right) - 1\right\} \tag{4.28}$$

ところで,

$$\int_0^d \exp\left(-\frac{eV(x)}{kT}\right) dx \simeq \frac{\varepsilon_s \varepsilon_0 kT}{e^2 N_d d} \tag{4.29}$$

であるから††, 式 (4.11) の d を用いて,

$$J \simeq eN_d\mu_n\left\{\frac{2eN_d(V_d-V)}{\varepsilon_s\varepsilon_0}\right\}^{1/2} \exp\left(-\frac{eV_d}{kT}\right)\left\{\exp\left(\frac{eV}{kT}\right)-1\right\} \tag{4.30}$$

となる. この式は, 式 (4.21) と同様に整流性を示す $\{\exp(eV/kT)-1\}$ の形をもつが, $\{2eN_d(V_d-V)/\varepsilon_s\varepsilon_0\}^{1/2}$ の項が入るので, 逆方向で電流が完全には飽和しない.

＊＊＊＊＊＊

$\dagger \quad J\exp\left(-\dfrac{eV(x)}{kT}\right)dx = -\dfrac{e^2}{kT}D_n n(x)dV\exp\left(-\dfrac{eV(x)}{kT}\right) + eD_n dn(x)\exp\left(-\dfrac{eV(x)}{kT}\right)$

$\qquad = eD_n\left[n(x)d\left\{\exp\left(-\dfrac{eV(x)}{kT}\right)\right\} + \exp\left(-\dfrac{eV(x)}{kT}\right)dn(x)\right]$

$\dagger\dagger$ 式 (4.10) を変形して,

$$V(x) = \frac{eN_d}{2\varepsilon_s\varepsilon_0}d^2 - \frac{eN_d}{2\varepsilon_s\varepsilon_0}(d-x)^2$$

とおく. いま,

$$z^2 = \frac{e}{kT}\cdot\frac{eN_d}{2\varepsilon_s\varepsilon_0}d^2, \quad s^2 = \frac{e}{kT}\cdot\frac{eN_d}{2\varepsilon_s\varepsilon_0}(d-x)^2$$

とおくと, 式 (4.29) の積分は,

$$\left(\frac{kT}{e}\cdot\frac{2\varepsilon_s\varepsilon_0}{eN_d}\right)^{1/2}I$$

ただし,

$$I = \exp(-z^2)\int_0^z \exp s^2 ds$$

となる. z が大きくなると, $I \to 1/2z$ となるので, 式 (4.29) の積分は $\varepsilon_s\varepsilon_0 kT/(e^2 N_d d)$ となる.

4.3 pn 接合の理論

1つの半導体単結晶でp形とn形とが互いに結合しているものをpn接合 (pn junction) という．接合を形成すると，n形からp形へ電子が，p形からn形へ正孔が拡散によって移動し，n形，p形のフェルミ準位が一致するところで平衡に達して，図4.8に示すようなエネルギー準位図を構成する．図において，V_d は接合を形成する前のp形，n形半導体の仕事関数の差（すなわち，フェルミ準位の差）を e で除したもので拡散電位である．n形からp形へ移動した電子は正孔と，p形からn形へ移動した正孔は，電子と再結合して消滅するので，n形のp形寄りでは正にイオン化したドナーが，p形のn形寄りでは負にイオン化したアクセプタが残った遷移領域（transition region）が生じる．この領域では，ドナーの正イオンとアクセプタの負イオン（結晶の格子位置を置換して移動できない）が電気2重層を形成して電界 F を生じ，拡散電位をささえている．この電界は電子をn形へ，正孔をp形へ戻す役割をし，先に述べた拡散による電子のp形への移動，および正孔のn形への移動と平衡している．遷移領域にはキャリヤがないので空乏層と呼ばれる．半導体素子の大部分がこのpn接合を基本要素としているので，この性質は十分に理解しておかなければならない．

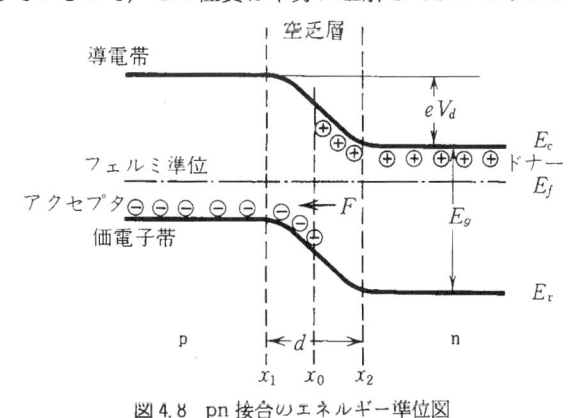

図 4.8 pn 接合のエネルギー準位図

4.3.1 空乏層の解析

空乏層には空間電荷が存在するので，その部分の電位はポアソンの方程式を解

けば求められる．空間電荷の分布の仕方によって電位分布が変化するが，ここでは，しばしば出くわす代表的な2つの場合を述べる．以下，簡単のために1次元モデルについて考える．

(1) 階段接合

図4.9(a)に示すように，$x = x_0$ を境にして，$x_1 \leq x \leq x_0$ の p 形でアクセプタ密度が一定 (N_a)，$x_0 \leq x \leq x_2$ の n 形でドナー密度が一定 (N_d) であるような接合を考える．アクセプタもドナーもそのエネルギー準位が十分浅くて，室温ではいずれもイオン化しているとする．このように，不純物密度が急激に変化している接合を階段接合 (step junction, abrupt junction) という．

ポアソンの方程式は，式(4.5)のように空間電荷密度を $\rho(x)$ として，

$$\frac{d^2V(x)}{dx^2} = -\frac{\rho(x)}{\varepsilon_s \varepsilon_0} \quad (4.31)$$

で与えられる．ここに，$V(x)$ は点 x での電位，ε_s は半導体の比誘電率，ε_0 は真空の誘電率である．

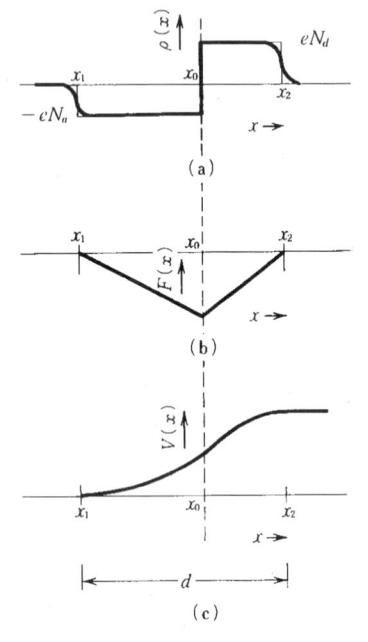

図4.9 階段接合の空乏層の解析

つぎに空間電荷密度について考える．空乏層内にはごくわずかの正孔や電子があるが，近似的に，

$$x_1 \leq x \leq x_0 \ \text{で} \quad \rho(x) \simeq -eN_a \quad (4.32)$$

$$x_0 \leq x \leq x_2 \ \text{で} \quad \rho(x) \simeq eN_d \quad (4.33)$$

とおける†．(脚注次ページ) これらの領域外では $\rho(x) = 0$ である．

このように $x = x_0$ を境として2つの領域での $\rho(x)$ が異なるので，それぞれ別個に式(4.31)を解く．$x_1 \leq x \leq x_0$ で $V(x) = V_1(x)$，$x_0 \leq x \leq x_2$ で $V(x) = V_2(x)$ とすると，境界条件は図4.9(b), (c)で表されるように，

$$x = x_1 \ \text{で} \quad \left.\frac{dV_1(x)}{dx}\right|_{x=x_1} = 0, \ V_1(x_1) = 0 \quad (4.34)$$

4.3 pn 接合の理論

$$x = x_2 \text{ で } \left.\frac{dV_2(x)}{dx}\right|_{x=x_2} = 0, \ V_2(x_2) = V_d - V \tag{4.35}$$

である．これに，$x = x_0$ で連続である条件

$$x = x_0 \text{ で } \left.\frac{dV_1(x)}{dx}\right|_{x=x_0} = \left.\frac{dV_2(x)}{dx}\right|_{x=x_0}, \ V_1(x_0) = V_2(x_0) \tag{4.36}$$

をつけ加える．ここで，V_d は拡散電位，V は外部から印加した電圧で，p 形が正のとき $V > 0$，負のとき $V < 0$ とする．ここでは，空乏層以外の半導体部分の抵抗は小さいものとして電圧降下は無視し，加えた電圧 V はすべて空乏層にかかっているとしてある．

式 (4.31) に式 (4.32)，(4.33) を代入し，境界条件 (4.34)，(4.35) を用いると，

$$\frac{dV_1(x)}{dx} = \frac{eN_a}{\varepsilon_s \varepsilon_0}(x - x_1) \tag{4.37}$$

$$\frac{dV_2(x)}{dx} = \frac{eN_d}{\varepsilon_s \varepsilon_0}(x_2 - x) \tag{4.38}$$

および，

$$V_1(x) = \frac{eN_a}{2\varepsilon_s \varepsilon_0}(x - x_1)^2 \tag{4.39}$$

$$V_2(x) = V_d - V - \frac{eN_d}{2\varepsilon_s \varepsilon_0}(x_2 - x)^2 \tag{4.40}$$

が得られる．式 (4.36) の条件を適用すると，

$$N_a(x_0 - x_1) = N_d(x_2 - x_0) \tag{4.41}$$

---

† 正孔や電子の存在を考えると，
$x_1 \leq x \leq x_0$ では $\rho(x) = -e\{N_a - p(x) + n(x)\}$
$x_0 \leq x \leq x_2$ では $\rho(x) = e\{N_d + p(x) - n(x)\}$
ここに，$p(x)$，$n(x)$ は空乏層の正孔密度，電子密度で，近似的に，

$$p(x) = p_p \exp\left(-\frac{eV(x)}{kT}\right)$$

$$n(x) = n_n \exp\left\{-\frac{e(V_d - V - V(x))}{kT}\right\}$$

で表される．p_p は p 形の正孔密度，n_n は n 形の電子密度を表す．空乏層内の p 形では少数キャリヤの $n(x)$ が無視でき，さらに，$eV(x)/kT \gg 1$ とすれば $p(x)$ もほとんど無視できる．空乏層内で $eV(x)/kT \gg 1$ を満たす領域は広いので，図 4.9 (a) に示すように $p(x)$ が $\rho(x)$ に影響を及ぼす領域は非常に狭い．いいかえれば，$\rho(x)$ はほとんど一定と考えてもよい．空乏層内の n 形においても同様である．

$$\frac{eN_a}{2\varepsilon_s\varepsilon_0}(x_0-x_1)^2 = V_d - V - \frac{eN_d}{2\varepsilon_s\varepsilon_0}(x_2-x_0)^2 \tag{4.42}$$

の関係が成り立つ．これから，x_0-x_1 および x_2-x_0 について解くと，

$$\left.\begin{array}{l} x_0-x_1 = \left\{\dfrac{2\varepsilon_s\varepsilon_0(V_d-V)}{e(N_a+N_d)}\cdot\dfrac{N_d}{N_a}\right\}^{1/2} \\[2mm] x_2-x_0 = \left\{\dfrac{2\varepsilon_s\varepsilon_0(V_d-V)}{e(N_a+N_d)}\cdot\dfrac{N_a}{N_d}\right\}^{1/2} \end{array}\right\} \tag{4.43}$$

が得られる．2つの式の和をとると，空乏層の厚さ d は以下となる．

$$d = x_2 - x_1 = \left\{\frac{2\varepsilon_s\varepsilon_0(V_d-V)(N_a+N_d)}{eN_aN_d}\right\}^{1/2} \tag{4.44}$$

空乏層内に存在する空間電荷の総量 Q は，単位面積当り，

$$Q = eN_a(x_0-x_1) = eN_d(x_2-x_0) = \left\{\frac{2e\varepsilon_s\varepsilon_0(V_d-V)N_aN_d}{N_a+N_d}\right\}^{1/2} \tag{4.45}$$

となる．したがって，単位面積当りの容量 C は，

$$C \equiv -\frac{dQ}{dV} = \left\{\frac{e\varepsilon_s\varepsilon_0 N_a N_d}{2(V_d-V)(N_a+N_d)}\right\}^{1/2} = \frac{\varepsilon_s\varepsilon_0}{d} \tag{4.46}$$

で与えられる．すなわち，空乏層は厚さ d の平行板コンデンサのように働くと考えてよい．この容量を障壁容量（barrier capacitance），あるいは空乏層容量（depletion capacitance）という．障壁容量は印加電圧 V で変化し，$C\propto(V_d-V)^{-1/2}$ の関係をもつ．$V<0$ で電圧の絶対値が増加するほど空乏層は広がり，容量 C は小さくなる[†]．

空乏層内の電界の最大値 $F_{\max}$ は，図4.9(b)に示すように p 形から n 形に変わる点 $x=x_0$ で生じ，

$$F_{\max} = \left.\frac{dV_1(x)}{dx}\right|_{x=x_0} = \frac{eN_a}{\varepsilon_s\varepsilon_0}(x_0-x_1) = \left\{\frac{2e(V_d-V)N_aN_d}{\varepsilon_s\varepsilon_0(N_a+N_d)}\right\}^{1/2} \tag{4.47}$$

となる．この最大値は逆方向電圧のほぼ平方根に比例し，不純物密度が高くなるほど大きくなる．一方の不純物密度が多い pn 接合の場合，$F_{\max}$ は少ない方の不純物密度によって決まる．

[†] 4.2のショットキー障壁の解析を参照するとよい．

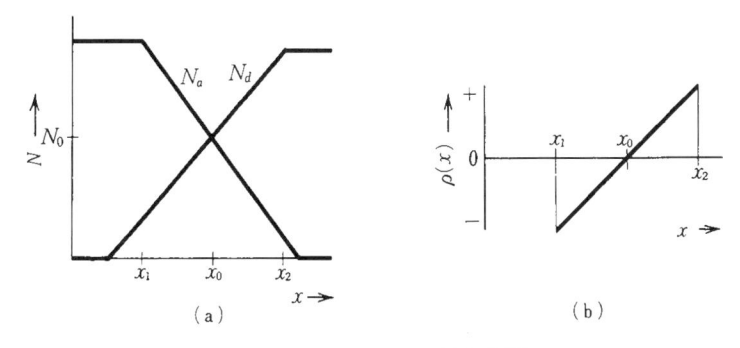

図4.10 傾斜接合の空乏層の解析

(2) 傾斜接合

図4.10 (a) に示すように pn 接合付近での不純物密度 N が直線的に変化している接合を傾斜接合（graded junction）という．$x = x_0$ での不純物密度を N_0 として，

$$\text{ドナーに対して，} \quad N_d(x) = N_0 + a_1(x - x_0) \tag{4.48}$$

$$\text{アクセプタに対して，} \quad N_a(x) = N_0 - a_2(x - x_0) \tag{4.49}$$

とする．a_1, a_2 はそれぞれ直線の傾斜である．空間電荷密度 $\rho(x)$ は，階段接合の場合と同じように，

$$\left. \begin{array}{l} x_1 \leqq x \leqq x_0 \quad \text{で} \quad \rho(x) \simeq -e\{N_a(x) - N_d(x)\} = e(a_1 + a_2)(x - x_0) \\ x_0 \leqq x \leqq x_2 \quad \text{で} \quad \rho(x) \simeq e\{N_d(x) - N_a(x)\} = e(a_1 + a_2)(x - x_0) \end{array} \right\} \tag{4.50}$$

と近似できる（図4.10 (b)）．空乏層内のp形，n形ともに不純物密度が同じ関数である．境界条件は，

$$\left. \begin{array}{l} x = x_1 \quad \text{で} \quad \left.\dfrac{dV(x)}{dx}\right|_{x=x_1} = 0, \quad V(x_1) = 0 \\ x = x_2 \quad \text{で} \quad \left.\dfrac{dV(x)}{dx}\right|_{x=x_2} = 0, \quad V(x_2) = V_d - V \end{array} \right\} \tag{4.51}$$

で与えられる．この条件のもとで式 (4.31) のポアソンの方程式を解くと，

$$x_0 - x_1 = x_2 - x_0 = \left[\frac{3\,\varepsilon_s \varepsilon_0 (V_d - V)}{2\,ea}\right]^{1/3} \tag{4.52}$$

となる．ここで，$a_1 + a_2 = a$ としてある．空乏層の厚さ d は，

$$d = x_2 - x_1 = \left[\frac{12\,\varepsilon_s\varepsilon_0(V_d - V)}{ea}\right]^{1/3} \tag{4.53}$$

となる．空乏層内の空間電荷の総量 Q は，単位面積当り，

$$Q = \int_{x_0}^{x_2} ea(x - x_0)\,dx \tag{4.54}$$

であるので，単位面積当りの障壁容量 C は，

$$C \equiv -\frac{dQ}{dV} = \left[\frac{\varepsilon_s^2\varepsilon_0^2 ea}{12(V_d - V)}\right]^{1/3} = \frac{\varepsilon_s\varepsilon_0}{d} \tag{4.55}$$

で表される．すなわち，容量は $C \propto (V_d - V)^{-1/3}$ のように変化する．この場合，電界の最大値 $F_{\max}$ は，

$$F_{\max} = \left.\frac{dV(x)}{dx}\right|_{x = x_0} = \frac{3}{2}\left[\frac{ea(V_d - V)^2}{12\,\varepsilon_s\varepsilon_0}\right]^{1/3} \tag{4.56}$$

となる．

4.3.2 電流-電圧特性

pn 接合の電流-電圧特性の解析にあたっては，近似として，外部から印加した電圧は，キャリヤが存在しないために高抵抗となっている空乏層だけにかかると考える．

pn 接合の平衡状態でのエネルギー準位図を図 4.11 (a) に示す．空乏層を流れる電流を電界 F によるドリフト電流とキャリヤの密度勾配による拡散電流とする．正孔，電子による電流密度をそれぞれ J_p，J_n とすれば，

$$J_p = ep\mu_p F - eD_p\frac{dp}{dx} \tag{4.57}$$

$$J_n = en\mu_n F + eD_n\frac{dn}{dx} \tag{4.58}$$

で与えられる．電圧 $V = 0$ では電流が流れないので，$J_p = 0$，$J_n = 0$ として，

$$F = \frac{D_p}{\mu_p}\cdot\frac{1}{p}\cdot\frac{dp}{dx} = \frac{kT}{e}\cdot\frac{1}{p}\cdot\frac{dp}{dx} \tag{4.59}$$

$$F = -\frac{D_n}{\mu_n}\cdot\frac{1}{n}\cdot\frac{dn}{dx} = -\frac{kT}{e}\cdot\frac{1}{n}\cdot\frac{dn}{dx} \tag{4.60}$$

が得られる．ここでそれぞれに対して，アインシュタインの関係を用いてある．

4.3 pn 接合の理論

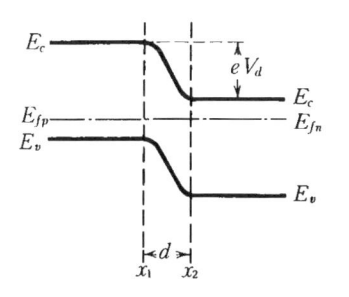

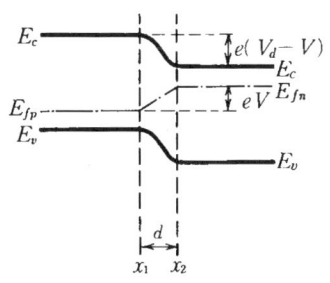

(a) 外部電圧 $V=0$ の場合

(b) 外部電圧 $V>0$ の場合

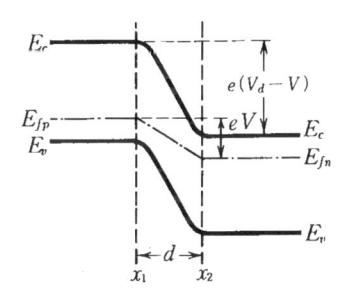

(c) 外部電圧 $V<0$ の場合

図 4.11 電圧印加時の pn 接合

$F = -dV/dx$ であるから，拡散電位 V_d は，空乏層内の電界 F を x_1 から x_2 まで積分して求められ，

$$V_d = -\int_{x_1}^{x_2} F dx = -\frac{kT}{e} \int_{x_1}^{x_2} \frac{1}{p} \cdot \frac{dp}{dx} dx$$

$$= -\frac{kT}{e} \int_{p_{p0}}^{p_{n0}} \frac{dp}{p} = \frac{kT}{e} \ln\left(\frac{p_{p0}}{p_{n0}}\right) \tag{4.61}$$

あるいは，

$$V_d = \frac{kT}{e} \int_{n_{p0}}^{n_{n0}} \frac{dn}{n} = \frac{kT}{e} \ln\left(\frac{n_{n0}}{n_{p0}}\right) \tag{4.62}$$

となる．ここで，

p_{p0}：p 形における平衡正孔密度
p_{n0}：n 形における平衡正孔密度
n_{n0}：n 形における平衡電子密度
n_{p0}：p 形における平衡電子密度

である．したがって，接合両側のキャリヤ密度には，

$$p_{n0} = p_{p0} \exp\left(-\frac{eV_d}{kT}\right) \tag{4.63}$$

$$n_{p0} = n_{n0} \exp\left(-\frac{eV_d}{kT}\right) \tag{4.64}$$

の関係がある．

pn接合に外部から電圧Vを加えた場合のエネルギー準位図は図4.11(b)，(c)に示すようになる．同図(b)はp形が正，n形が負となる電圧をかけられた($V>0$)場合で，空乏層の電位差はV_dからV_d-Vへと下がる．この場合，n形からp形への電子の移動，およびp形からn形への正孔の移動が容易となるので，電流はp形からn形へ向けてよく流れる．このような向きに電圧をかけた場合を順方向という．電圧の極性を逆にすると($V<0$)，電位差は大きくなってn形からp形への電子の移動，およびp形からn形への正孔の移動がほとんどなくなるので，電流はごくわずかしか流れない．このような場合を逆方向という．pn接合に外部から電圧を加えたときの電流密度(J)-電圧(V)特性は，定性的には図4.12のように表される．つぎに，この関係を定量的に論じる．

外部電圧Vを加えたときのp形の$x=x_1$における電子密度n_p，およびn形の$x=x_2$における正孔密度p_nは，式(4.63)，(4.64)においてV_dの代わりにV_d-Vとして次のように表される（Vは正および負の値をとる）．

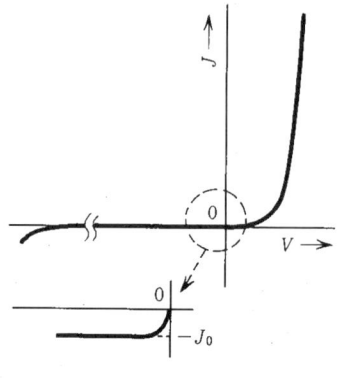

図4.12 pn接合の電流-電圧特性

$$p_n = p_{p0} \exp\left\{-\frac{e(V_d-V)}{kT}\right\} = p_{n0} \exp\left(\frac{eV}{kT}\right) \tag{4.65}$$

$$n_p = n_{n0} \exp\left\{-\frac{e(V_d-V)}{kT}\right\} = n_{p0} \exp\left(\frac{eV}{kT}\right) \tag{4.66}$$

順方向電圧を加えたときは，n形からp形へ電子が注入され，p形からn形へ正孔が注入される．したがって，p形では少数キャリヤの電子が増加し，n形では正孔が増加する．これら少数キャリヤの増加分を過剰少数キャリヤ（excess minority carrier) という. 電流-電圧特性は, 注入された過剰少数キャリヤの挙動によって決まる.

まず, n形 $(x \geq x_2)$ において少数キャリヤの正孔密度 $p(x, t)$ を計算する. 式(2.67)から, 正孔の寿命を τ_p, 拡散定数を D_p として, $p(x, t)$ は,

$$\frac{\partial p(x, t)}{\partial t} = -\frac{p(x, t) - p_{n0}}{\tau_p} + D_p \frac{\partial^2 p(x, t)}{\partial x^2} \tag{4.67}$$

の関係をもつ. 直流を加えて定常電流が流れている場合には, $\partial p(x,t)/\partial t = 0$ と考えればよく, $p(x, t)$ は時間変化をしない, すなわち, $p(x)$ としてよい. したがって, 式(4.67)は,

$$\frac{d^2 p(x)}{dx^2} = \frac{p(x) - p_{n0}}{D_p \tau_p} \tag{4.68}$$

となる. この微分方程式の一般解は,

$$p(x) - p_{n0} = C_1 \exp\left(-\frac{x}{\sqrt{D_p \tau_p}}\right) + C_2 \exp\left(\frac{x}{\sqrt{D_p \tau_p}}\right) \tag{4.69}$$

である. ここに, C_1, C_2 は境界条件によって決まる定数である. 境界条件としては, n形の長さが十分長いとすると,

$$x = x_2 \quad で \quad p(x_2) = p_n, \quad x \to \infty \quad で \quad p(x) \to p_{n0}$$

とおけるので C_1, C_2 が決まり,

$$p(x) - p_{n0} = (p_n - p_{n0}) \exp\left(-\frac{x - x_2}{\sqrt{D_p \tau_p}}\right) = (p_n - p_{n0}) \exp\left(-\frac{x - x_2}{L_p}\right) \tag{4.70}$$

が得られる.

図4.13 は式(4.70)を表したもので, n形における正孔密度の分布である.

L_p は

$$L_p \equiv \sqrt{D_p \tau_p} \tag{4.71}$$

で定義され, 拡散距離 (diffusion length) と呼ばれる. n形内に注入された過剰少数キャリヤの正孔が多数キャリヤの電子と再結合して $1/e$ に減

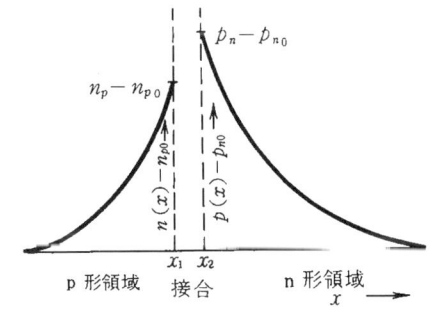

図 4.13 過剰少数キャリヤの分布
(順方向電圧を加えたとき)

少するまでの距離を表す.

　n形の導電率が十分大きくて、この部分での電圧降下を無視している（電圧Vは空乏層だけにかかっている）ので、n形での正孔による電流は、その密度勾配によって流れる拡散電流だけである. したがって、正孔による電流密度$J_p(x)$は$J_p = -eD_p dp(x)/dx$で表され、$x = x_2$における$J_p(x_2)$は、

$$J_p(x_2) = -eD_p \frac{dp(x)}{dx}\Big|_{x=x_2} = \frac{eD_p}{L_p}(p_n - p_{n0}) \tag{4.72}$$

で与えられる. 式(4.65)の関係を用いると、

$$J_p(x_2) = \frac{eD_p p_{n0}}{L_p}\left\{\exp\left(\frac{eV}{kT}\right) - 1\right\} = J_{p0}\left\{\exp\left(\frac{eV}{kT}\right) - 1\right\} \tag{4.73}$$

となる. ここで、

$$J_{p0} \equiv \frac{eD_p p_{n0}}{L_p} \tag{4.74}$$

とおいてある.

　同様にして、p形においても過剰少数キャリヤ、すなわち、電子による拡散電流が流れる. 電子密度$n(x)$は、

$$n(x) - n_{p0} = (n_p - n_{p0})\exp\left(-\frac{x_1 - x}{\sqrt{D_n \tau_n}}\right) = (n_p - n_{p0})\exp\left(-\frac{x_1 - x}{L_n}\right) \tag{4.75}$$

で与えられる. ここで、τ_n, D_nはそれぞれ電子の寿命および拡散定数であり、L_nは電子の拡散距離で、

$$L_n \equiv \sqrt{D_n \tau_n} \tag{4.76}$$

である. この関係は正孔の場合と同様に図4.13に示してある. 電子による電流密度$J_n(x)$は、$J_n(x) = eD_n dn(x)/dx$で表され、$x = x_1$における$J_n(x_1)$は、

$$J_n(x_1) = eD_n \frac{dn(x)}{dx}\Big|_{x=x_1} = \frac{eD_n}{L_n}(n_p - n_{p0})$$

$$= \frac{eD_n n_{p0}}{L_n}\left\{\exp\left(\frac{eV}{kT}\right) - 1\right\} = J_{n0}\left\{\exp\left(\frac{eV}{kT}\right) - 1\right\} \tag{4.77}$$

となる. ここで、J_{n0}は、

$$J_{n0} \equiv \frac{eD_n n_{p0}}{L_n} \tag{4.78}$$

で表される.

pn 接合全体を流れる電流は，正孔による電流と電子による電流の和となる. 空乏層内でキャリヤの発生や消滅がないとすると，電圧 V のとき流れる電流密度 J は $J_p(x_2)$ と $J_n(x_1)$ の和で与えられる．すなわち，

$$J = J_p(x_2) + J_n(x_1) = (J_{p0} + J_{n0})\left\{\exp\left(\frac{eV}{kT}\right) - 1\right\} = J_0\left\{\exp\left(\frac{eV}{kT}\right) - 1\right\}$$
(4.79)

となる．ここで，J_0 は飽和電流密度で，

$$J_0 = J_{p0} + J_{n0} = e\left(\frac{D_p p_{n0}}{L_p} + \frac{D_n n_{p0}}{L_n}\right) \tag{4.80}$$

としてある．式 (4.79) において，$eV/kT \gg 1$ となるような順方向電圧では，電流密度 J は電圧 V の指数関数で増え，V が負の大きな値 ($V \to -\infty$) では，

$$J = -J_0 \tag{4.81}$$

となって J は飽和する．式 (4.79) の関係は先に定性的に説明した図 4.12 の電流密度-電圧特性を定量的に示したものである．すなわち，pn 接合は整流性を示す．

n 形のドナー密度を N_d, p 形のアクセプタ密度を N_a とし，これらがすべてイオン化しているとすれば，

$$n_{n0} \simeq N_d, \quad p_{p0} \simeq N_a \tag{4.82}$$

とおけ，また，平衡状態で，

$$p_{n0} n_{n0} = n_{p0} p_{p0} = n_i^2 \tag{4.83}$$

であるので，

$$p_{n0} \simeq \frac{n_i^2}{N_d}, \quad n_{p0} \simeq \frac{n_i^2}{N_a} \tag{4.84}$$

となる．したがって，式 (4.80) は，

$$J_0 = e n_i^2 \left(\frac{D_p}{L_p} \cdot \frac{1}{N_d} + \frac{D_n}{L_n} \cdot \frac{1}{N_a}\right) \tag{4.85}$$

で与えられる．飽和電流密度 J_0 を小さくするためには，不純物密度が大きいことが望ましい．

******.

ここで，しばしば用いられる擬フェルミ準位 (quasi Fermi level) について述べる.

これは, 外部から電圧を印加するとフェルミ準位が平衡状態から移動してキャリヤ密度が変化するが, この場合にも, キャリヤ密度を平衡状態での表記式と類似の式で表すために考えられたものである[†]. 印加する電圧 V がゼロのとき, p, n 両領域の真性フェルミ準位 E_i に相当する電位 $\phi(x)$ と, p形, n形におけるフェルミ準位 E_{fp}, E_{fn} に相当する電位 $\varphi_p(x)$, $\varphi_n(x)$ は図4.14 (a) のように表せ,

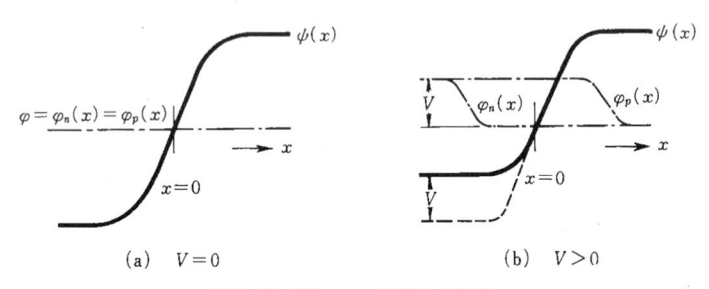

(a) $V=0$ (b) $V>0$

図4.14 擬フェルミ準位の説明

$$\varphi_p(x) = \varphi_n(x) = \varphi \tag{4.86}$$

である. ここに,

$$\phi(x) = -\frac{1}{e}E_i \tag{4.87}$$

$$\varphi_p(x) = -\frac{1}{e}E_{fp}, \quad \varphi_n(x) = -\frac{1}{e}E_{fn} \tag{4.88}$$

としてある.

この表記を用いると, 平衡状態におけるp形, n形のキャリヤ密度は,

$$p = N_v \exp\left(-\frac{E_{fp}-E_v}{kT}\right) = n_i \exp\left\{\frac{e(\varphi-\phi(x))}{kT}\right\} \tag{4.89}$$

$$n = N_c \exp\left(-\frac{E_c-E_{fn}}{kT}\right) = n_i \exp\left\{\frac{e(\phi(x)-\varphi)}{kT}\right\} \tag{4.90}$$

と表せる[††]. 電圧 V が印加されると, 電位 $\varphi_p(x)$, $\varphi_n(x)$ は図4.14 (b) に示すようになり, キャリヤ密度 p, n は, φ の代わりに, それぞれ, $\varphi_p(x)$, $\varphi_n(x)$ とおいて記述できる. すなわち,

$$p = n_i \exp\left\{\frac{e(\varphi_p(x)-\phi(x))}{kT}\right\} \tag{4.91}$$

[†] pn接合に電圧を印加した場合に限らず, 半導体に光を照射するなどして電子・正孔対を形成して平衡状態をくずした場合にも用いられる.
[††] p41脚注 [††] 参照.

$$n = n_i \exp\left\{\frac{e(\phi(x)-\varphi_n(x))}{kT}\right\} \tag{4.92}$$

となる．この場合の $\varphi_p(x)$, $\varphi_n(x)$ を擬フェルミ準位という（imref ともいう）．このとき，

$$pn = n_i^2 \exp\left\{\frac{e}{kT}(\varphi_p(x)-\varphi_n(x))\right\} \tag{4.93}$$

となり，印加電圧 V は，

$$V = \varphi_p(x=0) - \varphi_n(x=0) \tag{4.94}$$

で与えられるから，

$$pn = n_i^2 \exp\left(\frac{eV}{kT}\right) \tag{4.95}$$

の関係がある．

この φ_p, φ_n を用いると次のような利点がある．キャリヤは接合近くで電界によるドリフトと，密度勾配による拡散とによって移動する．正孔の場合，電流密度は，

$$J_p = ep\mu_p F - eD_p \frac{dp}{dx} \tag{4.96}$$

で表される．$F = -d\phi(x)/dx$ であり，アインシュタインの関係を用いると，

$$\begin{aligned}J_p &= -\mu_p\left(ep\frac{d\phi(x)}{dx} + kT\frac{dp}{dx}\right) \\ &= -\mu_p n_i\left[e\exp\left\{\frac{e(\varphi_p(x)-\phi(x))}{kT}\right\}\frac{d\phi(x)}{dx} + kT\frac{d}{dx}\left\{\exp\left(\frac{e(\varphi_p(x)-\phi(x))}{kT}\right)\right\}\right] \\ &= -e\mu_p p\frac{d\varphi_p(x)}{dx}\end{aligned} \tag{4.97}$$

となる．この式は，電流がドリフト電流と拡散電流からなっているにもかかわらず，電位 $\varphi_p(x)$ のなかでのドリフト電流として表せることを示している．

＊＊＊＊＊＊

4.4 薄い pn 接合

これまでは，pn 接合の p 形あるいは n 形の長さが，それぞれの領域での少数キャリヤの拡散距離に比べて十分長い場合を考えてきたが，ここではその長さが拡散距離程度，あるいは短い場合について考える．

n 形内での正孔密度 $p(x)$ は，式 (4.69) と (4.71) から，

$$p(x)-p_{n0} = C_1 \exp\left(-\frac{x-x_2}{L_p}\right) + C_2 \exp\left(\frac{x-x_2}{L_p}\right) \tag{4.98}$$

で表される．境界条件として，n形の長さを w_n とすると，

$$\left.\begin{array}{l} x = x_2 \quad \text{で} \quad p(x_2) = p_n \\ x = x_2 + w_n \quad \text{で} \quad p(x_2+w_n) = p_{n0} \end{array}\right\} \tag{4.99}$$

となる．これを式 (4.98) に適用して，n形内での正孔密度は，

$$p(x)-p_{n0} = (p_n-p_{n0})\frac{\sinh\left\{\dfrac{w_n-(x-x_2)}{L_p}\right\}}{\sinh\left(\dfrac{w_n}{L_p}\right)} \tag{4.100}$$

で表される．図 4.15 には w_n/L_p をパラメータとして正孔密度の分布を示してある．p形内における電子密度の分布も同様に表される．$x = x_2$ における正孔の拡散による電流密度 $J_p(x_2)$ は，

$$J_p(x_2) = -eD_p\frac{dp(x)}{dx}\bigg|_{x=x_2} = eD_p\frac{p_n-p_{n0}}{L_p}\coth\left(\frac{w_n}{L_p}\right)$$

$$= eD_p\frac{p_{n0}}{L_p}\coth\left(\frac{w_n}{L_p}\right)\left\{\exp\left(\frac{eV}{kT}\right)-1\right\} \tag{4.101}$$

となる．したがって，接合を流れるキャリヤの拡散による電流密度 J は，電子による電流も考えて，

$$J = e\left[\frac{D_p p_{n0}}{L_p}\coth\left(\frac{w_n}{L_p}\right) + \frac{D_n n_{p0}}{L_n}\coth\left(\frac{w_p}{L_n}\right)\right]\left\{\exp\left(\frac{eV}{kT}\right)-1\right\} \tag{4.102}$$

となる．w_p はp形の長さ，L_n はp形における電子の拡散距離である．
ここで，$L_p \ll w_n$，および $L_n \ll w_p$ とすると，$\coth(w_n/L_p) \simeq \coth(w_p/L_n) \simeq 1$ となるので，式 (4.102) は式 (4.79) と等しくなる．
一方，$L_p \gg w_n$ および $L_n \gg w_p$ を考えると，$\coth(w_n/L_p) \simeq L_p/w_n$，および $\coth(w_p/L_n) \simeq L_n/w_p$ となるので，式 (4.102) は，

$$J = e\left(\frac{D_p p_{n0}}{w_n} + \frac{D_n n_{p0}}{w_p}\right)\left\{\exp\left(\frac{eV}{kT}\right)-1\right\} \tag{4.103}$$

となる．この場合が，p形およびn形の長さがそれぞれの領域での少数キャリヤの拡散距離に比べて非常に短い場合に相当している．少数キャリヤは，p形，

4.4 薄い pn 接合

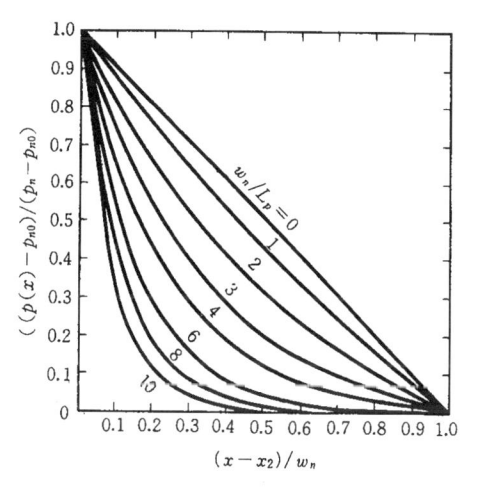

図 4.15 正孔密度分布

あるいは n 形内で再結合せずにオーム性電極に到達する．したがって，たとえば n 形では正孔の拡散による電流密度 $J_p(x)$ は場所によらず一定となり，

$$\frac{dJ_p(x)}{dx} = 0 \tag{4.104}$$

である．$J_p(x)$ は $J_p(x) = -eD_p dp(x)/dx$ であるので，

$$\frac{d^2 p(x)}{dx^2} = 0 \tag{4.105}$$

となる．これから，正孔密度 $p(x)$ の分布が直線的になると予測される．これに，境界条件

$$\left. \begin{array}{l} x = x_2 \quad \text{で} \quad p(x_2) = p_n \\ x = x_2 + w_n \quad \text{で} \quad p(x_2 + w_n) = p_{n0} \end{array} \right\} \tag{4.106}$$

を適用して $p(x)$ を求め，これを用いて正孔の拡散による電流密度 $J_p(x_2)$ を求めると，

$$J_p(x_2) = e\frac{D_p p_{n0}}{w_n}\left\{\exp\left(\frac{eV}{kT}\right) - 1\right\} \tag{4.107}$$

となる．電子による電流も考えると，pn 接合を流れる電流は式 (4.103) となる．

4.5 pn接合の破壊現象

pn接合に加える逆方向電圧を大きくしていくと，逆方向電流は一定の飽和値になる．しかしながら，pn接合内の電界強度が，$10^7\,\mathrm{Vm^{-1}}$程度になると，図4.16に示したように，逆方向電流が急激に増加する．この現象は，半導体内の電界強度がその半導体の絶縁耐力以上になるために生じるもので，pn接合の破壊（あるいは降伏）(breakdown)といわれる．式(4.47)あるいは式(4.56)で示したように，pn接合内で電界が最大になるのは空乏層の中央である．階段接合の場合，電界の最大値$F_{\max}$は，

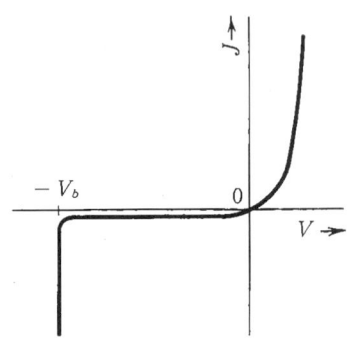

図4.16 pn接合の破壊

$$F_{\max} = \left\{\frac{2e(V_d - V)N_aN_d}{\varepsilon_s\varepsilon_0(N_a+N_d)}\right\}^{1/2} \tag{4.108}$$

で与えられる．絶縁耐力をF_b，破壊電圧を$-V_b$とすると，

$$F_{\max} = F_b,\quad V \simeq -V_b \tag{4.109}$$

のときに破壊が起こる．逆方向電圧が十分大きいので拡散電位V_dは無視してよい．これより，破壊電圧の絶対値は，

$$V_b \simeq \frac{\varepsilon_s\varepsilon_0(N_a+N_d)}{2eN_aN_d}F_b^2 \tag{4.110}$$

となる．不純物密度が高くなると破壊電圧が下がる．p形あるいはn形のいずれかの不純物密度が他方に比べて非常に高いとき，破壊電圧は少ない方の不純物密度で決まる．このような破壊現象には2つの機構があり，その1つはなだれ破壊（avalanche breakdown）であり，もう1つはツェナー破壊（Zener breakdown）である．

4.5.1 なだれ破壊

逆方向電圧が高くなると空乏層にかかる電界が強くなる．空乏層内の電子はこの電界によって加速されて速度が増し，結晶の母体原子に衝突するまでにかなり

大きなエネルギーを得る．このエネルギーが禁制帯幅 E_g よりも大きくなると，原子に衝突したときに結合を切って電子・正孔対を生成する．発生した電子・正孔対は電界によって分離，加速されて，さらに対生成を行う．このようにして対生成を繰り返すので，急速にキャリヤ数が増し，電流が増加する．このような過程で起こる破壊をなだれ破壊という．

ある逆方向電圧で電子による逆方向電流を $-I_{n0}$ とする．1個の電子が p_{1n} 個の電子・正孔対をつくり，さらにそれぞれの電子・正孔対が p_2 個の新しい電子・正孔対を生成すると考える．全電流 I_n は，

$$I_n = -I_{n0}\{1+p_{1n}(1+p_2+p_2^2+\cdots)\}$$
$$= -I_{n0}\left(1+\frac{p_{1n}}{1-p_2}\right) = -I_{n0}\frac{1+p_{1n}-p_2}{1-p_2} = -I_{n0}M_n \quad (4.111)$$

で与えられる．ここに M_n は，

$$M_n = \frac{1+p_{1n}-p_2}{1-p_2} \quad (4.112)$$

で，電子による増倍因子（multiplication factor）という．同様に，正孔による増倍因子 M_p は，

$$M_p = \frac{1+p_{1p}-p_2}{1-p_2} \quad (4.113)$$

で与えられる．p_{1p} は1個の正孔が生成する電子・正孔対の数である．逆方向電流 I_r は，正孔による逆方向電流を $-I_{p0}$ として，

$$I_r = M_n I_{n0} + M_p I_{p0} \quad (4.114)$$

となる．p_{1n}, p_{1p} および p_2 は電界が強くなるにつれて大きくなり，1に近づく．M_n, M_p とも小さな逆方向電圧では1であるが，電圧増加とともに大きな値になる．$p_2 = 1$ になると，M_n, M_p ともに無限大となり，破壊状態となる．経験的に，M（M_n, M_p のいずれも）は，

$$M = \frac{1}{1-[(V_d-V)/V_b]^n} \quad (4.115)$$

で与えられる．ここに，n は半導体の種類によって異なって3～6の値をとる．

4.5.2 ツェナー破壊

pn接合のp，n両領域ともに多量の不純物が添加されている場合には，式(4.

44),または式 (4.53) から明らかなように空乏層の幅が狭くなる.このため,空乏層内で,キャリヤの加速が十分に行われなくなって,なだれ破壊は起こらない.大きな逆方向電圧が加えられると,エネルギー準位図は図 4.17 のようになり,空乏層域で p 形の価電子帯と n 形の導電帯が同じエネルギー準位をもつ.空乏層が狭いと電界が十分大きくなって,p 形の価電子帯の電子が禁制帯を水平に通り抜けて n 形の導電帯に出るようになる.これは,電子が禁制帯内を波として通り抜けるためで,この現象をトンネル効果 (tunnel effect) という.トンネル電流 J_t は,

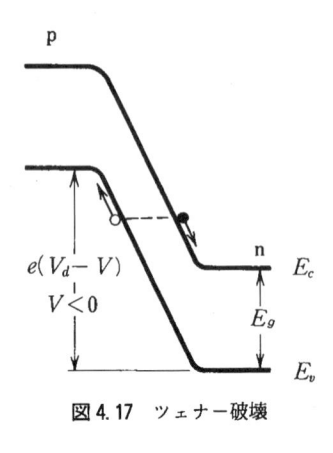

図 4.17 ツェナー破壊

$$J_t = \frac{(2\,m_n^*)^{1/2} e^3 FV}{h^2 E_g^{1/2}} \exp\left(\frac{-8\,\pi (2\,m_n^*)^{1/2} E_g^{3/2}}{3\,ehF}\right) \tag{4.116}$$

で与えられる.ここに,V は印加電圧,F は電界,E_g は禁制帯幅である.

電界が強くなるにつれて,トンネル効果によって移動する電子数が増し,電流が急増して破壊に至る.このような破壊をツェナー破壊という.ツェナー破壊が生じるためには,空乏層に 10^8 Vm^{-1} 程度の電界が必要である.このような高い電界を得るためには,p,n 両領域に不純物が多量に添加されていなければならない.

一般に $4E_g/e$ より小さな破壊電圧をもつものはツェナー破壊であるとされ,$6E_g/e$ より大きな破壊電圧をもつものはなだれ破壊とされている.これらの中間の破壊電圧をもつものには両方が混在している.禁制帯幅 E_g は温度上昇とともに小さくなるので,ツェナー破壊の場合には,式 (4.116) から明らかなように破壊電圧が温度上昇とともに下る.これに対してなだれ破壊の場合には,温度上昇とともにキャリヤの散乱が増して移動度が下がるので,加速によって十分のエネルギーを得るためには,より高い電界が必要となる.したがって破壊電圧は温度上昇とともに高くなる.いずれの破壊機構によるかを見きわめるには,温度特性を測定すればよい.

4.6 ヘテロ接合

異なった半導体材料で作られる接合をヘテロ接合 (hetero junction) という．このようなヘテロ接合は，禁制帯幅は異なるが，結晶構造および格子定数が似ている材料の組み合わせでつくられることが多い．ヘテロ接合のエネルギー準位図は，界面準位 (interface state) を考えに入れるか，入れないかによって2つに分けられる．

4.6.1 理想的な場合

図4.18に示すように伝導形の異なる2つの半導体の接合を考える．図において，ϕ，χ，E_g はそれぞれ仕事関数，電子親和力，禁制帯幅である．添字1はE_gの小さい半導体（図でn形），添字2はE_gの大きな半導体（p形）を表す．2つの半導体が接合を形成すると，n形から電子が，p形から正孔が移動して，フェルミ準位が一致する．仕事関数の差 $\phi_2 - \phi_1$ が接合の拡散電位を形成する．したがって，

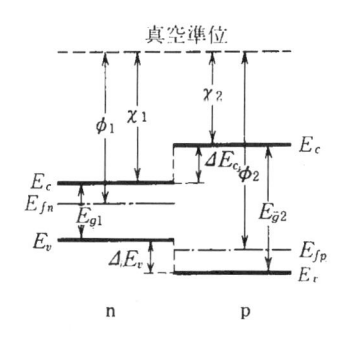

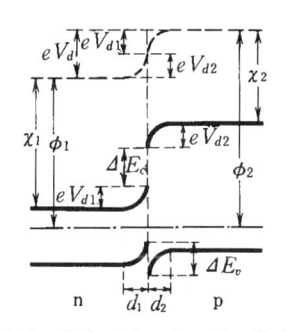

(a) 接合前のエネルギー準位図　　(b) 接合後のエネルギー準位図

図 4.18　n-p ヘテロ接合（理想的な場合）

$$eV_d = e(V_{d1} + V_{d2}) = \phi_2 - \phi_1 \tag{4.117}$$

である．空乏層の幅を d_1，d_2 とすると，

$$V_{d1} = \frac{\varepsilon_2 N_2}{\varepsilon_1 N_1 + \varepsilon_2 N_2} V_d, \quad V_{d2} = \frac{\varepsilon_1 N_1}{\varepsilon_1 N_1 + \varepsilon_2 N_2} V_d \tag{4.118}$$

および,

$$d_1 = \left[\frac{2\varepsilon_1\varepsilon_2\varepsilon_0 N_2(V_d-V)}{eN_1(\varepsilon_1 N_1+\varepsilon_2 N_2)}\right]^{1/2}, \quad d_2 = \left[\frac{2\varepsilon_1\varepsilon_2\varepsilon_0 N_1(V_d-V)}{eN_2(\varepsilon_1 N_1+\varepsilon_2 N_2)}\right]^{1/2} \quad (4.119)$$

となる.ここに,ε,N は比誘電率および不純物密度である.

2つの半導体で電子親和力や禁制帯幅に差があるため,導電帯や価電子帯が滑らかにつながらず,図に示したように ΔE_c,ΔE_v の差が生じる.図では,

$$\Delta E_c = \chi_1 - \chi_2 \tag{4.120}$$

$$\Delta E_c + \Delta E_v = E_{g2} - E_{g1} \tag{4.121}$$

の関係がある.

同じ伝導形(n形)のヘテロ接合を図4.19に示す.接合形成によって,フェルミ準位の高い半導体2からフェルミ準位の低い半導体1へ電子が移動して,半導体1の表面に電子の蓄積層ができる.半導体2の側は電子を放出するために界面付近で空乏層をつくる.

4.6.2 界面準位を考えに入れた場合

4.6.1で述べたエネルギー準位図は,理想化したモデルに基づくものであり,多くのヘテロ接合には適用できない.2つの半導体の格子定数が異なると,その界面に未結合手(dangling bond)が発生して界面準位が形成され,これによる電子や正孔の捕獲を考えなければならなくなる.図4.20に界面準位を考慮に入れた pn 形および nn 形のヘテロ接合のエネルギー準位図を示す.図の nn 形の場合,界面準位に電子が捕獲されるので,半導体1,2ともに界面付近に空乏

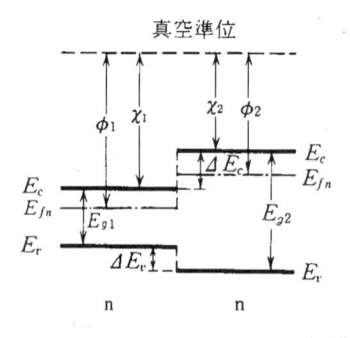

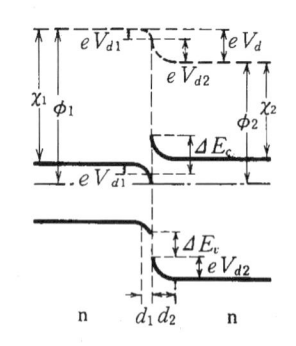

(a) 接合前のエネルギー準位図　　(b) 接合後のエネルギー準位図

図4.19 n-n ヘテロ接合(理想的な場合)

(a) p-n ヘテロ　　　　　　　　(b) n-n ヘテロ

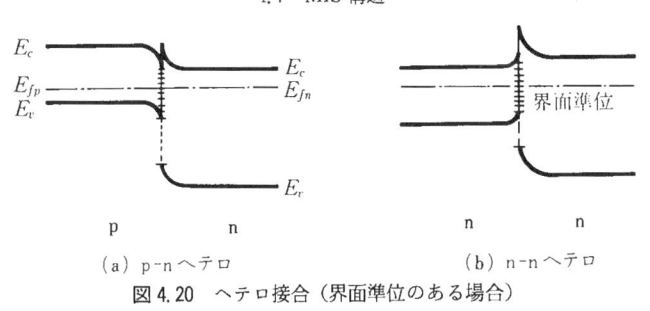

図 4.20 ヘテロ接合（界面準位のある場合）

層ができている．

4.7 MIS 構造

4.7.1 表面準位

4.1 によれば，金属と半導体の仕事関数の大小関係によって整流性あるいはオーム性接触のいずれかになるはずであるが，実際にはそのようにならない場合が多い．また，逆方向飽和電流は金属側からみた障壁が高いほど小さくなるはずであるが，現実には金属の種類を変えても逆方向飽和電流がほとんど変化しないことが多い．これらの現象は，金属と半導体を接触させる前に，半導体表面に障壁ができているために起こるとされている．このような障壁を表面障壁（surface barrier）と呼んでいる．

半導体表面には結合が完成されていない原子，すなわち未結合手のある原子が多数存在していて，電子または正孔を捕獲する．このような表面の原子は，半導体表面で禁制帯内にタム準位（Tamm state）と呼ばれるエネルギー準位をつくる．この準位は半導体の母体結晶との間でキャリヤ（電子または正孔）のやり取りを極めて短時間の間に行い，10^{-6} s 程度の時間内に平衡状態に到達するので速い準位（fast state）という．また，半導体表面は雰囲気に影響されやすく，酸素や水蒸気などの気体分子や原子が付着しやすい．これらも半導体表面にエネ

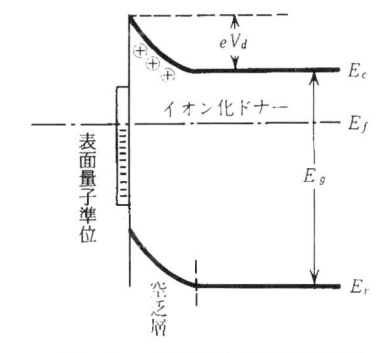

図 4.21 n 形半導体の表面量子準位

ルギー準位をつくって結晶内部とキャリヤの
やり取りをする.しかし,この場合にはキャ
リヤのやり取りにかなりの時間を必要とする
ので遅い準位(slow state)という.このよ
うに半導体表面の禁制帯中につくられたエネ
ルギー準位を表面準位(surface state),ま
たは,表面量子準位(surface quantum
state)という.

n形半導体を例にとると,図4.21に示す
ように半導体表面に数多くの表面準位が存在
している.導電帯の電子の表面近くのものは
表面準位に捕えられ,半導体表面では正にイ

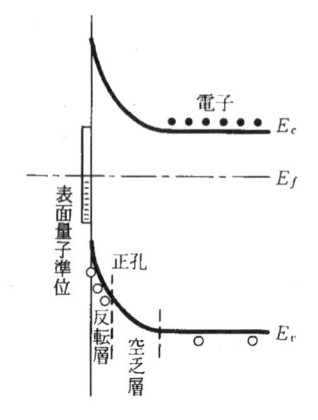

図4.22 n形半導体表面における反転層

オン化したドナーが残っていて,これらで電気2重層を形成して障壁ができる.
表面準位密度が大きいと,表面に金属を接触させてもすでにできている障壁の形
は変わらない.したがって,金属の種類を変えても整流特性は変化せず,逆方向
の飽和電流も変化しないことになる.

表面準位密度が非常に大きいと障壁層のエネルギー帯の湾曲が著しくなり,図
4.22に示すようにn形半導体の表面付近の導電帯の電子が極めて少なくなる.
反対に少数キャリヤの正孔が表面付近に集まり,表面付近で電子より正孔の数が
多くなって,p形半導体のようになる.このように電気伝導形が反転している領
域を反転層(inversion layer)と呼んでいる.

4.7.2 MIS構造

金属と半導体の間に絶縁物(insulator)を挿入した構造をMIS(Metal-Insulator-Semiconductor)構造という.絶縁物として酸化物(oxide)を用いることが多く,この場合はMOS構造という.絶縁物が特に薄い($< 10\,\mathrm{nm}$)場合には,トンネル効果によって,電子が絶縁物内を通り抜ける.絶縁物は障壁を高くしたり,半導体の表面準位を制御したりする役割をもつので,熱電子放出電流が抑えられたり,表面準位を介した再結合電流が減らされる.この結果,電流-電圧特性は,ショットキー障壁の特性とは異なって,むしろ少数キャリヤの拡散電流が支配的であるpn接合の特性に近づく.

4.7 MIS構造

絶縁物が厚い場合，これがキャパシタンスを構成するので，特異な挙動を示す．n形半導体を用いた場合のMIS構造のエネルギー準位図を図4.23に示す．金属側が正（$V>0$）の場合，半導体内の負の電荷を引き寄せるので，同図(a)に示すように表面で電子の蓄積（accumulation）が起こる．$V<0$で小さい場合，表面付近の電子が掃きだされ，同図(b)に示すように電子の空乏（depletion）状態となる．このとき，半導体内の電荷Q_sは，

$$Q_s = -eN_d d_s \tag{4.122}$$

である．ここに，N_dはドナー密度，d_sは半導体の空乏層厚さである．$V<0$で大きくなると，空乏層厚さが増して半導体のエネルギー帯の曲がりが大きくなり，同図(c)のように，価電子帯がフェルミ準位に近づいて表面付近の正孔が急激に増え，反転（inversion）状態となる．これ以後，半導体内に誘起される正電荷は，非常に狭いp形反転層内に貯えられることになる．次にこの特性を定量的に述べる．

電圧Vは，一部が絶縁物に，残りは半導体にかかる．金属と半導体の間で仕

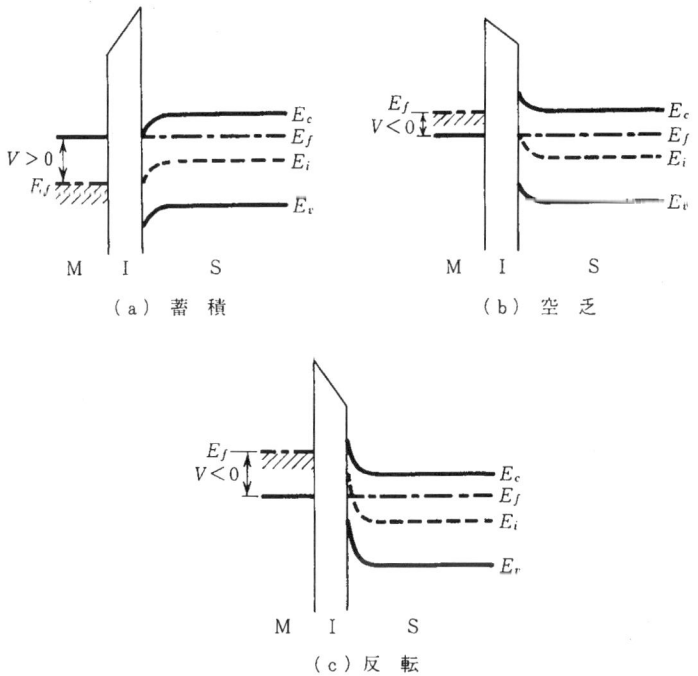

(a) 蓄積

(b) 空乏

(c) 反転

図4.23 MIS構造のエネルギー準位図（n形半導体の場合）

事関数に差がない場合には,
$$V = V_i + V_s \tag{4.123}$$
となる. V_i は絶縁物両端の電圧で, V_s は半導体にかかる電圧である. 絶縁物と半導体の間に界面準位がない場合, 界面で電束密度が連続でなければならないから,
$$\varepsilon_i E_i = \varepsilon_s E_s \tag{4.124}$$
絶縁物内に電荷がなければ膜内の電界は一様で,
$$E_i = \frac{V_i}{d_i} \tag{4.125}$$
で与えられる. ε, E は比誘電率, 電界を表し, 添字の i, s は絶縁物, 半導体を意味する. d_i は絶縁物の厚さである. 半導体表面の電界 E_s はガウスの法則から,
$$E_s = -\frac{Q_s}{\varepsilon_s \varepsilon_0} \tag{4.126}$$
である. これより,
$$V_i = E_i d_i = \frac{\varepsilon_s}{\varepsilon_i} E_s d_i = -\left(\frac{d_i}{\varepsilon_i \varepsilon_0}\right) Q_s = -\frac{Q_s}{C_i} \tag{4.127}$$
ここで, $C_i \equiv \varepsilon_i \varepsilon_0 / d_i$ は絶縁膜の単位面積当りの容量である. したがって, V は,
$$V = -\frac{Q_s}{C_i} + V_s \tag{4.128}$$
Q_m を金属側の単位面積当りの電荷とすれば, $Q_m + Q_s = 0$ から, 容量 C は,
$$C = \frac{dQ_m}{dV} = -\frac{dQ_s}{dV} = -\frac{dQ_s}{-\frac{dQ_s}{C_i} + dV_s} = \frac{1}{\frac{1}{C_i} + \frac{1}{C_s}} \tag{4.129}$$
となる. ここで, $C_s \equiv -dQ_s/dV_s$ は半導体の容量である.

MIS 構造の容量 C は式 (4.129) のように C_i と C_s の直列接続である. 印加電圧によって半導体表面が蓄積状態になると, 半導体の容量 C_s が無限大となるので容量 C は C_i となる. 電圧が変化して半導体表面が空乏状態になると, 式 (4.129) が適用され, 容量は C_i

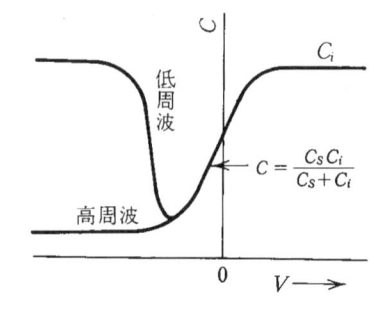

図 4.24 容量-電圧特性の代表例

と C_s の直列接続となるので減少する．さらに電圧が加わって強い反転状態になると，容量-電圧特性は周波数依存性を示す．その代表例を図 4.24 に示す．低周波では半導体表面が反転状態になると，半導体の容量 C_s は無限大となり容量 C は C_i となる．高周波では，反転層内のキャリヤ（正孔）が n 形半導体内の正孔（少数キャリヤ）とやり取りができなくなり，半導体の容量が空乏層容量となって C_s が一定となる．

演 習 問 題

4.1　$N_d = 10^{22}\,\mathrm{m^{-3}}$ の n 形 Si に金属を接触させショットキー障壁を作製した．拡散電位を 0.4 V として，この障壁に逆方向バイアスを印加したときの単位面積当りの容量のバイアス電圧依存性を図示せよ．

4.2　pn 接合に外部電圧が印加されていないとき，空乏層内の拡散電流とドリフト電流が釣合っているとして，拡散電位 V_d を算出せよ．ただし，n および p 形での平衡多数キャリヤ密度を n_{n0}, p_{p0} とし，平衡少数キャリヤ密度を n_{p0}, p_{n0} とする．

4.3　$N_d = 10^{21}\,\mathrm{m^{-3}}$, $N_a \gg N_d$, $V_d = 0.3\,\mathrm{V}$ の Si の階段形 pn 接合に逆方向バイアス 6 V が印加されている．(1) 遷移領域の幅を求めよ．(2) 遷移領域中の電界分布を求めて図示せよ．

4.4　pn 接合ダイオードを流れる拡散電流で，電子によって運ばれる電流と正孔によって運ばれる電流の比が，ダイオードを構成する p 形および n 形半導体の導電率の比と関係することを示せ．

4.5　次の 3 つの場合において，Si の pn 接合の室温でのキャリヤ密度分布および電流密度分布を図示せよ．ただし，$p_{p0} = 1 \times 10^{21}\,\mathrm{m^{-3}}$, $n_{n0} = 5 \times 10^{21}\,\mathrm{m^{-3}}$ とする．(1) バイアス電圧 0 V のとき，(2) 順方向に 0.3 V を加えたとき，(3) 逆方向に 0.3 V，および (4) 逆方向に 10 V を加えたとき．

4.6　pn 接合の特性解析においては，通常，空乏層以外の部分の電界は無視できるとする．この仮定について検討する．直方体の Si pn 接合に 0.3 V の順方向電圧を印加したとき，10 A/m² の電流が流れた．このとき，p 形空乏層端から p 形オーム性電極までの距離，および，n 形空乏層端から n 形オーム性電極までの距離をともに 1 mm とする．印加電圧が空乏層のみに印加されると考えてよいかどうかを判定せよ．ただし，p 形では $N_a = 1 \times 10^{22}\,\mathrm{m^{-3}}$, $\mu_p = 3 \times 10^{-2}\,\mathrm{m^2/Vs}$，n 形においては，$N_d = 5 \times 10^{20}\,\mathrm{m^{-3}}$, $\mu_n = 0.1\,\mathrm{m^2/Vs}$ とする．またオーム性電極での電圧降下は無視できるとする．

4.7　Si の階段形 pn 接合において，破壊電圧が 10 V であるとき，n 形のドナー密度はいくらであるか．ただし，p 形にはアクセプタ不純物が大量に入っているものとし，Si

の絶縁破壊電界を 3×10^7 V/m とする.

4.8 金属電極-SiO_2-Si-金属電極(オーム性)の MOS 構造(直径 1 mm)がある.蓄積状態にしたときに,この MOS 構造の容量は 400 pF であった.SiO_2 の膜厚を求めよ.

5 半導体材料と処理技術

5.1 半導体材料

半導体材料の分類法はいろいろある．結晶か非晶質（アモルファス：a-morphous）かによる分類のほか，無機材料か有機材料か，単一元素材料か多元素材料かによる分類などがある．ここでは結晶半導体として元素半導体，化合物半導体を取上げ，そのほかにアモルファス半導体，有機半導体について述べる．

5.1.1 元素半導体

単一の元素でできた結晶が半導体的性質を示すためには，共有結合をもつものでなければならず，周期表のⅣ族元素がこれを満足している．現在，もっともよく使われている元素半導体は，シリコン（Si）で，ダイオード，トランジスタ，集積回路（integrated circuit：IC）や大規模集積回路（large scale IC：LSI）などに使用され，半導体工業の中心的役割を果たしている．歴史的にはゲルマニウム（Ge）がダイオードやトランジスタ材料として，Ⅵ族元素のセレニウム（Se）が，整流器，光電池材料や電子写真の感光材料として使用された．

シリコンとゲルマニウムの結晶構造は図1.5に示したダイヤモンド構造（立方晶系）であり，室温での禁制帯幅は表5.1に示すように，Si：1.12eV，Ge：0.66eVである．Ⅴ族またはⅢ族元素を不純物として添加するとn形またはp形が得られ，pn接合が容易につくられる．表5.2に代表的な不純物（ドナー，アクセプタ）とそれらの禁制帯内におけるエネルギー準位を示す．

セレニウムとテルリウム（Te）の結晶は，縦方向に共有結合をもつ鎖状の分子が横方向にファン・デ・ワールス力によって結合された構造（三方晶系）をもっている．鎖の切れ目がアクセプタとして働き，いずれも常にp形しか得られない．pn接合が製作できないので，バルクのままで光導電現象などが利用さ

表5.1 元素半導体の主な性質

	Si	Ge	Se	Te
禁制帯幅〔eV〕(室温)	1.12	0.66	2.3	0.3
比誘電率	11.7	16.3	8.5	5.0
移動度〔$m^2V^{-1}s^{-1}$〕電子	0.135	0.39	0.001	0.09
(室温) 正孔	0.048	0.19	0.0002	0.057

表5.2 Si, Ge における代表的不純物のエネルギー準位

不純物		エネルギー準位[†]〔eV〕	
		Si	Ge
ドナー	P	0.045	0.012
	As	0.054	0.013
	Sb	0.039	0.0096
アクセプタ	B	0.045	0.01
	Al	0.067	0.01
	Ga	0.072	0.011
	In	0.16	0.011

† ドナーの場合は導電帯端から，アクセプタの場合は価電子帯端からのエネルギーを示す．

れている．

5.1.2 化合物半導体

無機元素からなる化合物半導体にはきわめて多種類のものが存在する．周期表のⅣ族元素をはさむⅢ-Ⅴ族やⅡ-Ⅵ族半導体などは幾分のイオン性を含むが，基本的には共有結合をもつので，SiやGeによく似た半導体となる．

(1) Ⅲ-Ⅴ族化合物

Ⅲ族元素（B, Al, Ga, In）とⅤ族元素（N, P, As, Sb）の化合物で，そのほとんどが閃亜鉛鉱形結晶構造をもつが，いくつかはウルツ鉱構造をもつ．よく知られている材料の性質を表5.3に示す．応用のためには，p形，n形を製作することが必要で，通常，ドナーにはⅥ族元素が，アクセプタにはⅡ族元素が用いられる．Siで実現できない電子デバイス（たとえば，高移動度を応用したデバイスや発光現象を利用したデバイス）材料として利用されている．

5.1 半導体材料

　GaAs は直接遷移型エネルギー帯構造をもち，禁制帯幅は Si よりも大きくて，電子移動度も大きい．半導体レーザ，ホール素子のほか，高周波用電界効果トランジスタなどに用いられている．InP はその性質が GaAs によく似ているので，同様の応用分野で注目されている．GaP は間接遷移型エネルギー帯構造をもつが，室温での禁制帯幅が 2.24 eV で，このエネルギーを光の波長に換算すると可視域に相当する．不純物を添加して高効率の発光中心が形成でき，また pn 接合が容易に製作できるので，赤色から緑色までの発光ダイオード材料として大いに利用されている．

　近年，ナイトライド化合物が，不純物添加により p 形，n 形を製作できるようになったので，直接遷移型エネルギー帯構造で広禁制帯幅を活用する可視域，紫外域の発光デバイス用材料として大きく発展している．

　InSb, InAs は特に電子移動度が大きく，ホール素子や磁気抵抗素子材料として用いられている．また，禁制帯幅が狭いことを利用した赤外線検出器に利用されている．

　2元化合物では，表5.3に示したように，それぞれ基本的な性質が決まっている．これら2元化合物をいくつか組み合わせて，3元，4元の多元合金（固溶体，混晶）にすると，禁制帯幅やエネルギー帯構造などが広く変えられ，希望の性質をもつ半導体材料が得られることになる．GaAs-GaP，GaAs-AlAs による3元

表5.3　Ⅲ-Ⅴ族化合物半導体の主な性質

化合物	結晶構造[†]	禁制帯幅 (eV) (室温)	比誘電率	移動度 $[m^2V^{-1}s^{-1}]$（室温） 電子	正孔
BP	ZB	2.0			
AlN	W				
AlP	ZB	2.43	11.6	~0.008	
AlAs	ZB	2.16		0.12	0.02
AlSb	ZB	1.58	14.4	0.02	0.04
GaN	W	3.36	12.2	0.1	
GaP	ZB	2.26	11.1	0.03	0.01
GaAs	ZB	1.42	13.1	1	0.07
GaSb	ZB	0.72	15.7	0.5	0.14
InN	W				
InP	ZB	1.35	12.4	0.46	0.065
InAs	ZB	0.36	14.6	3.33	0.046
InSb	ZB	0.17	17.7	8.0	0.125

† ZB：閃亜鉛鉱形．W：ウルツ鉱形

の $GaAs_{1-x}P_x$, $Al_xGa_{1-x}As$ は, それぞれ, 発光ダイオード, および半導体レーザや太陽電池材料として利用されている. GaAs-InP による 4 元の $In_{1-x}Ga_xAs_{1-y}P_y$ は半導体レーザや光検出素子材料として活用されている. さらに, AlN-GaN, GaN-InN を用いる 3 元系が発光デバイス (発光ダイオード, レーザ) に利用される.

(2) II-VI族化合物

II族元素 (Zn, Cd, Hg) とVI族元素 (O, S, Se, Te) の化合物で, 結晶構造は閃亜鉛鉱形, あるいはウルツ鉱形のいずれかである. 表5.4 に代表的なII-VI族化合物の性質を示す. III-V族化合物と異なって, 不純物添加によって伝導形を変えられないものが多く, p あるいは n のいずれか一方の伝導形しか得られないものが多い.

表5.4 II-VI族化合物半導体の主な性質

化合物	結晶構造†	禁制帯幅 (eV) (室温)	比誘電率	移動度 $[m^2V^{-1}s^{-1}]$ (室温)	
				電子	正孔
ZnO	W	3.3	9.0	0.02	0.018
ZnS	W, ZB	3.6	5.2	0.014	
ZnSe	ZB	2.6	8	0.02	0.0015
ZnTe	ZB	2.1	19	0.01	0.0007
CdO	ZB	2.5	8	0.012	
CdS	W, ZB	2.4	5.4	0.034	0.0015
CdSe	W, ZB	1.7	10.0	0.08	
CdTe	ZB	1.56	10.4	0.10	0.01
HgS	W, ZB	2.0			
HgSe	ZB	0.2	25	1.8	
HgTe	ZB	0.02		1.6	0.16

† W:ウルツ鉱形, ZB:閃亜鉛鉱形, 一般に高温でW, 低温でZBが安定.

ZnO はウルツ鉱形結晶構造をもつ n 形半導体で, 紫外領域での光導電性がよく, 電子写真の感光材料として用いられた. 多結晶の結晶粒界における非線形電気特性を利用したバリスタとして広く利用されているほか, 薄膜の圧電効果を利用したフィルタ材料としても実用されている. CdS, CdSe は可視域における光導電特性がすぐれているので, 光導電材料として広く利用されている. ZnS は蛍光材料として応用範囲が広く, ブラウン管に用いられているほか, 電界発光表示パネル用材料として大いに利用されている. 3 元の $Cd_{1-x}Hg_xTe$ は禁制帯幅が狭くて赤外線検出素子に適している.

近年,ZnSe は,不純物添加によってp形,n形が製作できるようになり,直接遷移型エネルギー帯構造を活用して,青色,緑色レーザ用材料として注目されている.

(3) シリコン・カーバイド (SiC),IV-IV族化合物

IV族元素の Si と C の化合物で,結晶構造が閃亜鉛鉱形(立方晶,C : cubic)の β-SiC と六方晶(H : hexagonal)の α-SiC とがある.原子層の積み重なり方によって種々の結晶多形があるが,そのうちの代表的なものの性質を表 5.5 に示す.III,V族元素がそれぞれアクセプタ,ドナーとして働き,p形,n形が製作できる.多結晶の結晶粒界における非線形特性を活用してバリスタや避雷器に使用された.青色発光ダイオードとして実用されたが,間接遷移型エネルギー帯構造であるため,高輝度が得られなかった.

表 5.5 SiC の代表的結晶多形とその性質

結晶多形	結晶構造	禁制帯幅 〔eV〕(4.2K)	電子移動度 〔$m^2V^{-1}s^{-1}$〕 (室温)
2H	六方 (W)†	3.33	
3C	立方 (ZB)†	2.40	0.1
4H	六方	3.31	0.1
6H	六方	3.10	0.046

† W : ウルツ鉱形,ZB : 閃亜鉛鉱形

近年,比較的大面積の基板と高品質単結晶が製作できるようになり,広禁制帯幅を基とする高絶縁破壊電界を活用するパワーエレクトロニクス用材料として大きく期待されている.そのほか,高温動作,耐放射線デバイス用材料として注目されている.

(4) その他

上に記述した化合物以外で,比較的よく利用されている材料について簡単に説明する.SnSe-SnTe,PbSe-PbTe を基とする3元系は,狭い禁制帯幅を利用して,赤外域半導体レーザ,赤外線検出素子材料に適している.Sb_2S_3 は可視域で高感度の光導電体で,撮像管ビディコンの光導電面として用いられている.Bi_2Se_3,Bi_2Te_3 は熱電特性を活かして電子冷却素子に利用されている.SnO_2 や In_2O_3 は透明導電膜材料として広く活用されている.

5.1.3 アモルファス半導体

結晶と異なって，ごく近くにある原子はある規則性をもって配列している（短距離秩序がある）が，遠くにある原子の配列には規則性がない（長距離秩序がない）状態を，一般にアモルファス状態という．アモルファス材料のうち，室温で適当な大きさの導電率 σ をもち，その温度変化が，

$$\sigma = \sigma_0 \exp(-E/kT) \tag{5.1}$$

で表されるものをアモルファス半導体という．

結合の面からみて，2配位の結合が主要な役割をするローン・ペア（lone pair）結合系と，4配位の結合をするテトラヘドラル（tetrahedral）結合系に分かれる．Se や Te などのⅥ族元素を主成分とするカルコゲン・ガラスは前者の，アモルファス Si やアモルファス Ge は後者の代表例である．

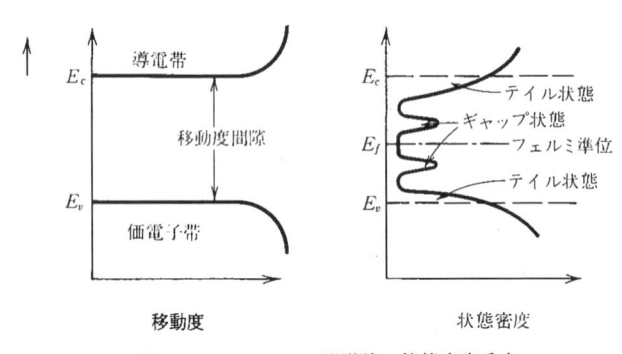

図 5.1 アモルファス半導体の状態密度分布

アモルファス半導体は，原子配列に長距離規則性がないために，図 5.1 に示すように状態密度に明確な帯端（band edge）がなく，禁制帯中にすそを引く局在状態（テイル状態：tail state）が存在する．また，未結合手（ダングリング・ボンド）などの化学結合の不完全性があるために，深い局在準位（ギャップ状態：gap state）をもつ．このような高密度の局在準位が原因となって，フェルミ準位 E_f が移動度間隙（mobility gap）の中央部に固定されてしまい，ドナーやアクセプタ不純物を添加しても p，n 伝導形の制御ができない場合が多い．すなわち，一般にはアモルファス半導体は構造敏感性（微細構造の違いが物性に影響を与えること）を欠いている．

テトラヘドラル系アモルファス半導体は，基本的には単結晶 Si や Ge に近い

構造をもっているので,比較的テイル状態が少ない.これに1価元素の水素(H)を適当量導入するとダングリング・ボンドが減り,ギャップ状態が減らせる(a-Si:H, a-Ge:Hと記述する).この結果,Ⅲ族元素やⅤ族元素の不純物添加によってフェルミ準位が移動し,p, n両伝導形の制御ができる.

アモルファス半導体の応用は種々の分野にわたっている.カルコゲン・ガラスのアモルファス↔結晶の構造変化を使った光メモリが広く使われている.テトラヘドラル系アモルファス材料を用いた太陽電池や薄膜トランジスタが広く実用されている.

5.1.4 有機半導体

有機化合物は,一般に分子の中では強い結合力をもっているが,分子と分子の間は弱い力で結合している.価電子はそれぞれの原子付近に存在するので,分子と分子の間には電位障壁がある.これが電子の移動を妨げるので電気的には絶縁体である.

有機化合物のなかで,室温で適当な大きさの導電率 σ をもち,その温度特性が式 (5.1) で表されるものを有機半導体という.縮合多環類(ナフタレンなど),キレート化合物(フタロシアニンなど),鎖状高分子(ポリフェニルアセチレンなど)や分子間化合物(テトラシアノキノジメタン)などがある.活性化エネルギー E は電子の分子間移動能力によって決まり,電子の波動関数の重なりの度合いに関係している.波動関数の重なりは,① π 電子,② 遊離基,③ 電荷移動体,などの存在によって変えられる.結果的には,これらによって,分子と分子の間の障壁が変えられると考えればよい.

数多くある有機半導体を用いて,整流効果,光導電効果,光起電力効果などが研究されている.単結晶製作が困難であるので,粉末や薄膜など多結晶体を用いた研究が多い.薄膜製作が容易であることや,材料の種類が豊富で選択性に富むなどのために注目されているが,工業的には高分子薄膜が光導電材料に利用されている程度である.

近年,発光用材料として注目されている.

5.2 半導体材料の精製

半導体は構造敏感であって，わずかの不純物でも存在すればその特性が著しく変わる．したがって，伝導形を制御してp形やn形を得る場合には，まず十分に精製して高純度化し，その上で必要量の不純物を添加する．SiやGeの元素半導体では，純度を99.999999999％（イレブンナイン）や99.9999999％（ナインナイン）程度にまで精製することができる．精製には化学的方法と物理的方法がある．化学的方法では純度は99.8％程度しか上がらない．超高純度の材料は物理的精製法を用いて製作される．

5.2.1 化学的精製
(1) シリコン（Si）

珪石（SiO_2 が主成分）を還元して得られる金属級Si（純度98～99％）を原料として用いる．Si はハロゲン化物，あるいは水素化物にして，蒸留などにより化学的に精製する．物理的精製法で除去することが困難なボロン（B）を化学的に除去することに重点を置いている．高純度化されたこれらのSi化合物を熱分解または還元して多結晶Siを製作する．三塩化シラン（$SiHCl_3$）の還元や，モノシラン（SiH_4）の熱分解などがあり，それぞれ特徴をもっている．

(2) ゲルマニウム（Ge）

Geを主成分とする鉱石は産出量が少ないので，通常は，他の金属の精錬での中間製品や副産物中でわずかにGeを含むものを原料としている．これらに含まれているGeを酸化ゲルマニウム（GeO_2）として抽出する．これに塩化水素（HCl）を作用させて $GeCl_4$ に変え，蒸溜精製する．$GeCl_4$ は水で加水分解されて GeO_2 になる．高純度の GeO_2 を還元して粉末Geにし，これを溶融して多結晶Geにする．

(3) 化合物半導体

化合物半導体では構成元素の前精製が大切である．元素の種類によってその精製法が異なる．金属系元素は後に述べる帯域精製で純度が上がるが，非金属元素は特別の方法によらなければならない．

5.2.2 物理的精製

半導体に不純物が含まれている場合，これを合金と考えることができる．その組成と温度の関係を状態図，あるいは相平衡図（phase diagram）といい，一例を図 5.2 に示す．点 A の組成 C_{l1} をもつ液体の温度を下げていくと温度 T_1 で液相線と交わり，組成 C_{s1} の固相が形成される．さらに温度を下げていくと液体の組成は液相線をたどって C_{l2} に，固体中の組成も固相線をたどって C_{s2} となる．組成 C_{l1} の液体を補充しながら温度 T_1 で固化し続けると，固相中の組成は常に C_{s1} になる．図でわかるように $C_{s1} < C_{l1}$ であるので，固相中の不純物量は，液相中より少なくなって半導体材料が精製されることになる．半導体を高純度にするような場合には，液相線，固相線のごく狭い範囲を考えればよい．したがって，図の曲線は直線で近似でき，

$$\frac{C_{s1}}{C_{l1}} \simeq \frac{C_{s2}}{C_{l2}} \simeq \cdots \simeq k \quad (5.2)$$

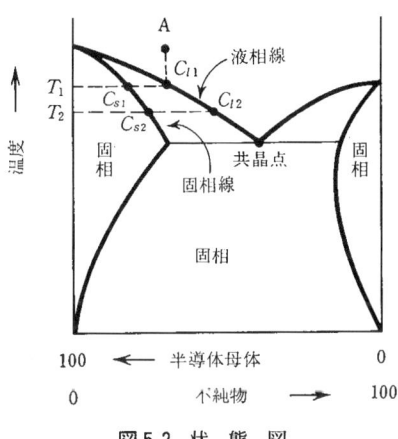

図 5.2 状態図

となる．この比 k を偏析係数（segregation coefficient）という．

$k \ll 1$ の場合，一度融解して再結晶させると純度のよい結晶が得られ，半導体を精製することができる．表 5.6 に Si, Ge における各種不純物の偏析係数を示してある．ほう素（B）は k が小さくないので，偏析を利用して除去するのが困難である．このほか，Si では，りん（P），ひ素（As）が除去しにくい不純物であるので，これらの不純物は化学的に十分除去しておかなければならない．

不純物の偏析現象を利用して試料の一

表 5.6 Si, Ge におけるおもな不純物の偏析係数[†]

不純物	Si	Ge
Cu	4×10^{-4}	1.5×10^{-5}
Zn	$\sim 1 \times 10^{-5}$	4×10^{-4}
B	0.8	17
Al	0.002	0.073
Ga	0.008	0.087
In	4×10^{-4}	0.001
P	0.35	0.08
As	0.3	0.02
Sb	0.023	0.003
O	0.25〜1.25	
Fe	8×10^{-6}	$\sim 3 \times 10^{-5}$

[†] 平衡偏析係数．実際には固液界面での不純物の蓄積や拡散のために，また固化速度などにより偏析係数が異なる．これを実効偏析係数という．

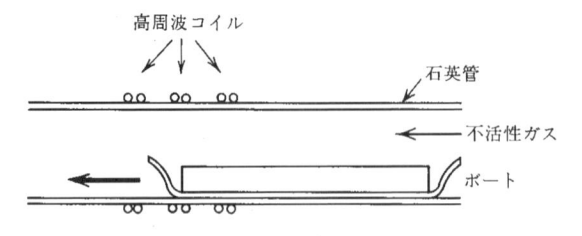

図 5.3 多重帯域精製法

端から一部を融解し，これを他端まで続けてそこに不純物を集め，この部分を切り捨てることによって精製する方法を帯域精製（zone refining）法という．一部分を融解させることを帯域融解（zone melt）という．帯域精製を繰り返すと純度が向上するので，図 5.3 に示すように帯域融解部を複数個つくるようにしておけば 1 回の試料の移動で高純度が得られる．この方法を多重帯域精製（multiple zone refining）法という．帯域精製法では試料をボートに入れてボートとも加熱されるので，ボートからの不純物の混入に注意しなければならない．化合物半導体では融解すると分解して組成が変化するものがある．このような場合，石英管に封じ込んで帯域精製を行うことがある．

5.3 単結晶製作法

5.3.1 引 上 げ 法

図 5.4 に示す装置を用いて半導体単結晶を製作する方法で，チョクラルスキ（Czochralski：略して CZ）法ともいう．半導体の高純度原料をるつぼに入れ，これを高周波あるいは抵抗加熱で溶融する．種結晶を融体に浸したのち，回転しながら徐々に引き上げると単結晶が成長してくる．高温で半導体材料がるつぼと反応しないことが大切である．Ge には黒鉛るつぼを，Si には黒鉛容器内に石英るつぼを入れたものを用いる．雰囲気ガスには不活性ガスが用いられる．化合物半導体のなかで熱分解しやすい材

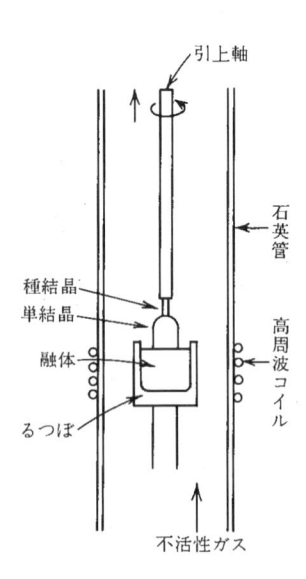

図 5.4 引上げ法

料（GaAs, GaP, InPなど）の単結晶は，高圧容器を使用し，るつぼ内に入れた高純度原料の上部をB_2O_3などのガラス材料（液体）で覆って，容器内を不活性ガスで高圧状態にし，その中で引上げ法で製作する．これを液体封止引上げ(liquid encapsulation Czochralski：LEC) 法という．

5.3.2 帯域融解単結晶製作法

半導体材料の精製の項で述べた帯域精製と同時に単結晶製作を行う方法である．図5.3の帯域精製装置を用い，試料の先端部に種結晶を置き，種結晶と試料との間に添加したい不純物を含むドープ材をはさむ．こうして帯域精製を行うと，不純物を半導体内に均一に分布させながら単結晶をつくることができる．この方法をゾーン・レベリング（zone leveling）法といい，Geの単結晶製作によく用いられる．

Siでは適当なボート材料がないので，図5.5の装置を用いて，Si多結晶棒を垂直に保持し，不活性ガスを流しながら帯域融解を行う．先端部に種結晶を置いて多結晶Siとの接融部を共融させたのち，高周波コイルを徐々に移動して帯域精製を行えば単結晶が得られる．ボートを使用しないので，不純物の混入が避けられる．この方法は浮遊帯域融解(floating zone) 法といわれる．引上げ法のCZ法に対してFZ法といわれている．

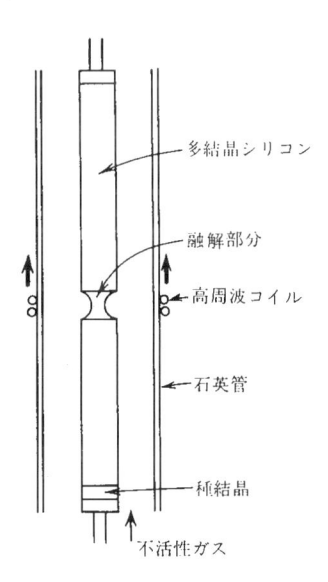

図5.5 浮遊帯域融解法

5.3.3 ブリッジマン法

半導体材料を先端のとがった容器内に密封して全体を融解し，先端部から徐冷する．先端部は冷却によって発生した結晶核を一つにする役割をもっている．このようにして種結晶がない場合にでも単結晶が製作できる方法をブリッジマン(Bridgman) 法といい，通常，縦型の電気炉を用いる．また，この方法は材料を容器内に密封するので，熱によって分解しやすい化合物半導体の単結晶製作に

適している．図5.6に，ブリッジマン法の1つで，GaAs単結晶の製作によく用いられる水平ブリッジマン法を示す．炉体を3つの領域に分けてそれぞれの温度を別々に固定する．As の蒸気圧を一定に保って化合物の分解をさけながら炉を右方向に移動すると，As 蒸気が Ga 融体部で反応して GaAs となる．先端部にGaAs の種結晶を置いておけば合成と単結晶製作が同時に行える．

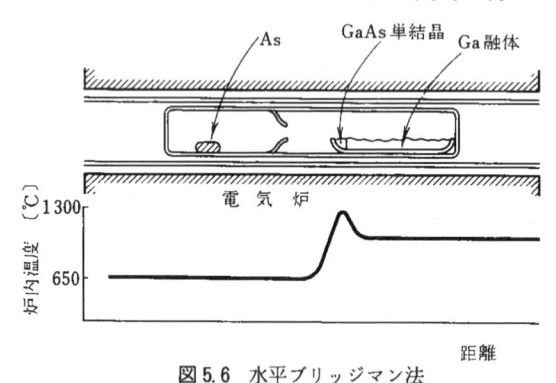

図5.6 水平ブリッジマン法

5.3.4 エピタキシャル成長法

半導体素子には，希望する組成や不純物密度をもつ薄層単結晶を基板単結晶の上にエピタキシャル成長†させたものを使用することが多い．いくつかの例を次に示す．

(1) 気相エピタキシャル法

成長させる半導体の構成元素を気体状態で基板上に輸送して単結晶を成長させる方法で，気相エピタキシャル（vapor phase epitaxial：VPE）法という．原料には構成元素の化合物を用い，一般には気体原料が多いが，液体原料の場合にはキャリヤ・ガスでバブリング（bubbling）して気体状態にする．別々に飛来した気体原料が化学反応によって希望する組成を形成するので，化学気相堆積（chemical vapor deposition：CVD）法ということが多い．化合物半導体の場合，溶融状態の金属に HCl などのハロゲン・ガスを反応させて気体状の化合物を形成し，これを用いるハライド（halide）法がある．また，液体状の有機金属

---

† ギリシャ語の epi（～の上に）と taxis（配列，整列）からの合成語で，基板結晶上に同じ結晶方位をもって2次元的に整合するように単結晶が成長すること．成長層が基板と同一材料の場合をホモ（homo），異なる場合をヘテロ（hetero）という．

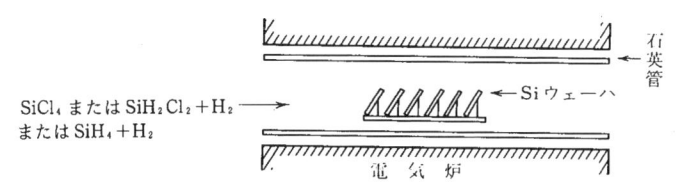

図 5.7 Si のエピタキシャル成長

(metal organic : MO) を原料に用いる MOCVD 法もあり，通常の CVD 法に比べて低温で良質の単結晶が得られる特徴をもっている．図 5.7 に Si のエピタキシャル成長法の一例を示す．

(2) **液相エピタキシャル法**

金属の融体を溶媒として，これに希望する組成の原料を溶かしこんだ溶液を冷却させて基板結晶上に単結晶を成長させる方法で，液相エピタキシャル（liquid

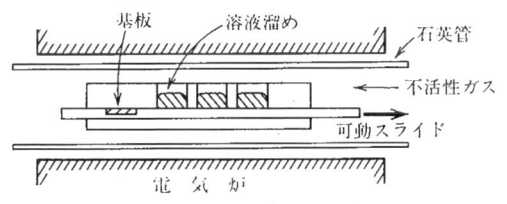

図 5.8 スライド・ボート法

phase epitaxial : LPE) 法という．図 5.8 に示すような，溶液溜めと可動スライドをもつスライド・ボート (slide boat) 法がよく用いられる．成長前は可動スライドの凹みに置いた単結晶基板と溶液溜めをはなしておく．所定温度に到達後，基板を溶液溜めの下部に移動させて温度を降下し，結晶を析出させる．成長後は基板を移動させて溶液溜め部と分離する．溶液溜めを多数用意しておき，基板をそれぞれの溶液溜めの底部に連続的に移動させていくと，組成や不純物密度の異なった多層薄膜単結晶が連続して基板上に形成できる．

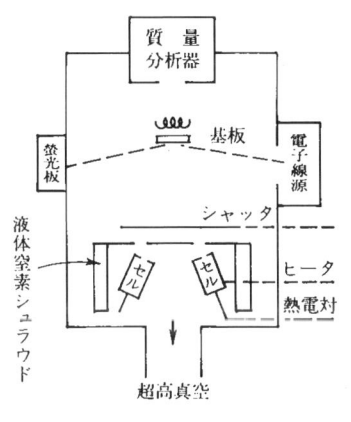

図 5.9 分子線エピタキシャル法

(3) 分子線エピタキシャル法

超高真空（～10^{-8}Pa）中で，成分元素の蒸発分子をビーム状にして基板に向けて蒸発させ，基板上に単結晶を成長させる方法で，分子線エピタキシャル (molecular beam epitaxial : MBE) 法という．図5.9に概略を示すように，結晶成長雰囲気やエピタキシャル層の「その場観測」，および制御のために各種の分析器を備えている．組成，厚さ，不純物密度などが正確に制御できる．原料には一般に固体が用いられるが，成分元素を含むガスを用いる GS (gas source) MBE法や有機金属を用いる MO (metal organic) MBE法などがある．

5.4 半導体加工技術

半導体材料がもっている独特の性質を生かした半導体素子を実現するためには，各種の加工を必要とする．ここでは，それらの中から基本的な技術を取上げて簡単に説明する．

5.4.1 不純物拡散

半導体への不純物添加は加工技術の中でもっとも重要であり，なかでも不純物拡散は中心的役割を果たしている．図5.10に示すような装置で不純物を加熱して蒸気とし，キャリヤ・ガスを用いて半導体の方に送り込む．室温で気体状のものを不純物源として用いる方法もある．また，反応管を密封した封管内拡散法もある．半導体表面に堆積した不純物は内部へと拡散していく．

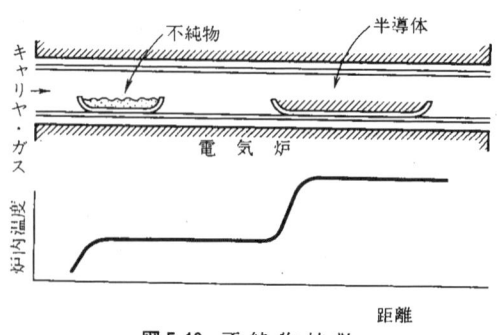

図5.10 不純物拡散

半導体内部での不純物の分布は1次元の拡散方程式

5.4 半導体加工技術

$$\frac{\partial N(x, t)}{\partial t} = D \frac{\partial^2 N(x, t)}{\partial x^2} \tag{5.3}$$

を，種々の初期条件，境界条件を用いて解けば得られる．ここに，$N(x, t)$ は時間 t で半導体表面から深さ x における不純物密度で，D は拡散係数（diffusion coefficient）である．代表的な例として，つぎの2つがある．

(1) 表面不純物密度が常に一定 N_0 の場合，

$$N(x, t) = N_0 \left\{ 1 - \mathrm{erf}\left(\frac{x}{2\sqrt{Dt}}\right) \right\} = N_0 \,\mathrm{erfc}\left(\frac{x}{2\sqrt{Dt}}\right) : 補誤差関数分布 \tag{5.4}$$

ここに，erf は誤差関数で，

$$\mathrm{erf}\, z = \frac{2}{\sqrt{\pi}} \int_0^x \exp(-u^2) du \tag{5.5}$$

で与えられる．

(2) 表面不純物密度の総量 N_0 が一定の場合，

$$N(x, t) = \frac{N_0}{\sqrt{\pi Dt}} \exp\left(-\frac{x^2}{4Dt}\right) : ガウス分布 \tag{5.6}$$

式 (5.4) および (5.6) の関係を図 5.11 に示す．

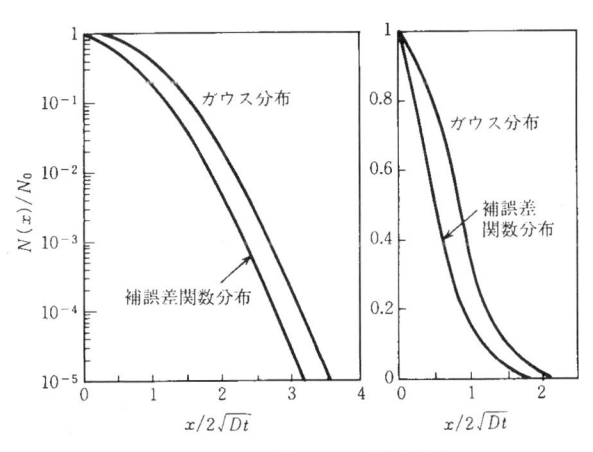

図 5.11 拡散による不純物分布

このほか，半導体表面に拡散温度より十分低い温度で不純物を含有する SiO_2（ドープド・オキサイド : doped oxide）を堆積させ，これを高温にして拡散を

行う方法がよく用いられる．この場合，半導体との界面に自然酸化膜が存在するので，これを考慮した境界条件を取り入れなければならないが，近似的には式(5.4)に類似の分布が得られる．

拡散係数 D は，一般に不純物濃度と温度依存性をもつ．不純物濃度が拡散温度における半導体の真性キャリヤ密度より小さければ，不純物濃度に依存せず，

$$D = D_0 \exp\left(-\frac{\Delta E}{kT}\right) \tag{5.7}$$

の温度依存性をもつ．ここで，D_0 は温度 $T \to \infty$ での拡散係数，ΔE は活性化エネルギーである．

不純物拡散は，その不純物が拡散される温度における半導体内での最大の濃度，すなわち，固溶度（solid solubility）と関係する．

半導体表面からドナーとアクセプタの不純物を拡散させると，拡散係数の違いを利用したり，あるいは拡散時間を変えたりして pnp または npn の接合がつくれる．図 5.12 に二重拡散による npn 接合の例を示す．

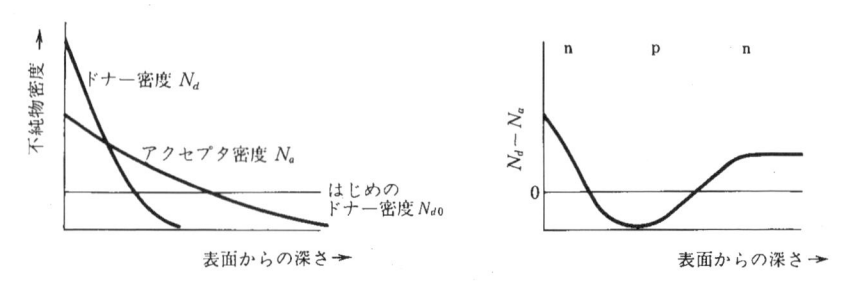

図 5.12 二重拡散法による npn 接合

5.4.2 イオン打込み

不純物原子（B, P, As など）をイオンにして，これに高いエネルギーを与えて半導体に打込み，不純物添加を行う技術で図 5.13 にその原理を示す．まず，打込むための不純物イオンをつくり，これに高電圧 V を半導体をアース電位として印加する．正電荷をもつイオンは加速され，eV のエネルギーをもって質量分析器に導かれる．ここで目的とする不純物イオンだけを選んで半導体に打込む．

打込まれたイオンは，半導体の格子原子と衝突してエネルギーを失いながらジグザグ通路を通って，ついには停止する．通常，入射点から停止点までの距離を

5.4 半導体加工技術

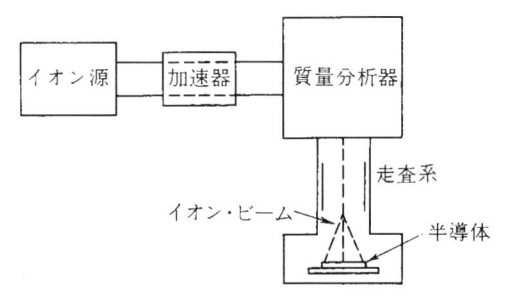

図 5.13 イオン打込みの原理図

飛程（range）R と呼ぶが，この飛程は入射イオンすべてに対して一定でなく，格子原子との衝突の仕方によって変わり，統計的分布をとる．イオンビームを走査して半導体面内に一様に照射すると，半導体内の不純物イオン密度 $N(x)$ は，

$$N(x) = \frac{N_0}{\sqrt{2\pi}\sigma} \exp\left[-\frac{(x-R)^2}{2\sigma^2}\right] \tag{5.8}$$

で示されるガウス分布をとる．ここで，N_0 は打込み（ドーズ：dose）量，σ は分布の標準偏差で，R は分布のピーク値を示す深さを与えることになる．打込み深さは打込みのエネルギーによって変えられ，これは加速電圧で制御できる．また，打込み密度はイオン量によって変えられるが，これは打込み電流で制御できる．

イオンを打込まれた半導体は，そのままでは，衝撃による結晶欠陥が存在し，また，打込みイオンの多くが置換位置になくて望ましい不純物となっていないために，アニール（anneal）と呼ばれる高温での加熱操作が必要である．

半導体材料によっては，イオン打込み時の半導体を加熱する高温イオン打込みが有効である．

5.4.3 酸　　化

半導体素子の大半を占める Si 素子の製作上，欠かせない工程が Si の酸化膜 SiO_2 の形成である．形成法には Si 自体を酸化する方法と，Si 表面に SiO_2 膜を堆積させる方法とがある．ここでは前者について述べる．

図 5.14 に示すような装置で Si を加熱して酸化する方法を熱酸化（thermal oxidation）法と呼ぶ．導入するガスの状態によって，① 乾燥酸素を導入する

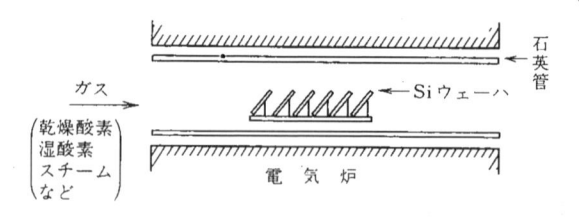

図 5.14 熱 酸 化 法

ドライ（dry）酸化，② 湿った酸素を導入するウエット（wet）酸化，③ 蒸気を導入するスチーム（steam）酸化，④ 水素と酸素を燃焼させるパイロジェニック酸化などがある．

酸化を表す化学反応は次式のようになる．

$$Si + O_2 \longrightarrow SiO_2 \tag{5.9}$$

$$Si + 2H_2O \longrightarrow SiO_2 + 2H_2 \tag{5.10}$$

いずれの場合でも，酸化剤が Si 表面の SiO_2 膜中を拡散して Si 表面に到達し，そこで新しく SiO_2 を形成するという Deal-Grove のモデルを用いると，時間 t 後の酸化膜厚 x は，

$$x^2 + Ax = B(t+\tau) \tag{5.11}$$

で与えられる．ここに，A, B は酸化剤の Si 表面への付着や SiO_2 内の拡散および Si との反応に関与した定数（温度依存性がある）であり，τ は $t=0$ のとき既に存在する SiO_2 膜の厚さを補正する時間軸シフトを表している．

酸化時間 t が長く，$t \gg A^2/4B$ の場合，

$$x^2 = Bt \tag{5.12}$$

の 2 乗則が成り立ち，酸化速度は酸化剤の拡散律速となる．B を 2 乗則定数という．

t が短くて $t \ll A^2/4B$ の場合には，

$$x = \frac{B}{A}(t+\tau) \tag{5.13}$$

が成り立つ．これは直線則と呼ばれ，酸化速度は反応律速となる．B/A を直線則定数という．

このほか，高圧酸化，HCl 酸化，陽極酸化法などもある．

5.4.4 薄膜形成

半導体素子製造のためには，半導体のみならず，絶縁体，金属の薄膜が素子間の絶縁や配線のために必要である．ここではこれら薄膜の形成法についてごく簡単に述べる．

(1) 真空蒸着法

高真空中で，タングステンなど高融点金属ヒータ上に希望の材料をのせ，ヒータを加熱して材料を蒸発させて基板上に薄膜を形成する抵抗加熱法がよく用いられる．融点の高い金属や絶縁物薄膜の堆積用に，それらの材料を電子ビームで融解して蒸発させる電子ビーム蒸着法がある．合金などの組成のずれを防ぐためには，その材料を少量ずつ瞬時に蒸発させ，これを繰り返すフラッシュ (flash) 蒸着法がある．

(2) スパッタ法

低真空中でArガスなどを放電させイオンを形成，これをターゲット材に照射して，衝撃でターゲット材から飛びだした粒子を堆積させる方法をスパッタ (sputter) 法という．たたきだされた材料の運動エネルギーは，10eV程度のものが最も多いので基板への付着力が強い．飛びだしたターゲット材料と雰囲気中のガスを反応させて化合物を形成し，これを堆積させる反応性スパッタ法もある．放電を行わせるための印加電界に電流を用いる場合と高周波を用いる場合がある．絶縁膜形成に直流を用いると，電荷蓄積が生じるので堆積できない．

(3) CVD法

原理的にはCVDエピタキシャル法と同じで，ガス状物質を輸送し，熱分解あるいは化学反応を利用して基板表面上に堆積する方法である．製作しようとする材料の融点よりはるかに低い温度で堆積膜が得られ，堆積した膜の純度が高く，電気的特性が安定しているなどの特徴がある．堆積速度が大きいので，絶縁膜用の酸化シリコンSiO_2，窒化シリコンSi_3N_4や，電極・配線用の多結晶シリコン膜などに適用される．減圧CVD法が多く用いられる．炉内の反応ガス分子の平均自由行程が常圧より2ケタ以上大きいので，狭いところにも反応ガスが効率よく浸透し，濃度の均一性が著しく向上して膜質の均一性がよく，大口径，多数枚が処理できる．

(4) プラズマCVD法

反応ガスに高周波電界を印加し、放電プラズマによりガスを活性化し、低温で基板表面に薄膜を形成する方法である。特に Si_3N_4 膜に適用すると、CVD法で750〜800℃の温度を必要とするが、300℃程度の低温で形成できる。半導体素子や集積回路の製作後に表面保護膜として堆積するときに用いられる。このほか、SiO_2 膜、ドープド・オキサイドやアモルファス半導体薄膜の堆積に用いられる。

5.4.5 リソグラフィ

半導体、絶縁物、金属上に希望のパターン（図柄）を得るために、不必要部分を取り除く（エッチング（etching）という）技術をリソグラフィ（lithography）といい、写真印刷技術の意味をもっている。通常、紫外光を用いるのでホトリソグラフィ（photolithography）、あるいはホトエッチング（photoetching）という。エッチングに対する保護膜としてレジスト（resist：感光性樹脂）を用いる。紫外光が当たった部分は高分子化して溶剤に溶けなくなり、当たらなかった部分は溶ける。このような性質をもつレジストをネガ形といい、逆に紫外光の当たった部分が溶ける性質をもつものをポジ形という。

ホトリソグラフィ工程の一例を図5.15に示す。Siの表面に SiO_2 を形成。これにレジストを塗布する。希望するパターンのマスクを用いて紫外光を照射する。半導体素子製造工程では数回以上のホトリソグラフィを行うので、マスクと半導体表面のレジストのパターンとの相対的位置合わせが必要である。こののち、現像によってレジスト上にパターンが形成される。

化学薬品を用いるウエット・エッチングや反応性ガスを用いるプラズマ・エッチング（plasma etching），イオン衝撃効果を活用するリアクティブ・イオン・エッチング（reactive ion

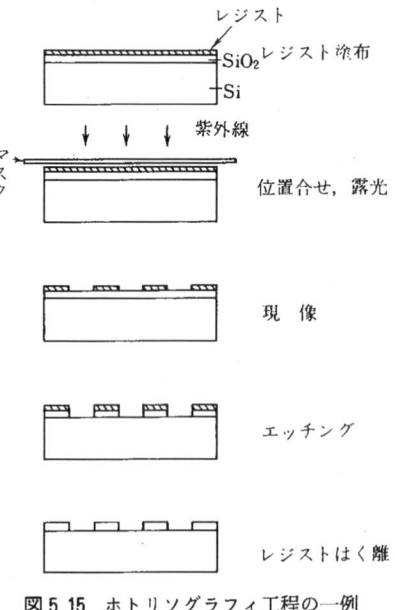

図5.15 ホトリソグラフィ工程の一例

etching : RIE) などのドライ・エッチングによって，レジストで覆われていない SiO_2 をエッチングする．レジストを除去すると，Si 表面の SiO_2 に希望のパターンが形成される．この半導体にたとえば不純物拡散を行うと，SiO_2 で覆われていない部分の Si 内には不純物が拡散し，SiO_2 で覆われた Si 部には拡散しない．すなわち希望の箇所に選択的に不純物添加ができる．

新しい技術として，より詳細なパターン形成のために，紫外線露光の代わりに電子ビーム露光や X 線露光があり，それらに適したレジストが開発されている．

演習問題

5.1 Si 以外の半導体がどのような実用半導体デバイスに応用されているかを調べよ．

5.2 ほぼ真性である Si 中の P の拡散係数 D_0 は 3.85×10^{-4} m^2/s，その活性化エネルギーは 3.66 eV である．これをもとに，1000 ℃で 30 分間，P の表面不純物密度が一定となる条件で Si 中に拡散した場合，表面での P 濃度の 1/10 になる深さはいくらか．図 5.11 を参考にして求めよ．

5.3 Si における 1100 ℃でのウェット酸化法では，式 (5.11) 中の A，B がそれぞれ 0.11 μm，0.51 $\mu m^2/h$ となる．この条件で酸化したときの SiO_2 膜厚と酸化時間の関係を図示せよ．

5.4 リソグラフィ工程と不純物拡散あるいはイオン打込みを用いて，所望の場所に不純物を添加する方法を概述せよ．

6 ダイオード

6.1 直流特性

6.1.1 理想的ダイオード特性

4.3で述べたように，pn接合の空乏層内でキャリヤの生成や再結合のない理想的ダイオードでは，電流密度Jと電圧Vの間に，

$$J = J_p + J_n = J_0\left\{\exp\left(\frac{eV}{kT}\right) - 1\right\} \tag{6.1}$$

$$J_0 = en_i^2\left(\frac{D_p}{L_p N_d} + \frac{D_n}{L_n N_a}\right) \tag{6.2}$$

の関係がある．ここに，J_p, J_n はそれぞれ正孔，電子の拡散電流密度である．順方向および逆方向における少数キャリヤ密度の分布と電流密度を図6.1(a)，(b)に示す．少数キャリヤによる拡散電流J_p, J_nは，図6.1に示したように場所の関数である．ダイオードを通して流れる全電流は一定であるので，少数キャリヤによる電流以外に，多数キャリヤによる電流が加わる．図には多数キャリヤ成分も示してある．

6.1.2 生成・再結合電流

Geのpn接合では上述の理想的ダイオード特性がよく満足されるが，SiやGaAsなどのように禁制帯幅が大きな半導体では，理想特性からのずれが生ずる．その原因の主なものとして，空乏層内におけるキャリヤの生成および再結合がある．

6.1 直流特性

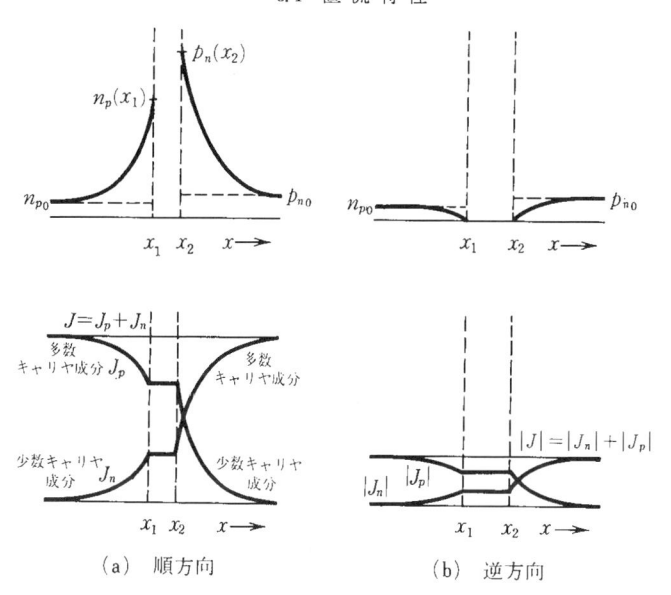

図6.1 少数キャリヤ密度および電流密度の分布

はじめに逆方向バイアスにおける生成電流について考える。逆方向バイアスではキャリヤ密度が減少（$pn \ll n_i^2$）するので，キャリヤの生成過程が全体のキャリヤの輸送（したがって電流）に影響を与える。単位時間，単位体積当りのキャリヤ生成の割合は，電子，正孔の熱速度を v として逆方向バイアスの条件 $p < n_i$, $n < n_i$ を用いると，式（2.56）から，

$$U = -\left[\frac{s_p s_n v N_t}{s_n \exp\left(\frac{E_t - E_i}{kT}\right) + s_p \exp\left(\frac{E_i - E_t}{kT}\right)}\right] n_i \equiv -\frac{n_i}{\tau_e} \quad (6.3)$$

が得られる†。ここに，τ_e は電子・正孔対生成に要する時間で，[ ] 内の逆数である。空乏層内で発生する生成電流密度 J_{gen} は，空乏層厚さを W として，

$$J_{gen} = \int_0^W e|U|dx = e|U|W = \frac{en_i W}{\tau_e} \quad (6.4)$$

で与えられる。すなわち，生成電流は空乏層幅に比例することになる。4.3で述べたように，空乏層幅は逆方向電圧に依存して変化するので，生成電流は，

---

† 式（2.56）～（2.58）を用い，$v_p = v_n = v$ とおく。

階段接合：$J_{gen} \propto (V_d - V)^{1/2}$ (6.5)

傾斜接合：$J_{gen} \propto (V_d - V)^{1/3}$ (6.6)

となる．したがって，逆方向の全電流 J_r は，$|V|>3kT/e$ となるような逆方向電圧 V に対して，拡散電流と生成電流の和で与えられ，

$$J_r = e\left(\frac{D_p}{L_p N_d} + \frac{D_n}{L_n N_a}\right) n_i^2 + \frac{e n_i W}{\tau_e} \quad (6.7)$$

となる．

禁制帯幅が小さくて n_i が大きければ，室温で式 (6.7) の第1項の拡散電流が主となるが，Si などのように禁制帯幅が大きくなると n_i が小さくなり，第2項の生成電流が主となる．

次に順方向バイアスでは，空乏層内におけるキャリヤの再結合過程が全体のキャリヤ輸送（したがって電流）に影響を与える．すなわち，拡散電流に再結合電流 J_{rec} が加わることになる．式 (2.56) に式 (4.95) からの $pn = n_i^2 \exp(eV/kT)$ を代入すると，再結合の割合 U は，

$$U = \frac{s_p s_n v N_t n_i^2 \left\{\exp\left(\frac{eV}{kT}\right) - 1\right\}}{s_n\left[n + n_i \exp\left(\frac{E_t - E_i}{kT}\right)\right] + s_p\left[p + n_i \exp\left(\frac{E_i - E_t}{kT}\right)\right]} \quad (6.8)$$

となる．ここで，トラップ準位 E_t が禁制帯の中央すなわち E_i にあり，$s_p = s_n = s$ とすると，式 (6.8) は，

$$U = \frac{s v N_t n_i^2 \left\{\exp\left(\frac{eV}{kT}\right) - 1\right\}}{n + p + 2n_i} \quad (6.9)$$

となる．式 (4.90)，(4.89) をもとに，n, p は，

$$\left.\begin{array}{l} n = n_i \exp\left\{\dfrac{e(\phi(x) - \varphi_n(x))}{kT}\right\} \\ p = n_i \exp\left\{\dfrac{e(\varphi_p(x) - \phi(x))}{kT}\right\} \end{array}\right\} \quad (6.10)$$

で与えられるので，式 (6.9) の分母は，

$$n + p + 2n_i = n_i \left[\exp\left\{\frac{e\phi(x) - \varphi_n(x)}{kT}\right\} + \exp\left\{\frac{e(\varphi_p(x) - \phi(x))}{kT}\right\} + 2\right]$$

(6.11)

となる.ここで $\phi(x) = (\varphi_n(x)+\varphi_p(x))/2$,すなわち,$n=p$ のとき,式 (6.11) は最小となるので,式(6.9)の U は最大となる.式(6.11)は $2n_i\{\exp(eV/2kT)+1\}$ と表される.したがって,$V>kT/e$ の順方向電圧に対して U は近似的に,

$$U \simeq \frac{1}{2}svN_t n_i \exp\left(\frac{eV}{2kT}\right) \tag{6.12}$$

となり,J_{rec} は,

$$J_{rec} = \int_0^W eU dx \simeq \frac{eW}{2} svN_t n_i \exp\left(\frac{eV}{2kT}\right) \tag{6.13}$$

となる.

順方向バイアスにおける再結合電流も,逆方向バイアスにおける生成電流と同じように,n_i に比例する.全電流 J_f は $V>kT/e$ に対して,

$$J_f = e\left(\frac{D_p}{L_p N_d} + \frac{D_n}{L_n N_a}\right) n_i^2 \exp\left(\frac{eV}{kT}\right) + \frac{eW}{2} svN_t n_i \exp\left(\frac{eV}{2kT}\right) \tag{6.14}$$

となる.

一般にダイオードの順方向電流は,経験的に,

$$J_f \propto \exp\left(\frac{eV}{nkT}\right) \tag{6.15}$$

で与えられることが多い.$n=1$ は拡散電流が主であり,$n=2$ は再結合電流が主である場合である.2つの電流が同じ程度であれば,n は1と2の間の値をとる.

禁制帯幅の大きな半導体では n_i が小さいので,再結合電流が主となる電圧領域がある.

6.1.3 高注入状態

4.3での pn 接合の電流-電圧特性の算出では,ドリフト電流を無視し,拡散電流だけが流れると近似した.ここではこの近似がどんな条件のもとで正しいかを述べる.簡単のために,pn 接合の p 形におけるアクセプタ密度 N_a が大きいとする.1次元構造の pn 接合で,遷移領域を通って n 形に注入される少数キャリア(正孔)密度が非常に多くなって,n 形の多数キャリヤ(電子)密度以上になる場合を高注入(high injection)状態という.この場合には,過剰少数キャリヤの正孔による電流が優先して,電子電流は無視することができる.すなわち,電子電流密度 J_n は,

$$J_n = e\left(n_n \mu_n F + D_n \frac{dn_n}{dx}\right) \simeq 0 \tag{6.16}$$

で表される．ここに，F は電界，n_n は電子密度，μ_n, D_n は，それぞれ電子の移動度および拡散定数である．式（6.16）より，

$$F = -\frac{D_n}{n_n \mu_n} \cdot \frac{dn_n}{dx} = -\frac{kT}{e} \cdot \frac{1}{n_n} \cdot \frac{dn_n}{dx} \tag{6.17}$$

の内部電界ができ，これが注入された少数キャリヤにドリフト効果を及ぼすことになる．ただし，式（6.17）において，第2項から第3項へはアインシュタインの関係式を用いてある．低注入の場合には内部電界による少数キャリヤのドリフト効果を無視したが，高注入の場合にはこの効果が無視できなくなる．n形を流れる正孔電流密度 J_p は，正孔密度を p_n として，

$$J_p = e\left(p_n \mu_p F - D_p \frac{dp_n}{dx}\right) = e\left(-\frac{kT}{e} \cdot \frac{\mu_p p_n}{n_n} \cdot \frac{dn_n}{dx} - D_p \frac{dp_n}{dx}\right) \tag{6.18}$$

で表される．

高注入条件では，n形へ注入される正孔（密度 p_n）が多数キャリヤ（電子）より多いが，これを中和するためにn形のオーム性接触を通して外部から同数の電子（密度 p_n）が流れ込む．n形中の電子密度 n_n は $n_n = N_d + p_n$ で与えられるが，p_n がドナーから放出されている電子密度 N_d より十分大きいと考えて，

$$n_n \simeq p_n \tag{6.19}$$

とおける．

式（6.18），（6.19）とアインシュタインの関係を用いると，

$$J_p = -2eD_p \frac{dp_n}{dx} \tag{6.20}$$

となるので，ドリフト効果は拡散定数が2倍になるように働く．

式（6.19）の関係を，多数キャリヤと少数キャリヤの電圧印加時の関係式

$$p_n n_n = n_i^2 \exp\left(\frac{eV}{kT}\right) \tag{6.21}$$

に代入すれば，

$$p_n = n_i \exp\left(\frac{eV}{2kT}\right) \tag{6.22}$$

が得られる．平衡少数キャリヤ密度 p_{n0} に比べて p_n が著しく大きいので，式（6.

22) がほぼ過剰少数キャリヤ密度とみなせる．したがって，注入された少数キャリヤによる拡散電流は低注入状態における式 (6.1) によく似た形になるが，その電圧依存性は式 (6.22) からわかるように $\exp(eV/2kT)$ となる．

低注入状態ならびに高注入状態における電流密度-電圧の定性的な関係を図6.2に示す．

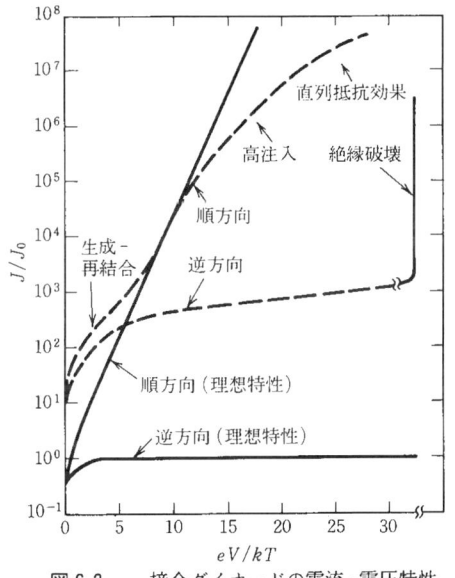

図 6.2 pn 接合ダイオードの電流-電圧特性

図において，さらに大電流の領域における特性の曲がりは，ダイオードがもっている直列抵抗による電圧降下のために生じている．

6.2 交流特性

pn 接合において少数キャリヤの注入量が時間的に変化する場合のダイオード特性について考える．この場合，過剰少数キャリヤ密度が十分小さい低注入状態とする．図6.3に示したpn接合のn形における過剰正孔密度 $p_e(x,t)$ の拡散方程式は，式 (2.67) より，

$$\frac{\partial p_e(x,t)}{\partial t} = -\frac{p_e(x,t)}{\tau_p} + D_p \frac{\partial^2 p_e(x,t)}{\partial x^2} \quad (6.23)$$

で表される．ここで添字の e は，(excess) を意味する．τ_p, D_p は正孔の寿命およ

び拡散定数である.

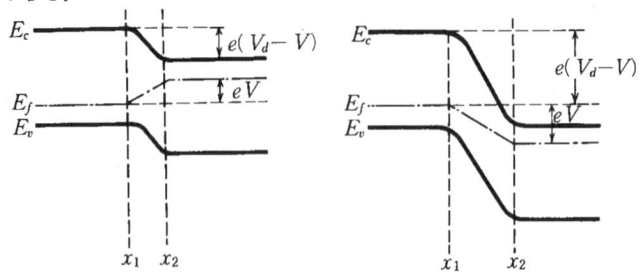

(a) 順方向　　　(b) 逆方向
図 6.3　バイアスを印加した pn 接合のエネルギー準位図

外部電圧 $V(t)$ を印加したとき，n 形領域の空乏層端（$x = x_2$）における過剰正孔密度は，式 (6.24) となる.

$$p_e\bigg|_{x=x_2} = p_{n0}\left\{\exp\left(\frac{eV(t)}{kT}\right)-1\right\} \tag{6.24}$$

外部印加電圧が,

$$V(t) = V_0 + V_1 \exp(j\omega t) \tag{6.25}$$

で与えられるとし，交流振幅 V_1 が直流分 V_0 より小さいとする．これを式 (6.24) に代入すると，式 (6.26) となる.

$$p_e\bigg|_{x=x_2} = p_{n0}\left[\exp\left\{\frac{e}{kT}(V_0+V_1\exp(j\omega t))\right\}-1\right]$$

$$\simeq p_{n0}\left[\exp\left(\frac{eV_0}{kT}\right)-1\right]+p_{n0}\left(\frac{eV_1}{kT}\right)\exp\left(\frac{eV_0}{kT}\right)\exp(j\omega t) \tag{6.26}$$

式 (6.23) を解いて得られる解を,

$$p_e(x,t) = p_0(x) + p_1(x)\exp(j\omega t) \tag{6.27}$$

とする．式 (6.27) を式 (6.23) に代入すると,

$$j\omega p_1(x)\exp(j\omega t) = -\frac{p_0(x)+p_1(x)\exp(j\omega t)}{\tau_p} + D_p\left[\frac{\partial^2 p_0(x)}{\partial x^2}+\frac{\partial^2 p_1(x)}{\partial x^2}\exp(j\omega t)\right] \tag{6.28}$$

となる．直流分と交流分にわけると,

6.2 交流特性

直流分: $D_p \dfrac{\partial^2 p_0(x)}{\partial x^2} - \dfrac{p_0(x)}{\tau_p} = 0$ (6.29)

交流分: $D_p \dfrac{\partial^2 p_1(x)}{\partial x^2} - \dfrac{p_1(x)}{\tau_p}(1+j\omega\tau_p) = 0$ (6.30)

となる. 式 (6.29) は 4.3 の pn 接合の特性として解いてある.

式 (6.30) は式 (6.29) において τ_p の代わりに $\tau_p/(1+j\omega\tau_p)$ を置いた形になっている. $x=x_2$ における境界条件として式 (6.26) における交流成分を用いて,

$$p_1(x) = p_{n0}\left(\dfrac{eV_1}{kT}\right)\exp\left(\dfrac{eV_0}{kT}\right)\exp\left(-\dfrac{x-x_2}{L_p}\cdot\sqrt{1+j\omega\tau_p}\right) \quad (6.31)$$

となる.

pn 接合を流れる電流は拡散電流が主であるので, $x=x_2$ における正孔電流密度の交流分 $J_{p1}(x_2)$ は, 式 (6.32) となる.

$$J_{p1}(x_2) = \dfrac{eD_p\sqrt{1+j\omega\tau_p}}{L_p} p_{n0}\exp\left(\dfrac{eV_0}{kT}\right)\left(\dfrac{eV_1}{kT}\right)\exp(j\omega t) \quad (6.32)$$

同様にして, $x=x_1$ における電子電流密度の交流分 $J_{n1}(x_1)$ は, 式 (6.33) となる.

$$J_{n1}(x_1) = \dfrac{eD_n\sqrt{1+j\omega\tau_n}}{L_n} n_{p0}\exp\left(\dfrac{eV_0}{kT}\right)\left(\dfrac{eV_1}{kT}\right)\exp(j\omega t) \quad (6.33)$$

したがって, 全電流密度の交流分 J_1 は, 式 (6.34) となる.

$$\begin{aligned}J_1 &= J_{p1}(x_2) + J_{n1}(x_1) \\ &= e\left(\dfrac{D_p p_{n0}\sqrt{1+j\omega\tau_p}}{L_p} + \dfrac{D_n n_{p0}\sqrt{1+j\omega\tau_n}}{L_n}\right) \\ &\quad \times \left(\dfrac{eV_1}{kT}\right)\exp\left(\dfrac{eV_0}{kT}\right)\exp(j\omega t)\end{aligned} \quad (6.34)$$

式 (6.30) からアドミタンス $\dot{Y}$ が,

$$\dot{Y} = \dfrac{J_1}{V_1} = \dfrac{e^2}{kT}\left(\dfrac{D_p p_{n0}\sqrt{1+j\omega\tau_p}}{L_p} + \dfrac{D_n n_{p0}\sqrt{1+j\omega\tau_n}}{L_n}\right)\exp\left(\dfrac{eV_0}{kT}\right) \quad (6.35)$$

で与えられる. これを拡散アドミタンス (diffusion admittance), この逆数を拡散インピーダンス (diffusion impedance) という.

周波数が低くて $\omega\tau_n \ll 1$, $\omega\tau_p \ll 1$ の場合には, $\sqrt{1+j\omega\tau} \simeq 1+(1/2)j\omega\tau$ を用い

て,

$$\dot{Y} \simeq \frac{e^2}{kT}\left(\frac{D_p p_{n0}}{L_p}+\frac{D_n n_{p0}}{L_n}\right)\exp\left(\frac{eV_0}{kT}\right)$$
$$+j\omega\frac{e^2}{2kT}(L_p p_{n0}+L_n n_{p0})\exp\left(\frac{eV_0}{kT}\right) \qquad (6.36)$$

となる.この場合,サセプタンス分は容量性で,周波数に比例して増加する.この容量 C_d は,

$$C_d = \frac{e^2}{2kT}(L_p p_{n0}+L_n n_{p0})\exp\left(\frac{eV_0}{kT}\right) \qquad (6.37)$$

で与えられる.また,コンダクタンス G_d は,

$$G_d = \frac{e^2}{kT}\left(\frac{D_p p_{n0}}{L_p}+\frac{D_n n_{p0}}{L_n}\right)\exp\left(\frac{eV_0}{kT}\right) \qquad (6.38)$$

で与えられ,周波数によらず一定である.

一方,高周波では $\omega\tau_n \gg 1$, $\omega\tau_p \gg 1$ であるので, $\sqrt{j\omega\tau} = \sqrt{\omega\tau/2}\,(1+j)$ を用いて,

$$\dot{Y} \simeq \frac{e^2\sqrt{\omega}}{\sqrt{2}\,kT}(\sqrt{D_p}\,p_{n0}+\sqrt{D_n}\,n_{p0})\exp\left(\frac{eV_0}{kT}\right)(1+j) \qquad (6.39)$$

となり,コンダクタンス分とサセプタンス分とは等しくて周波数の平方根に比例して増加する.

これらの結果をもとに,図 6.4 にダイオードのアドミタンスの周波数依存性を示してある.上述の容量を拡散容量(diffusion capacitance)という.

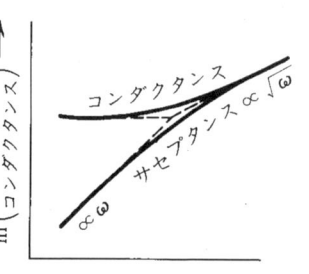

図 6.4 pn 接合のアドミタンスの周波数依存性

6.3 スイッチ特性,過渡特性

図 6.5 に示した回路で,スイッチを 1 あるいは 2 に閉じたときの pn 接合が示す過渡応答について考える.簡単のために pn 接合は p 形のアクセプタ密度が n 形のドナー密度に比べて十分大きいとする.したがって流れる電流は n 形での正孔電流だけとしてよい.この場合,n 形に注入された過剰正孔(密度 $p_e(x,t)$)の拡散方程式

6.3 スイッチ特性,過渡特性

$$\frac{\partial p_e(x,t)}{\partial t} = -\frac{p_e(x,t)}{\tau_p} + D_p \frac{\partial^2 p_e(x,t)}{\partial x^2} \tag{6.40}$$

を解けばよいことになる.

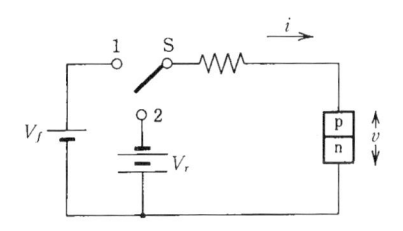

図 6.5 pn 接合のスイッチ特性の測定回路図

$t=0$ でスイッチを 1 に閉じる(ターンオン(turn on)という)と,ダイオードの順方向電流は,短時間で $I_f \simeq V_f/R$ に達し,時間経過後も変化しない.図 6.6 に,式 (6.40) を解き,$t=0$ 以後の各時間における正孔密度の空間分布を示してある.n 形に注入された正孔は拡散していくが,時間が短い間は,正孔の注入量が少ないために式 (6.40) の右辺第 1 項の再結合の寄与が小さくて,過剰正孔は時間にほぼ比例して増加する.注入量が増大するにつれて再結合の寄与が増大するので過剰正孔の増加の割合が減少し,定常状態になる.図 6.6 のいずれの曲線も $x=0$ における勾配は等しい.ダイオード両端の電圧 v は,低注入状態では,$p_e(0,t) = p_{n0}\{\exp(ev(t)/kT)-1\}$ を通じて $p_e(0,t)$ に関係しているので,電圧 $v(t)$ の変化は図 6.7 のような変化を示し,最終値 V_f に落ちつく.

つぎに,$t<0$ でスイッチを 1 に閉じて順方向電流 I_f を流しておき,$t=0$ でスイッチを 2 に閉じる(ターンオフ(turn off)という)場合について考える.

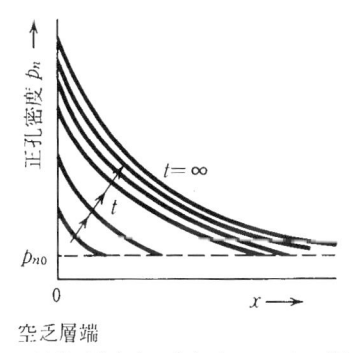

図 6.6 過剰正孔密度の分布(ターンオン特性) 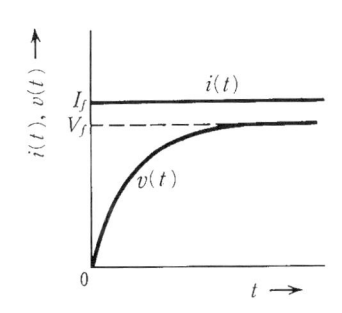   図 6.7 ターンオフ時の電流,電圧の変化

$t<0$ では $i=I_f$ で定常状態であるから，少数キャリヤ密度の分布は図6.8に示すように，図6.6の $t=\infty$ の場合と同じである．$t=0$ で極性が逆になると，ダイオード電流は向きが変わってほぼ瞬時に $-I_r=-V_r/R$ になる．接合を横切る逆方向電流は n 形から p 形に引きだされる正孔によるものである．瞬時の変化は $x=0$ における過剰正孔密度勾配の符号の変化である．時間経過とともに過剰正孔密度は p 形への引きだしと n 形内での再結合によって，いたるところで減少するが，その勾配は変わらない．n 形には正孔が多数存在しているので，p 形へ引きだされる正孔を内部からの拡散によって補充している．このために $x=0$ におけ

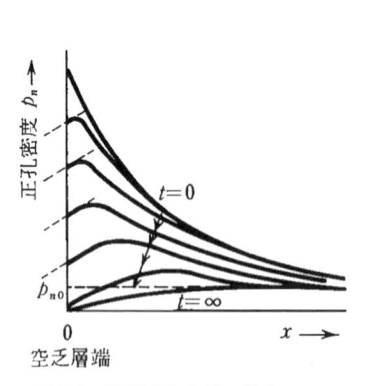

図6.8 過剰正孔密度の分布
　　　（ターンオフ特性）

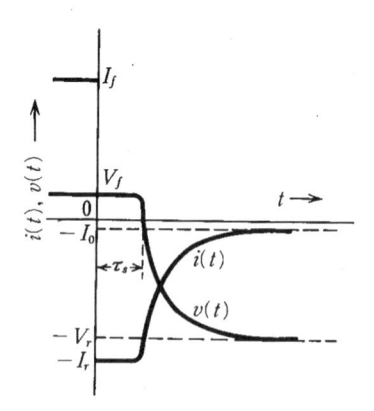

図6.9 ターンオフ時の電流，電圧
　　　の変化

る過剰正孔密度に大きな変化はなく，これが存在するかぎり電圧は，図6.9に示すように順方向電圧を維持する．図6.9において $t=\tau_s$ になると，$x=0$ における過剰正孔がゼロになるので，電圧の極性が反転し，電流が減り始める．さらに時間が経つと定常的な逆方向特性となる．このようにスイッチ切替えにかかわらずにダイオードが導通状態にある時間は，少数キャリヤの蓄積時間（storage time）といわれ，ダイオードを高速スイッチ回路に用いるときに不都合である．蓄積時間は少数キャリヤを早く除くことによって短縮できるので，少数キャリヤの寿命 τ を短くするか，逆電流を増せばよい．

　蓄積時間は測定しやすいので，ダイオードを構成する半導体の少数キャリヤの寿命 τ を簡便に評価するのに用いられる．式(6.40)に $eAdx$（A はダイオードの断面積）をかけて n 形全域にわたって x で積分すると，

6.3 スイッチ特性, 過渡特性

$$\frac{d}{dt}\int_0^w eAp_e(x,t)dx = -\frac{1}{\tau_p}\int_0^w eAp_e(x,t)dx + \\ eAD_p\left[\left.\frac{\partial p_e(x,t)}{\partial x}\right|_w - \left.\frac{\partial p_e(x,t)}{\partial x}\right|_0\right] \quad (6.41)$$

が得られる. ここに, w は n 形の厚さで拡散距離 L に比べて十分長いとする. 正孔による電流を拡散電流だけと考えているので, 式 (6.41) は,

$$\frac{dq(t)}{dt} = -\frac{q(t)}{\tau_p} + A[J_p(0,t) - J_p(w,t)] \quad (6.42)$$

のように書ける. ここで $q(t)$ は,

$$q(t) = \int_0^w eAp_e(x,t)dx \quad (6.43)$$

で, n 形における全過剰正孔電荷を意味している. n 形の端にはオーム性接触があるので, 式 (6.42) の右辺第3項 $J_p(w,t)$ はほぼゼロとしてよい. したがって, 式 (6.42) は $t<0$ に対して,

$$\frac{q(0)}{\tau_p} = AJ_p(0,t) = I_f \quad (6.44)$$

$0 \leq t < \tau_s$ に対して,

$$\frac{dq(t)}{dt} = -\frac{q(t)}{\tau_p} + AJ_p(0,t) = -\frac{q(t)}{\tau_p} - I_r \quad (6.45)$$

となる. 式 (6.45) の一般解は,

$$q(t) = -I_r\tau_p + C\exp\left(-\frac{t}{\tau_p}\right) \quad (6.46)$$

で表され, 積分定数 C は式 (6.44) を境界条件として決められる. すなわち, 式 (6.46) は,

$$q(t) = \tau_p\left\{-I_r + (I_f + I_r)\exp\left(-\frac{t}{\tau_p}\right)\right\} \quad (6.47)$$

となる. $t = \tau_s$ で近似的に全過剰正孔電荷がゼロとみなすと, 式 (6.47) において $q(t) = 0$ から τ_s が見積られ,

$$\tau_s \simeq \tau_p \ln\left(1 + \frac{I_f}{I_r}\right) \quad (6.48)$$

となる. したがって, τ_s, I_f および I_r を測定することによって, 少数キャリヤの

寿命 τ_p を推定することができる.

6.4 雑　　音

半導体に電圧を印加したり，電流を流すとき雑音が発生するが，半導体素子は微小信号を検出したり，小信号を増幅するのに使われるので，この雑音が性能の限界を決める．したがって，雑音の原因を知り，動作状態を最適にしたり，雑音を低減する新しい方法を見い出すことが重要となる．一般に，雑音には，熱雑音，フリッカ雑音，ショット雑音がある．

熱雑音は，導体あるいは半導体内をキャリヤが移動するときの不規則な運動に起因するもので，平均2乗電圧 $\langle V_n^2 \rangle$ として，

$$\langle V_n^2 \rangle = 4kTBR \tag{6.49}$$

で与えられる．ここに，k はボルツマン定数，T は絶対温度，B は帯域幅，R は抵抗である．

フリッカ雑音は，特有の周波数特性をもち，$1/f$ 雑音といわれ，低周波で重要となる．半導体素子における $1/f$ 雑音は，表面効果に起因する．例えば，表面や界面のトラップを介するキャリヤの再結合が原因となる．

ショット雑音はほとんどの半導体デバイスの主要な雑音で，キャリヤの生成，再結合に起因する．低，中周波域では周波数に依存しないが，高周波域では周波数依存性がある．pn接合におけるショット雑音の平均2乗電流 $\langle i_n^2 \rangle$ は，

$$\langle i_n^2 \rangle = 2eBI \tag{6.50}$$

で与えられる．I は電流で，順方向で正，逆方向で負である．

6.5　各種の接合ダイオード

6.5.1　整　流　器

pn接合が一方向のみに電流を流す整流性を利用して整流器（rectifier）に用いる．一般に整流器には，

① 逆耐圧電圧が高く，逆方向電流が小さいこと，
② 順方向電圧降下が小さいこと，

③ 放熱特性がよく，熱サイクルに耐えること，
が要求される．

階段型pn接合ダイオードでは，耐圧は空乏層の最大電界が絶縁破壊電界と等しくなるときの印加電圧で与えられる．n形のドナー密度N_dとp形のアクセプタ密度N_aの間に$N_d \gg N_a$の関係があると，N_aを下げることによって高耐圧化が期待できる．しかしながら，低不純物密度のp形が大きな直列抵抗となって順方向電圧降下を大きくするので，このp形の部分をp^+形としたp^+pn^+構造を用いることが多い[†]．この場合，逆方向電圧は空乏領域になったp形にかかる．p形の不純物密度と厚さは，印加逆方向電圧による接合内最大電界が絶縁破壊電界以下となるようにする．

通常用いられている図6.10(a)に示すプレーナ構造では，端部で接合面の曲りのために電界が集中して低い電圧でなだれ破壊が起こる．これを避けるためにメサ（台形）構造にするが，接合面が露出するために表面不安定が生じやすく，表面の高電界部で絶縁破壊が起こりやすい．図6.10(b)に示すように露出面と接合面を直角にしないようにすれば，表面電界が下げられるので，上のような心配がなくなって高耐圧が得られる．これをベベル（bevel：斜角）構造という．不純物を多量に添加した方を広くする場合を正ベベル，逆の場合を負ベベルという．

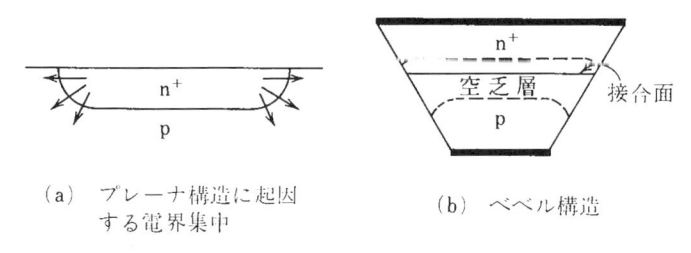

(a) プレーナ構造に起因する電界集中

(b) ベベル構造

図6.10 ダイオードの高耐圧化

順方向電圧降下をダイオードの立ち上り電圧程度とすると約1V程度となるので，1,000Aの整流器では1kWの発熱をもたらす．その温度上昇によって半導体が真性領域に入り，n，pの区別ができなくなって整流性が得られなくなる．したがって，熱放散をよくしなければ大容量化は困難である．このためpn接合

[†] p^+はアクセプタ不純物，n^+はドナー不純物を多量に添加してあることを示す．

の両面に放熱体をつけて放熱する.

6.5.2 定電圧ダイオード

pn 接合の逆方向において破壊電圧に到達すると電流が急激に増加する. この破壊電圧はダイオードの構成材料で決まるので, これを電圧の標準値として用いることができる. この目的のために作られたダイオードを定電圧 (reference) ダイオード[†]という. この用途のためには, 電圧変動を少なくすることが重要であり, そのためには, 絶縁破壊時のコンダクタンスを大きくすればよい. 温度変化による電圧変動を抑えるためには, 破壊電圧の温度変化を小さくすればよく, なだれ破壊とツェナー破壊が共存する電圧領域 $4E_g/e < V_b < 6E_g/e$ の破壊電圧をもつダイオードであれば温度変化がない. あるいは, $V_b < 4E_g/e$ と $V_b > 6E_g/e$ のダイオードを直列に接続して, 前者の負の温度依存性, 後者の正の温度依存性を用いて互いに打消すとよい.

6.5.3 ファスト・リカバリ・ダイオード

高速スイッチが必要なディジタル回路などに用いられるダイオードをファスト・リカバリ (fast recovery)・ダイオードという. スイッチ時の応答速度には少数キャリヤ蓄積時間が最も大きく影響を与えるので, 金 (Au) など禁制帯内に深いエネルギー準位を形成する不純物を半導体に添加し, 再結合を促進させて少数キャリヤの寿命を短くする必要がある. しかしながら, 少数キャリヤの寿命を短くすると, 拡散距離が小さくなって, ダイオードの逆方向飽和電流を増大させるので, 適当なところで妥協しなければならなくなる.

6.5.4 ステップ・リカバリ・ダイオード

ステップ・リカバリ (step recovery)・ダイオードは, 少数キャリヤ蓄積時間を有効に利用したマイクロ波ダイオードで, 電荷蓄積 (charge storage) ダイオードともいう. 順方向バイアスから逆方向バイアスに移るときに蓄積時間程度の短い電流パルスが発生する. パルスの速い立ち上りを利用した周波数逓倍器 (frequency multiplier) やパルス形成器 (pulse former) として利用される. パ

[†] 破壊機構にはなだれ破壊とツェナー破壊があるが, 定電圧ダイオードには後者の現象を利用しているものもあるので, ツェナー・ダイオードということがある.

ルスの切れをよくするために,薄いpベースをもつp^+pn^+構造にして少数キャリヤをベース内に閉じ込め,印加電圧の極性反転後にベース内の少数キャリヤが拡散によって完全に掃き出される時間を短くするようにしてある.

6.5.5 pinダイオード

真性i領域を両側からp形,n形でサンドイッチ構造にしたダイオードで,マイクロ波領域で興味ある特性を示す.図6.11(a)はpinダイオードのインピーダンス-逆方向電圧特性である.このダイオードは,ゼロ・バイアスではi領域が空乏層になっていてインピーダンスが高い.容量はほぼ空乏層の厚さで決まるが,逆方向電圧を印加するとわずかながら空乏層がpおよびn形に伸びるので容量が減少する.逆方向電圧の増加とともにi層抵抗が減少し,最終的には基板の抵抗および接触抵抗だけに落ちつく.この特性はマイクロ波領域のスイッチとして用いられる.スイッチ速度は$w/2v_s$で与えられる(wはi層の厚さ,v_sは電子の飽和速度である).

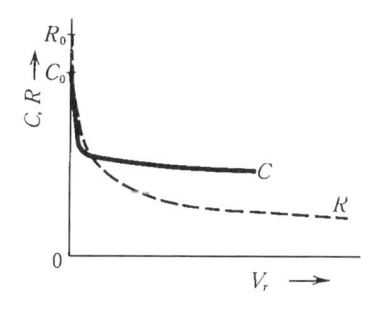

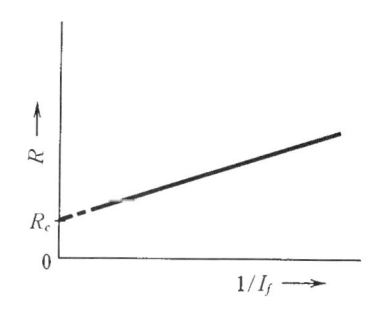

(a) インピーダンス-逆方向電圧特性　　(b) 抵抗-順方向電流特性

図6.11 pinダイオードのインピーダンス特性

一方,順方向電圧を印加するとp形から正孔が,n形から電子がそれぞれi領域に注入されるために,i領域の抵抗が非常に低くなる.図6.11(b)に示すように抵抗がバイアス電流によって大きく変化する特性は可変減衰器(variable attenuator)として利用できる.

6.5.6 可変容量ダイオード

接合容量が印加電圧によって変化する特性を利用したもので,バラクタ(varactor: variable reactor)と呼ばれている．容量の電圧依存性は pn 接合の不純物分布で決まるので，階段接合では電圧の平方根に反比例し，傾斜接合では立方根に反比例して変化する．しかしながら，これらの場合はあまり大きな容量変化が得られない．図6.12に示すように，接合付近で不純物密度を高くし，接合から遠ざかるにつれて急速に低くすると大きな容量変化が期待できる．逆方向バイアス電圧が低いときは，空乏層が高不純物密度領域にとどまるために空乏

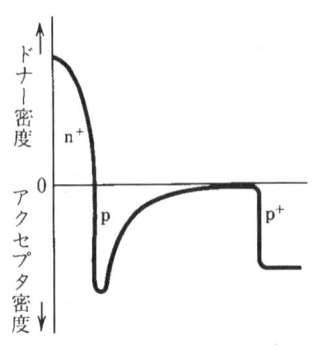

図6.12 超階段接合の不純物分布

層厚さが狭くて大きな容量となる．逆方向バイアス電圧が高くなって空乏層が低不純物密度領域まで伸びると，空乏層厚さが著しく広くなって小さな容量となる．このような接合を超階段（hyper abrupt）接合といい，$C \propto (V_d - V)^{-n}$（$n \sim 3$）が期待できる．

可変容量ダイオードは，周波数逓倍，周波数変換，パラメトリック増幅，ミキサ，検波などに用いられる．また，このダイオードは容量が電圧で変えられるので，ラジオやテレビジョンの電子同調（電圧可変同調）に用いられる．

6.5.7 トンネル・ダイオード

pn 接合の不純物密度が非常に高くなって有効状態密度（半導体材料によって異なるがほぼ $10^{24}\,\mathrm{m}^{-3}$）以上になると，不純物原子がもつ電子が互いに相互作用を起こして不純物準位が広がりをもつようになる．この場合，図6.13(a)に示したように，フェルミ準位がn形では導電帯内に，p形では価電子帯内に入る縮退状態になり，空間電荷層の幅がきわめて狭くなって10nm 程度になる．

順方向バイアス電圧を加えると，図6.13(b)に示すように，n形半導体の導電帯の電子のエネルギー準位が，p形半導体の価電子帯中の電子の未占有エネルギー準位と並ぶ．このために電子はn形の導電帯からp形の価電子帯へトンネル効果により移動できることになり，図の(f)の①で示すように，電圧の増加に伴って電流が急増する．電圧が増えてn形の導電帯の電子のエネルギー準位が，p形の禁制帯と並ぶと，図の(c)のようにトンネル効果は減少する．このため，図の(f)の②に示したように電圧増加に伴って電流が減少する負性抵抗

6.5 各種の接合ダイオード

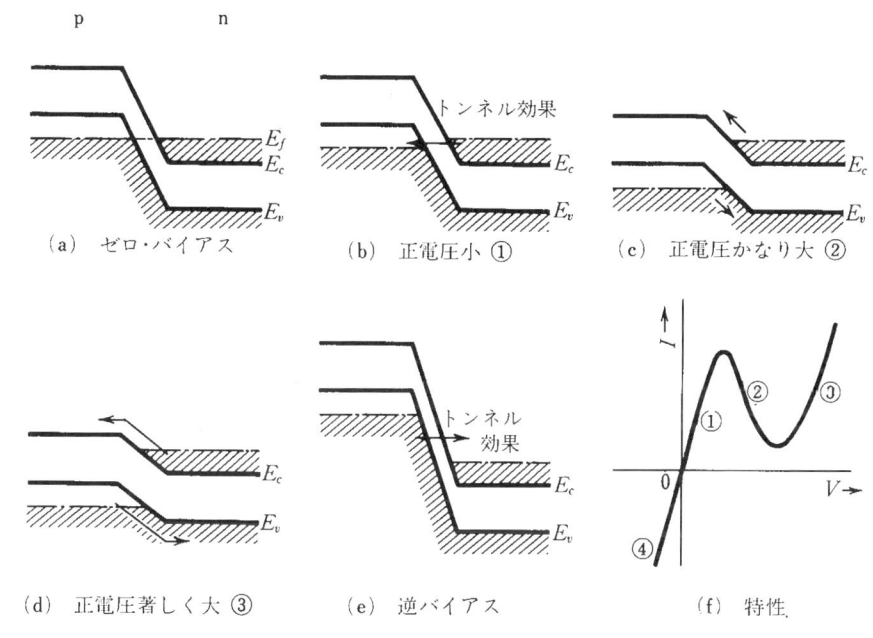

(a) ゼロ・バイアス
(b) 正電圧小 ①
(c) 正電圧かなり大 ②
(d) 正電圧著しく大 ③
(e) 逆バイアス
(f) 特性

図6.13 トンネル・ダイオードの動作原理と特性

領域が表れる．さらに電圧が増加して図の (d) のように pn 接合の障壁が下がると，導電帯中の電子の移動が容易となるので，図の (f) の③で示すように通常の pn 接合と同じ拡散電流が流れる．

図の (e) のように逆バイアス電圧を加えると p 領域の価電子帯の電子は，トンネル効果で n 形の導電帯へ抜けでてくるので電流がよく流れることになる．

このようにトンネル効果を利用した負性抵抗ダイオードをトンネル (tunnel)・ダイオードあるいはエサキ (Esaki)・ダイオードという．量子現象のトンネル効果を利用するので高速動作が期待でき，この負性抵抗を利用すると高周波の発振，増幅，論理演算が実現できる．

p 形あるいは n 形のみを縮退させると，先に述べたトンネル効果を利用して，図6.14に示すような電流-電圧特性をもつダイオードができ

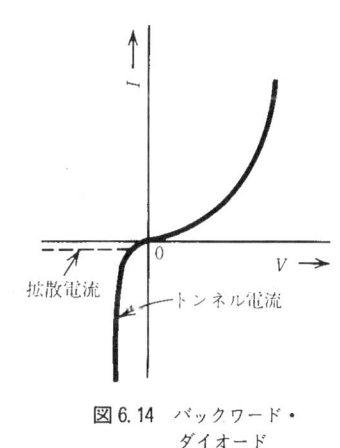

図6.14 バックワード・ダイオード

る．このダイオードはバックワード（backward）・ダイオードといわれ，量子効果を利用するので高速動作が期待でき，微弱信号の検出，マイクロ波検波やミキサなどに用いられる．

演習問題

6.1 現実の pn 接合ダイオードが理想特性からどのようにずれるか，理由をつけて説明せよ．

6.2 pn 接合の飽和電流の温度依存性から，半導体の禁制帯幅が得られる理由を説明せよ．

6.3 ダイオードが容量性アドミタンス，すなわち，電流の位相が電圧のそれより進む理由を説明せよ．

6.4 ダイオードの過度特性から少数キャリヤの寿命を求める方法を説明せよ．

6.5 ダイオードを高耐圧化するための手法を述べよ．

7 バイポーラ・トランジスタ

7.1 構造と特性

　半導体単結晶に適当な不純物を加え，図 7.1 に示すような npn または pnp の接合構造をもつものを接合トランジスタ (junction transistor)，あるいはバイポーラ・トンラジスタ (bipolar transistor) という．各領域にオーム性電極が形成された 3 端子素子で，中央の狭い領域をベース (base)，左右の領域をそれぞれエミッタ (emitter)，コレクタ (collector) と呼ぶ．エミッタ側の接合をエミッタ接合，コレクタ側の接合をコレクタ接合といい，エミッタ接合には順方向電圧，コレクタ接合には逆方向電圧を加えた回路構成をとる．

　npn 接合トランジスタの場合，順方向電圧が加えられたエミッタ接合部で，エミッタからベースへ少数キャリヤの電子が注入される．注入された電子の一部はベースで多数キャリヤの正孔と再結合して失われ，また一部はベース電極に達して，両者でベース電流となる．しかしながら，大部分の電子はベースを通り抜けて，逆方向電圧が加えられているコレクタ接合に到達する．コレクタに入った電子は多数キャリヤとなってコレクタ電流を構成する．

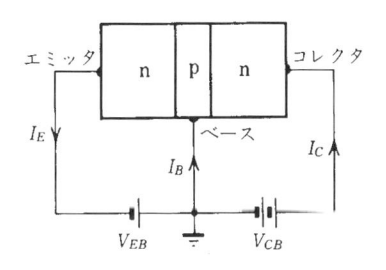

(a) npn 接合トランジスタ 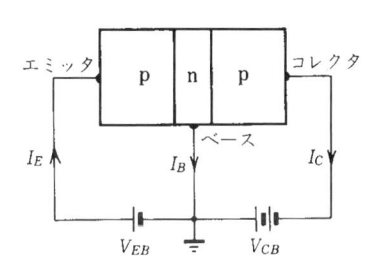　　　　(b) pnp 接合トランジスタ

図 7.1　接合トランジスタの構成

接合トランジスタの定数として電流増幅率（current amplification factor）α をつぎのように定義する.

$$\alpha_{CE} \equiv \frac{\Delta I_C}{\Delta I_E} \tag{7.1}$$

ΔI_E, ΔI_C はそれぞれエミッタ電流, コレクタ電流の変化分である. 上に述べた特性から, α_{CE} は1よりわずかに小さくなるが, 通常 $0.95 \sim 0.99$ 程度になるようにつくられている. エミッタ電流をパラメータとしたときのコレクタ電流 - 電圧の関係は図7.2に示すようになり, コレクタ特性と呼ばれる.

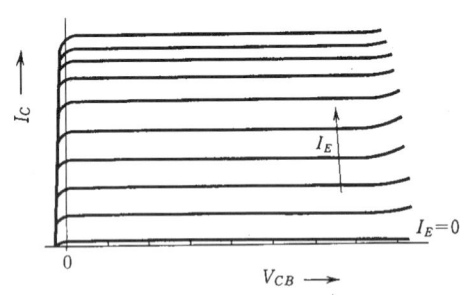

図7.2 コレクタ電流 - 電圧特性

コレクタ接合は逆方向バイアスされているので, コレクタ抵抗は非常に大きい. 一方, エミッタ接合は順方向バイアスされているので抵抗が小さい. すなわち, 接合トランジスタでは入力抵抗が小さく, 出力抵抗が大きい. 回路の整合をとると, 入力回路の抵抗 R_in は小さく, 出力回路の抵抗 R_out が大きくなる. したがって, 電圧利得 A_v, 電力利得 A_p は, それぞれ,

$$A_v = \frac{V_\text{out}（出力電圧）}{V_\text{in}（入力電圧）} = \frac{R_\text{out} \Delta I_C}{R_\text{in} \Delta I_E} \tag{7.2}$$

$$A_p = \frac{P_\text{out}（出力電力）}{P_\text{in}（入力電力）} = \frac{R_\text{out} \Delta I_C^2}{R_\text{in} \Delta I_E^2} \tag{7.3}$$

で表される. $R_\text{out}/R_\text{in} \gg 1$ であるので, $\alpha_{CE} < 1$ であっても電圧利得, 電力利得が得られ, 増幅ができることになる.

回路構成上, 4端子回路とするために, 3つの電極のうちいずれか1つを共通にして用いる. 共通電極の選び方によって, ベース接地（common-base）, エミッタ接地（common-emitter）, およびコレクタ接地（common-collector）

7.1 構造と特性

がある．npn 型の場合を図 7.3 に示す．

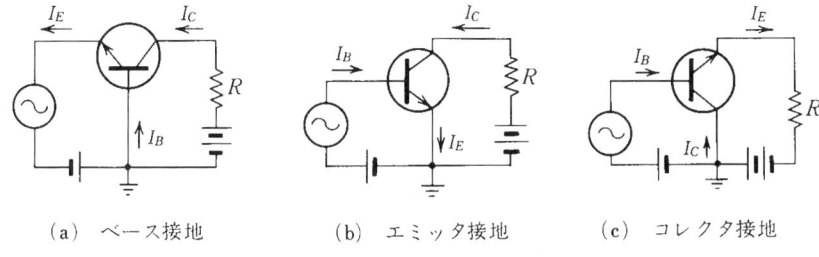

(a) ベース接地　　(b) エミッタ接地　　(c) コレクタ接地

図 7.3　npn トランジスタの回路

ベース接地についてはすでに述べたように，α_{CE} は 1 より小さい（これを真性電流増幅率と呼ぶ場合がある）．エミッタ接地の場合には，図 7.3(b) より，

$$\varDelta I_E = \varDelta I_B + \varDelta I_C \tag{7.4}$$

である．この場合の電流増幅率 α_{CB} は，

$$\alpha_{CB} = \frac{\varDelta I_C}{\varDelta I_B} = \frac{\varDelta I_C}{\varDelta I_E - \varDelta I_C} = \frac{\alpha_{CE}}{1-\alpha_{CE}} (= h_{FE})^\dagger \tag{7.5}$$

となる．$\alpha_{CE} \simeq 0.95 \sim 0.99$ であるから，$\alpha_{CB} \simeq 19 \sim 99$ となり，電流増幅率は非常に大きくなる．

コレクタ接地の場合には電流増幅率 α_{EB} は，

$$\alpha_{EB} = \frac{\varDelta I_E}{\varDelta I_B} = \frac{\varDelta I_E}{\varDelta I_E - \varDelta I_C} = \frac{1}{1-\alpha_{CE}} \tag{7.6}$$

となるので，この場合も電流増幅率が非常に大きくなる．

上に述べたように，接合トランジスタは pn 接合を 2 つの背中合せに接続し，2 つの接合を接近させて，その相互作用を新しい物理現象として利用したものであるといえる．エミッタから注入された少数キャリヤが，ベースで多数キャリヤとかかわり合いをもちつつ，コレクタに到達することによって，接合トランジスタとしての動作が達成される．このように，接合トランジスタでは，2 種類のキャリヤが渾然一体となって主要な役割を果しているために，バイポーラ（bipolar：両極性）・トランジスタと呼ばれる．バイポーラ・トランジスタの構造は，そ

---

† h_{FE}：エミッタ接地の等価回路を h パラメータで表すときの電流増幅率を表す．バイポーラ・トランジスタの特性を表すときによく使う．

の製作方法や使用目的に応じていろいろあるが，代表的なものとして，シリコン・プレーナ[†]・トランジスタの断面構造を図7.4に示す．図においてSiO_2は絶縁物である．

7.2 直流動作特性

npn接合トランジスタの直流動作特性を，図7.5に示したエネルギー帯構造をもとに解析する．ベースのエミッタ端を$x=0$，コレクタ端を$x=w$とし，エミッタからベースに注入された少数キャリヤの電子の挙動を1次元モデルで考える．

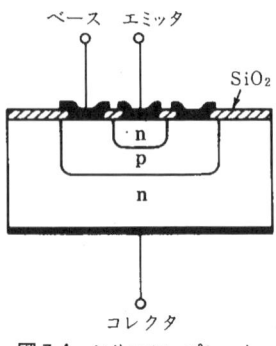

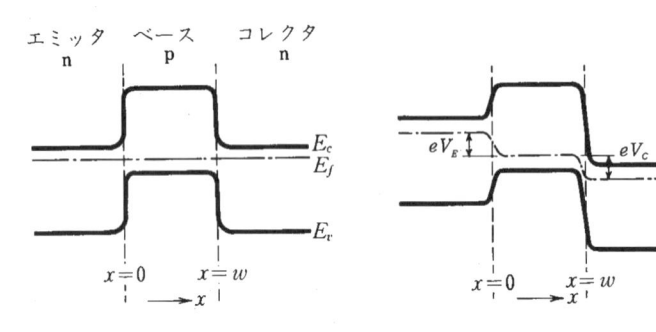

図7.4 シリコン・プレーナ・トランジスタ

(a) 外部電圧なし　　(b) 動作状態

図7.5 npnトランジスタのエネルギー準位図

ベースに注入された電子の密度を$n(x,t)$とすると，電子の拡散方程式は，

$$\frac{\partial n(x,t)}{\partial t} = -\frac{n(x,t)-n_{p0}}{\tau_n} + D_n\frac{\partial^2 n(x,t)}{\partial x^2} \tag{7.7}$$

で与えられる．ここで，n_{p0}はベースの平衡電子密度，τ_n，D_nはそれぞれ電子の寿命，拡散定数である．

エミッタ端$x=0$における電子密度$n|_{x=0}$は，

[†] プレーナ (planar) の意味は，デバイス製作時にウエーハの表面を常に平坦 (plane) に保ちながら，酸化，リソグラフィ，拡散などを施すところにある．第5章参照．

7.2 直流動作特性

$$n|_{x=0} = n_{p0} \exp\left(\frac{eV_E}{kT}\right) \tag{7.8}$$

コレクタ端 $x = w$ における電子密度 $n|_{x=w}$ は,

$$n|_{x=w} = n_{p0} \exp\left(\frac{eV_C}{kT}\right) \tag{7.9}$$

で表される. ここで, V_E, V_C はそれぞれエミッタ電圧, コレクタ電圧, $V_E > 0$ (順方向), $V_C < 0$ (逆方向) である.

直流動作解析であるから, 式 (7.7) で定常状態 $\partial n(x,t)/\partial t = 0$ を考えると,

$$\frac{d^2 n(x)}{dx^2} = \frac{n(x)-n_{p0}}{D_n \tau_n} - \frac{n(x)-n_{p0}}{L_n^2} \tag{7.10}$$

となる. ここで, $L_n \equiv \sqrt{D_n \tau_n}$ は電子が再結合するまでに移動する拡散距離である. 式 (7.8), (7.9) の境界条件を用いて, ベースに注入された電子の分布は, 次の式 (7.11) で与えられる.

$$n(x) - n_{p0} = (n|_{x=0} - n_{p0}) \frac{\sinh\left(\frac{w-x}{L_n}\right)}{\sinh\left(\frac{w}{L_n}\right)} + (n|_{x=w} - n_{p0}) \frac{\sinh\left(\frac{x}{L_n}\right)}{\sinh\left(\frac{w}{L_n}\right)} \tag{7.11}$$

この電子による電流密度 J_n は,

$$J_n = en(x)\mu_n F + eD_n \frac{dn(x)}{dx} \tag{7.12}$$

で表される. ここに, μ_n は電子の移動度, F は電界である. ベースに電界 F が存在しない場合†(脚注 p 148), 電流は拡散電流だけと考えてよい.

エミッタ接合を流れる電子電流密度 J_{nE} は,

$$J_{nE} = eD_n \frac{dn(x)}{dx}\Big|_{x=0} = -\frac{eD_n}{L_n}\left\{\frac{n|_{x=0}-n_{p0}}{\tanh\left(\frac{w}{L_n}\right)} - \frac{n|_{x=w}-n_{p0}}{\sinh\left(\frac{w}{L_n}\right)}\right\}$$

$$= -\frac{eD_n n_{p0}}{L_n}\left\{\frac{\exp\left(\frac{eV_E}{kT}\right)-1}{\tanh\left(\frac{w}{L_n}\right)} - \frac{\exp\left(\frac{eV_C}{kT}\right)-1}{\sinh\left(\frac{w}{L_n}\right)}\right\} \tag{7.13}$$

で与えられる．また，コレクタ接合を流れる電子電流密度J_{nC}は，

$$J_{nC} = eD_n \frac{dn(x)}{dx}\Big|_{x=w} = -\frac{eD_n}{L_n}\left\{\frac{n|_{x=0}-n_{p0}}{\sinh\left(\frac{w}{L_n}\right)} - \frac{n|_{x=w}-n_{p0}}{\tanh\left(\frac{w}{L_n}\right)}\right\}$$

$$= -\frac{eD_n n_{p0}}{L_n}\left\{\frac{\exp\left(\frac{eV_E}{kT}\right)-1}{\sinh\left(\frac{w}{L_n}\right)} - \frac{\exp\left(\frac{eV_C}{kT}\right)-1}{\tanh\left(\frac{w}{L_n}\right)}\right\}$$

(7.14)

式 (7.13)，(7.14) において，$V_C<0$ であるので $e|V_C|/kT \gg 1$ であれば $\exp(eV_C/kT)\simeq 0$ としてよい．したがって，

$$J_{nE} \simeq J_{nE0}\left\{\exp\left(\frac{eV_E}{kT}\right)-1\right\} + \beta J_{nC0} \tag{7.15}$$

$$J_{nC} \simeq \beta J_{nE0}\left\{\exp\left(\frac{eV_E}{kT}\right)-1\right\} + J_{nC0} \tag{7.16}$$

と書ける．ここに，

$$J_{nE0} = J_{nC0} = -\frac{eD_n n_{p0}}{L_n}\cdot\frac{1}{\tanh\left(\frac{w}{L_n}\right)} \tag{7.17}$$

$$\beta \equiv \frac{1}{\cosh\left(\frac{w}{L_n}\right)} \tag{7.18}$$

としてある．式 (7.16) に示されるように，β はエミッタからベースへ注入された電子のうちコレクタに集められるものの割合を示し，到達率 (transport factor) と呼ばれている．

一方，エミッタ接合，コレクタ接合は，エミッタやコレクタが十分厚いとして理想的 pn 接合を考え，そこを流れる正孔電流密度はつぎのように表される．

$$J_{pE} = -\frac{eD_p p_{nE0}}{L_p}\left\{\exp\left(\frac{eV_E}{kT}\right)-1\right\} \tag{7.19}$$

$$J_{pC} = \frac{eD_p p_{nC0}}{L_p}\left\{\exp\left(\frac{eV_C}{kT}\right)-1\right\} \tag{7.20}$$

---

† 特別の場合を除いてしばしばこの近似が用いられる．

7.2 直流動作特性

ここに，p_{nE0}, p_{nC0} はエミッタ，コレクタの平衡正孔密度である．

したがってエミッタ電流密度 J_E，コレクタ電流密度 J_C は次の式 (7.21) となる．

$$\left.\begin{aligned} J_E &= J_{nE} + J_{pE} = J_{nE0}\left\{\exp\left(\frac{eV_E}{kT}\right)-1\right\} + \beta J_{nC0} - \frac{eD_p p_{nE0}}{L_p}\left\{\exp\left(\frac{eV_E}{kT}\right)-1\right\} \\ J_C &= J_{nC} + J_{pC} = \beta J_{nE0}\left\{\exp\left(\frac{eV_E}{kT}\right)-1\right\} + J_{nC0} + \frac{eD_p p_{nC0}}{L_p}\left\{\exp\left(\frac{eV_C}{kT}\right)-1\right\} \end{aligned}\right\}$$

(7.21)

電流増幅率 α は，

$$\alpha \equiv \frac{J_C}{J_E} = \frac{J_{nC}+J_{pC}}{J_{nE}+J_{pE}}$$

$$= \frac{\beta J_{nE0}\left\{\exp\left(\frac{eV_E}{kT}\right)-1\right\} + J_{nC0} + \frac{eD_p p_{nC0}}{L_p}\left\{\exp\left(\frac{eV_C}{kT}\right)-1\right\}}{J_{nE0}\left\{\exp\left(\frac{eV_E}{kT}\right)-1\right\} + \beta J_{nC0} - \frac{eD_p p_{nE0}}{L_p}\left\{\exp\left(\frac{eV_E}{kT}\right)-1\right\}} \quad (7.22)$$

で与えられる．ここで $\exp(eV_C/kT) \ll 1$, $\exp(eV_E/kT) \gg 1$ とおけるので，

$$\alpha \simeq \frac{\beta J_{nE0}}{J_{nE0} - \frac{eD_p p_{nE0}}{L_p}} \quad (7.23)$$

となる．これに，式 (7.17)，(7.18) を代入すると，

$$\alpha \simeq \frac{1}{\cosh\left(\frac{w}{L_n}\right) + \frac{p_{nE0}}{n_{p0}} \cdot \frac{L_n}{L_p} \cdot \frac{D_p}{D_n}\sinh\left(\frac{w}{L_n}\right)} \quad (7.24)$$

ベース幅が狭いので，$w/L_n \ll 1$ となり，

$$\sinh\left(\frac{w}{L_n}\right) \simeq \frac{w}{L_n}, \quad \cosh\left(\frac{w}{L_n}\right) \simeq 1+\frac{1}{2}\left(\frac{w}{L_n}\right)^2 \quad (7.25)$$

となるから，α は近似的に，次の式 (7.26) となる．

$$\alpha \simeq 1 - \frac{p_{nE0}}{n_{p0}} \cdot \frac{w}{L_p} \cdot \frac{D_p}{D_n} - \frac{1}{2}\left(\frac{w}{L_n}\right)^2 \quad (7.26)$$

エミッタ接合を流れる全電流に対して，エミッタからベースへ注入される少数キャリヤによる電流の比を用いて，注入率（injection effciency）γ を次式で定義する．

$$\gamma \equiv \frac{J_{nE}}{J_{nE}+J_{pE}} \tag{7.27}$$

式 (7.15), (7.21) および式 (7.25) を用いると,

$$\gamma \simeq 1 - \frac{p_{nE0}}{n_{p0}} \cdot \frac{w}{L_p} \cdot \frac{D_p}{D_n} \tag{7.28}$$

エミッタおよびベースの導電率を σ_E および σ_B とすると,

$$\gamma \simeq 1 - \frac{\sigma_B}{\sigma_E} \cdot \frac{w}{L_p} \tag{7.29}$$

で与えられる[†]. これからわかるように, 注入率 γ はいつも1より小さいが, ベースの不純物密度を少なくして導電率 σ_B を下げ, エミッタの不純物密度を多くして導電率 σ_E を上げることによって, γ を1に近くすることができる.

式 (7.18) でベースに注入された電子のうちコレクタに到達する割合を到達率 β で表したが, これに式 (7.25) の近似を用いると,

$$\beta \simeq 1 - \frac{1}{2}\left(\frac{w}{L_n}\right)^2 \tag{7.30}$$

となる. 右辺第2項は, 電子がベースで再結合によって消滅していくことを表している. β を大きくするためにはベース幅 w を狭くすればよい. 式 (7.26), (7.28), (7.30) から, α, β, γ の間には, 次の式 (7.31) の関係が成り立つ[††].

$$\alpha \simeq \gamma\beta \tag{7.31}$$

式 (7.26) を見る限り, 電流増幅率 α はコレクタ電流依存性をもたない. しかし実際のトランジスタにおいては, 図7.6に示すように, α はコレクタ電流によって変化する. 低電流領域での α の低下は, いままで考慮しなかったエミッタ接合の空乏層内におけるキャリヤの再結合による注入率の低下, およびベースでの表面再結合による到達率の低下に基づいている. 再結合による電流は $\exp(eV_E/2kT)$ に比例し, V_E の増加とともに増え

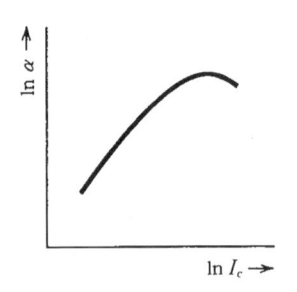

図7.6 電流増幅率 α のコレクタ電流依存性

[†] σ_E, σ_B はエミッタおよびベースの多数キャリヤ密度 n_{n0}, p_{p0} および移動度 μ_n, μ_p を用いて, $\sigma_E = en_{n0}\mu_n, \sigma_B = ep_{p0}\mu_p$ で表される. $n_{n0}p_{nE0} = p_{p0}n_{p0} = n_i^2$ が成立するので, これとアインシュタインの関係を用いると式 (7.28) は (7.29) となる.

[††] 厳密には, 式 (7.31) の右辺にコクレクタ増幅率がかかるが, ほぼ1としてよいので, 通常は式 (7.31) を使用する.

るが，拡散電流が $\{\exp(eV_E/kT)-1\}$ に比例して増加するので，再結合電流は V_E の増加とともに相対的に小さくなる．すなわち，V_E が大，したがって大電流（コレクタ電流大）時ほど再結合の割合は無視できるようになり，その結果として電流増幅率 α が増加する．さらに電流が増加してベースに注入された少数キャリヤの電子密度が，ベースのアクセプタ密度と同程度となる高注入状態になると，ベースの電荷中性を保つために正孔密度が熱平衡状態よりも著しく高くなる．この場合，ベースからエミッタへの正孔の注入が増加するので，エミッタからベースへの電子の注入率が下がることになり，したがって電流増幅率の低下をもたらすことになる．このように，動作を最適にする電流密度があり，電流密度が低すぎても高すぎても α が低下することになる．

ここで，しばしば用いられるエミッタ接地回路における代表的な4つの動作状態について述べる．図7.7にはベース電流をパラメータとして，エミッタ-コレクタ電圧 V_{CE} とコレクタ電流 I_C の関係を示してある．

(1) しゃ断（cut-off）状態

V_{CE} が変化しても $I_C \simeq 0$ を維持する状態をいう．このとき，エミッタ接合，コレクタ接合とも逆方向バイアスになっていて，ベースへの少数キャリヤ注入が起こっていない．3つの端子はほぼ開放状態になっているとみてよい．

(2) 活性（active）状態

I_C が V_{CE} の大きさに依存せずに I_B のみによって決まる状態をいい，通常のトランジスタの動作状態である．順方向バイアスされたエミッタ接合でベースへの少数キャリヤ注入があり，これが逆方向バイアスされたコレクタ接合に吸収されている．

(3) 飽和（saturation）状態

V_{CE} が非常に小さくて，I_C が V_{CE} にほぼ比例し，I_B にほとんど依存しない状態をいう．この状態は，エミッタ接合のみならずコレクタ接合も順方向バイアスされていて，エミッタから注入された少数キャリヤのごく一部しかコレクタ接合に吸収できず，ベースに必要以

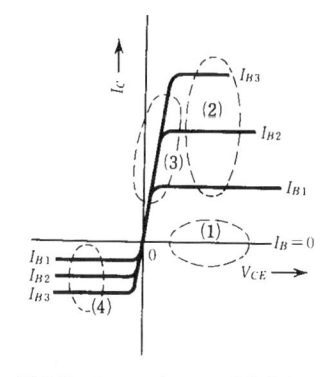

図7.7 トランジスタの動作状態
(1) しゃ断状態　(2) 活性状態
(3) 飽和状態　(4) 逆接続状態

上の過剰の少数キャリヤがある.したがって,ベースでの再結合が盛んになり,ベース電流が増す.3つの端子間はほぼ短絡状態にある.

(4) 逆接続 (reverse connection) 状態

エミッタ接合が逆方向に,コレクタ接合が順方向にバイアスされた状態をいう.通常のトランジスタではコレクタの不純物密度が低いので,逆方向電流増幅率は順方向電流増幅率より小さくなる.

7.3 交流動作特性

接合トランジスタの交流動作特性は,エミッタからベースへ注入された少数キャリヤの電子の時間的変化について考えればよい.

エミッタ接合に印加される交流電圧でベースに注入される電子密度 $n(x,t)-n_{p0}$ が,

$$n(x,t)-n_{p0}=n_1(x)\exp(j\omega t) \tag{7.32}$$

で表せるとする.ここに ω は交流電圧の角周波数($\omega=2\pi f$, f:周波数)である.

$$\frac{\partial n(x,t)}{\partial t}=j\omega(n(x,t)-n_{p0}) \tag{7.33}$$

を式 (7.7) に代入すると,電子の拡散方程式は,

$$\frac{d^2 n(x)}{dx^2}=\frac{1+j\omega\tau_n}{D_n\tau_n}(n(x)-n_{p0}) \tag{7.34}$$

と書ける.これと式 (7.10) とを比較すると,

$$\tau_n \to \frac{\tau_n}{1+j\omega\tau_n} \tag{7.35}$$

の対応をさせれば式 (7.34) は式 (7.10) と同じになる.したがって,電子の拡散距離として,

$$L_n'=\sqrt{\frac{D_n\tau_n}{1+j\omega\tau_n}} \tag{7.36}$$

を,直流動作解析の結果の L_n の代わりに用いれば,交流動作の解析ができる.

この場合,注入率 γ は式 (7.28) から明らかなように, L_n を含んでいないから周波数に無関係である.到達率 β は式 (7.18) から,

$$\beta = \frac{1}{\cosh\left(\frac{w}{L_n'}\right)} \tag{7.37}$$

で与えられ，周波数とともに変化する．すなわち，周波数が高くなるとベースでの電子の走行が追いつかなくなり，到達率が低下する．

電流増加率 α は式 (7.31) で与えられるので，周波数特性をもつことになる．一般に，低周波における電流増幅率の $1/\sqrt{2}$ に低下する周波数を α しゃ断周波数（α cut-off frequency）という．このときの周波数を f_α ($f_\alpha = \frac{1}{2\pi}\omega_\alpha$, ω_α：角周波数）とすると，

$$\left|\frac{1}{\cosh\left(\frac{w\sqrt{1+j\omega_\alpha\tau_n}}{L_n}\right)}\right| = \frac{1}{\sqrt{2}} \tag{7.38}$$

から ω_α（したがって f_α）が定められる．高周波の条件から $\omega_\alpha\tau_n \gg 1$ であるので，

$$\cosh\left(\frac{w\sqrt{1+j\omega_\alpha\tau_n}}{L_n}\right) \simeq \cosh\left\{\frac{w}{L_n}\sqrt{\frac{\omega_\alpha\tau_n}{2}}(1+j)\right\} \tag{7.39}$$

したがって，式 (7.38) より，

$$\cosh^2\left(\frac{w}{L_n}\sqrt{\frac{\omega_\alpha\tau_n}{2}}\right) = 2 + \sin^2\left(\frac{w}{L_n}\sqrt{\frac{\omega_\alpha\tau_n}{2}}\right) \tag{7.40}$$

これから近似的に，

$$\frac{w}{L_n}\sqrt{\frac{\omega_\alpha\tau_n}{2}} = 1.103 \tag{7.41}$$

両辺を 2 乗して，$L_n^2 = D_n\tau_n$ の関係を用いると，

$$\omega_\alpha\frac{w^2}{D_n} \simeq 2.43 \tag{7.42}$$

となり，α しゃ断周波数は，

$$f_\alpha = \frac{\omega_\alpha}{2\pi} = \frac{2.43}{2\pi}\cdot\frac{D_n}{w^2} \tag{7.43}$$

で与えられる．これよりベース幅を狭くすれば α しゃ断周波数を高くすることができる．

pnp 構造のトランジスタの場合には，ベースを正孔が移動するので，式 (7.43) において電子の拡散定数 D_n を，正孔の拡散定数 D_p に置き換えればよい．

7.4 ベース領域における諸現象

7.4.1 ベース抵抗と電流集中

ベース領域に注入された少数キャリヤの電子の一部は，多数キャリヤの正孔と再結合するが，この正孔はベース電極から補給される．プレーナ・トランジスタでは，この補給のための正孔の流れが図7.8に示すように薄いベース層に平行に流れる．ベースの幅が非常に薄いので，正孔の流れの方向すなわち横方向の抵抗が高くなり，ベースの横方向で正孔の流れによる電圧降下が無視できなくなる．この電圧降下のために，エミッタ接合に加わる電圧はエミッタ周辺部で高く，中央部で低くなる．エミッタ電流密度は，エミッタ電圧の指数関数であるので，わずかの電圧降下でも電流密度は大きく変わる．このために，エミッタ電流は周辺部でよく流れ，中央部で流れにくくなる．この現象をエミッタ電流集中 (emitter current crowding) という．エミッタ中央部で電流が流れないと，その部分ではトランジスタ動作をせずに，単に寄生の接合容量となるだけであるので，トランジスタの性能が低下することになる．この電流集中を避けるために，エミッタの面積が一定とすると，その周辺長を長くするような形が必要となる．

図7.8 エミッタ電流集中

7.4.2 ベース幅変調

npn あるいは pnp トランジスタには，エミッタ接合およびコレクタ接合の2つの pn 接合がある．pn 接合の空乏層幅は印加電圧によって変化する．したがって，エミッタ電圧やコレクタ電圧が変化すると，それぞれの接合の空乏層幅が変化し，結果的にはベース幅が変化することになる．このようなベース幅の変化をベース幅変調 (base-width modulation) という．エミッタ接合は順方向バイアスされているので，空乏層幅およびその変化分も小さく，ベース幅変調に与える

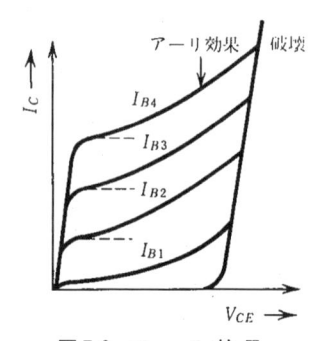

図7.9 アーリ効果

7.4 ベース領域における諸現象

影響が小さい．コレクタ接合は逆方向バイアスされているので，空乏層幅およびその変化分が大きく，ベース幅の変化に著しく寄与する．すなわち，コレクタ電圧によるベース幅変調は，トランジスタの動作特性に影響を与える．コレクタ電圧が増すとコレクタ接合の空乏層幅が拡がってベース幅が減少する．この結果，式（7.30）でわかるように，到達率 β が増加してコレクタ電流が増し，図7.9に示すようにエミッタ接地回路でコレクタ特性が右上りとなって明瞭な飽和現象を示さなくなる．これをアーリ（Early）効果という．

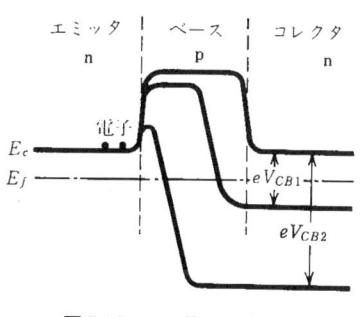

図7.10 つき抜け現象

電流増幅率 α を大きくしたり，高周波まで動作させたりするためには，ベース幅をできるだけ小さくする方がよい．しかしながら，この場合にコレクタ電圧が負で大きくなると，実効のベース幅が極端に狭くなる．図7.10に示すように，正孔はベース領域がないために，ほとんど抵抗なしに移動して大電流が流れ，トランジスタとしての動作をしなくなる．この現象はつき抜け（パンチ・スルー：punch through）と呼ばれている．

7.4.3 不純物の不均一分布の効果—ドリフト・トランジスタ

式（7.43）で与えたように，npn あるいは pnp トランジスタの α しゃ断周波数は，少数キャリヤがベースを通過する走行時間によって決まる．少数キャリヤはベースを拡散によって移動するので，その走行時間が短くなく，α しゃ断周波数を高くすることができない．そこで，ベース領域の不純物密度に分布をもたせて，これで内部電界を生成させると，少数キャリヤがこの電界によって加速され，走行時間が短縮されて α しゃ断周波数が大きくなる．ここではその効果について考えてみる．

p形ベースに図7.11に示すようなアクセプタ不純物分布が存在している場合，ゼロバイアスでは，ベースでのキャリヤの拡散電流とドリフト電流が平衡しているので，

$$J_p = ep\mu_p F - eD_p \frac{dp}{dx} = 0 \tag{7.44}$$

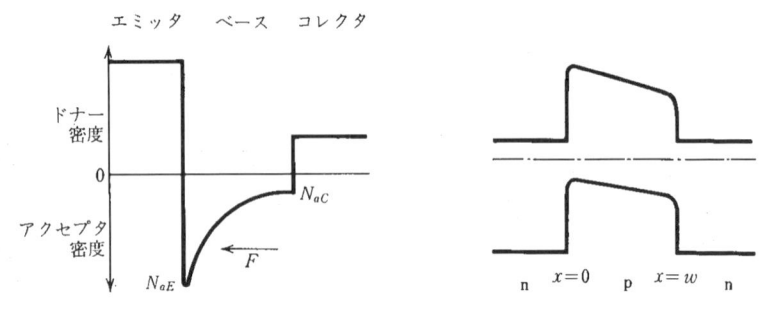

図7.11 ベース内電界の効果

となる．これに，アインシュタインの関係を用いると，

$$F = \frac{kT}{ep} \cdot \frac{dp}{dx} \tag{7.45}$$

の電界がベースで形成されることになる．

アクセプタ密度の分布 $N_a(x)$ が，

$$N_a(x) = N_{aE} \exp\left(-\frac{x}{x_0}\right) \tag{7.46}$$

のように指数関数で与えられるとする．ここに N_{aE} はエミッタ端 $x=0$ でのアクセプタ密度で，x_0 はある定数である．内部電界 F は式 (7.45) から，

$$F = \frac{kT}{ep} \cdot \frac{dp}{dx} \simeq \frac{kT}{eN_a} \cdot \frac{dN_a}{dx} = -\frac{kT}{ex_0} \tag{7.47}$$

となり，図7.11に示したように，コレクタ側からエミッタ側に向けて一定電界が存在することになる．

$x=w$ において $N_a(w) = N_{aC}$ とすると，式 (7.46) から，

$$\frac{w}{x_0} = \ln\left(\frac{N_{aE}}{N_{aC}}\right) = \eta \tag{7.48}$$

となる．η は内部電界を表すパラメータである．

この内部電界の存在を考えて α しゃ断周波数 f_α (field) が計算され，簡単な場合，

$$f_\alpha(\text{field}) = \frac{1}{2\pi} 2 \left(\frac{\eta}{2}\right)^{3/2} \cdot \frac{D_n}{w^2} \tag{7.49}$$

で表される.

式 (7.49) と式 (7.43) を比較すると,

$$\frac{f_\alpha (\text{field})}{f_\alpha} = \frac{2\left(\frac{\eta}{2}\right)^{3/2}}{2.43} \tag{7.50}$$

となる.いま,$N_{aE}/N_{aC} = 10^4$ とすれば,α しゃ断周波数は約8倍に向上することになる.このようにベース内に電界を内蔵するトランジスタをドリフト・トランジスタという.

α しゃ断周波数を高くするためには,以下のようなことが必要となる.

① ベースにおける少数キャリヤの拡散定数 D が大きい材料を使うことが大切である.同じ材料では少数キャリヤが電子である方が有利であり,すなわち,npn 接合トランジスタの方が pnp 接合トランジスタより有利である.
② ベース幅をできるだけ薄くする.
③ ベースのエミッタ端とコレクタ端の不純物密度の比 N_{aE}/N_{aC} をできるだけ大きくして,内部電界をできるだけ大きくする.

ただし,ベース幅 w をあまり小さくしすぎるとつき抜け現象が起こる.また,N_{aE} を大きくすると式 (7.28) の注入率 γ が下がり,電流増幅率 α の低下につながるので,必ずしも $N_{aE}/N_{aC} = 10^4$ とすることができない.

7.5 コレクタ接合の及ぼす効果

7.5.1 なだれ破壊

コレクタ電圧が高いときには,つき抜けになっていないにもかかわらず電流が急増することがある.これはなだれ破壊といわれ,このなだれ破壊が起こる電圧をトランジスタの破壊電圧という.トランジスタの破壊電圧はベースの短絡,開放によって変化する.ベースとエミッタが短絡のときの破壊には,エミッタ接合は関与せずに,コレクタ接合のなだれ破壊によるから,トランジスタの破壊電圧は,コレクタ接合の破壊電圧に等しい.しかし,ベース開放時のトランジスタの破壊電圧は,エミッタ接合を流れるエミッタ電流がそのままコレクタ電流となるので,コレクタ接合の破壊電圧より低いところでコレクタ電流の急増が生じる.すなわち,トランジスタの破壊電圧は,前の場合に比べてかなり低くなる.

7.5.2 周波数特性への影響

ベース幅を狭くして，さらにそこにドリフト電界を形成すると，ベースにおける少数キャリヤの走行時間を短縮させ，高周波特性が改良できる．この走行時間が短くなると，コレクタ接合の空乏層内の走行時間 τ_t が，周波数の上限を与えることになる．空乏層内でのキャリヤは，そこにかかっている電界 F_c によるドリフトで移動しているので，キャリヤの速度 v_c は，コレクタ接合の印加電圧 V_c を大きくすれば大きくなる．しかし，これを大きくしすぎるとコレクタ接合がなだれ破壊を起こすので，印加電圧の上限は破壊電圧によって決められる．Si や Ge でのキャリヤの速度 v_c は，3.6で述べたように，低電界では $v_c = \mu F_c$（μ は移動度）で増加するが，電界が強くなって速度が大きくなると移動度が減少しはじめ，最終的には電界を大きくしても v_c が増加せずに飽和速度 v_s に達する．キャリヤの走行時間 τ_t は，

$$\tau_t = \frac{d_c}{2v_s} \tag{7.51}$$

で与えられる．ここに d_c はコレクタ接合の空乏層幅である．

7.6 各種のバイポーラ・トランジスタ

7.6.1 パワー（電力）・トランジスタ

大きな電力を取り出す目的で作られたものをパワー・トランジスタという．トランジスタの大電力化は，耐圧の向上，電流容量の増加，および熱特性の改良によって実現できる．

耐圧はコレクタ接合のなだれ破壊で決まるので，コレクタの不純物密度を低くすると耐圧が高くなる．しかしながら，この場合にはコレクタの中性領域の抵抗が大きくなって，コレクタ接合特性が理想的なダイオード特性からずれてしまう．そこで，接合形成には不必要なコレクタの中性領域に不純物を多量に添加して低抵抗の n^+ 領域にする．コレクタ電圧が高くなったとき，n 領域全域が空乏層になって電圧を保持する．n 領域にはほぼ一様な電界で加わっているので，n 領域の幅が増すほど耐圧は高くなる．コレクタ電圧が低くなると n 領域の一部分が中性領域になって，上に述べたように高抵抗になるので望ましくない．したがって，n

領域の幅は所定の耐圧を満たす最小値にする.

パワー・トランジスタでは出力を大きくするために，大電流が流せるように接合面積を大きくしなければならない．ベース幅を変えずに接合面積を増大させると，ベース抵抗が大きくなって，ベース電流による電圧降下のために電流集中が起こる．したがって，電流増幅率 α が低下し，電力利得も下がる．解決策として，ベースの抵抗率を下げてベース抵抗を小さくすることが考えられる．しかしながら，これはベースの多数キャリヤを増加させるので，注入率 γ を低下させ，さらに，少数キャリヤの再結合が増して，少数キャリヤの到達率 β を減少させるので，α を減少させてしまう．ベース抵抗を増加させずに接合面積を増加させるめ，エミッタ周辺部の面積の増加をはかった，図7.12に示すようなくしの歯状の電極配置をもった小さなトランジスタの集合体にする．

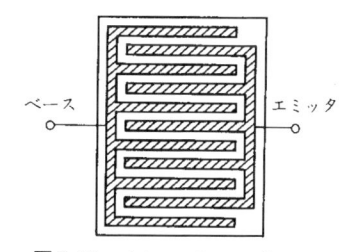

図 7.12 パワー・トランジスタの電極配置

出力が大きいことは，同時に内部での電力損失が大きいことになるが，この電力損失が大きいとトランジスタの温度上昇が起こってトランジスタ動作が制限されることになる．トランジスタの最大許容損失が P_{max} で与えられると，接合の許容最高温度[†] T_{jmax} と雰囲気温度 T_a との間に

$$P_{max} = \frac{T_{jmax} - T_a}{\theta_{th}} \tag{7.52}$$

の関係がある．ここに θ_{th} は熱抵抗（thermal resistance）と呼ばれ，熱伝導度 k_{th} および熱流の伝わる長さ l，断面積 S を用いて，$\theta_{th} = l/(k_{th}\, S)$ で表される量である．雰囲気温度 T_a が与えられると，許容損失が大きくとれるパワー・トランジスタとするためには，熱抵抗 θ_{th} が小さいことが必要で，このために放熱板を用いる．さらに，接合の最高温度 T_{jmax} を高くとれることが必要となる．大きな禁制帯幅の材料を用いて T_{jmax} を大きくすることが望ましい．

トランジスタに入力がない場合でも，逆方向バイアスしたコレクタ接合には逆方向電流が流れている．温度上昇は熱的なキャリヤ生成を行ってコレクタ電流の

[†] ベースが真性半導体状態になるときの温度．

増加をもたらす.この増加はトランジスタの消費電力の増加をひき起こすので,それがさらに温度を高くする.この悪循環のために熱的に不安定状態になり,負性抵抗の発生などが起こる.そこで,通常はコレクタ電流の最大値を定めて使用限界としている.コレクタ電流の最大値が定まると,コレクタ接合に加わる電圧との積がコレクタ接合の消費電力となるので,これがコレクタ接合の許容損失より小さくなければならない.

7.6.2 高周波トランジスタ

高周波トランジスタも基本的には電力トランジスタと同様の不純物分布(n^+pnn$^+$)をもっている.高周波領域で用いるトランジスタでは動作上限の周波数が重要となる.しゃ断周波数f_Tは,エミッタ接地回路としたときの電流増幅率$\alpha_{CB} = \alpha_{CE}/(1-\alpha_{CE})$が1になる周波数として定義される.この$f_T$はトランジスタの構造に関係していて,エミッタからコレクタまでのキャリヤの移動時の遅延時間τ_dを用いて

$$f_T = \frac{1}{2\pi\tau_d} \qquad (7.53)$$

で表される.遅延時間τ_dは次の4つの時定数の和で与えられる.

① τ_E:エミッタ接合の充電時間,$\tau_E = r_E C_E \simeq (kT/eI_E)C_E$,($r_E$:エミッタ抵抗,エミッタ接合が順方向バイアスされているので近似的にkT/eI_Eで与えられる.C_E:エミッタ接合容量).
② τ_B:ベース通過時間,$\tau_B = w^2/2D_n$,付録式(A.2.5)参照†.
③ τ_t:コレクタ接合の空乏層の通過時間,式(7.51)参照.
④ τ_C:コレクタ接合の充電時間,$\tau_C = r_C C_C$(r_C:コレクタ抵抗,C_C:接合容量).

f_Tの増加にはそれぞれの時定数の減少が望ましい.ベース抵抗による電流集中があると,エミッタ周辺部を電流が流れることになり,実効的にベース幅が広がってτ_Bを大きくする.この効果を防ぐためにベース幅を狭くする.エミッタ接合を表面のごく近くにもってきて,接合の周辺面積を減らしてC_Eを小さくすることができる.

---

† ドリフトトランジスタではこれより短くなる.

τ_E を減少させるために I_E を増加すればよいが，I_E を増加しすぎるとベースが高注入状態となり，低電流レベルでのベースとコレクタ界面がコレクタ側に移動して実効的にベース幅が増加するカーク（Kirk）効果が生じる．これは τ_B を増加させるので好ましくない．したがって I_E には最適値があり，τ_E には下限がある．

入力および出力回路で整合をとったときに，入力電力と出力電力とが等しくなる周波数を最高発振周波数（maximum frequency of oscillation）f_{max} という．f_{max} は，ベース抵抗を r_B，コレクタ接合の空乏層容量を C_C とすると，

$$f_{max} = \left(\frac{f_T}{8\pi r_B C_C}\right)^{1/2} \tag{7.54}$$

で表せるので，f_{max} の向上には f_T の増大ならびに r_B と C_C の減少をはからなければならない．

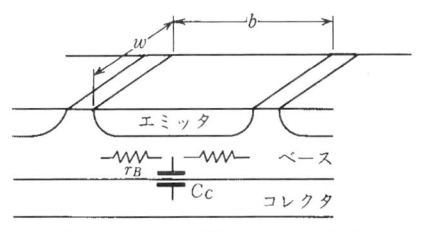

n形コレクタは空乏層となっているので，この幅を減少させれば τ_t が小さくでき，また r_C が小さくなって τ_C を小さくできる．しかし，パワー・トランジスタの項で述べたように，耐圧を n 形コレクタで保持しているので，その厚さを減少させると耐圧低下となる．

図 7.13　ベース抵抗とコレクタ接合の空乏層容量

これらより，f_T を高くするのには限界があるので，f_{max} を向上させるために，r_B および C_C を減少させる努力をしなければならない．図 7.13 に示すように，エミッタの長さ w，幅 b とすると，C_C はエミッタ面積 wh に比例する．ベース抵抗 r_B はベース端からエミッタ中央までの距離 $b/2$ に比例し，エミッタ長さ w に反比例する．この結果，$r_B C_C$ はエミッタの幅 b の2乗に比例することになる．したがって，f_{max} はエミッタ幅に反比例することになるので，高周波化のためには何よりもエミッタ幅を細くすることが特に重要となる．

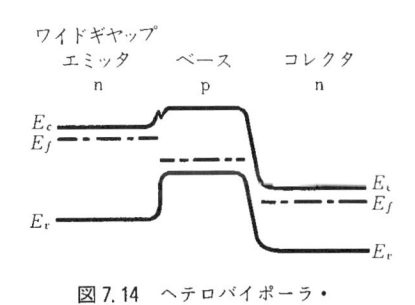

図 7.14　ヘテロバイポーラ・トランジスタ（動作時）

エミッタにベースよりも広い禁制帯幅材料を用いるヘテロバイポーラ・トランジスタ (hetero bipolar transistor : HBT) がある．バイポーラ・トランジスタのエミッタ接合に図7.14に例を示すようなヘテロ接合を用いる．このヘテロバイポーラ・トランジスタには次のような特徴がある．

(1) エミッタ接合で電子に対する障壁よりも正孔に対する障壁を高くすることができ，注入率が上げられる．
(2) 注入率を減少することなく，ベースに多量に不純物を入れることができるのでベース抵抗が下げられる．
(3) エミッタ接合での電圧降下が低いので，電流集中がない．
(4) 電流増幅率が大きく，ベース抵抗が小さいので，高周波応答がよい．

7.6.3 スイッチング・トランジスタ

スイッチング・トランジスタは，トランジスタの高電圧・小電流状態と低電圧・大電流状態との間を短時間でスイッチさせることを目的としてもので，重要パラメータとして電流利得とスイッチ時間とがある．電流利得を高くするためにベース領域の不純物を低濃度にする．主な動作モードには，図7.15に示すように，飽和形と非飽和形の2種類がある．両者の違いは，低電圧・大電流（オン）状態としてトランジスタの飽和状態を用いる（飽和形）か，活性状態を用いる（非飽和形）かによっている．ここで飽和形スイッチのスイッチ時間について簡単に論じる．方形のエミッタ電流に対してコレクタ電流は立ち上り時間 τ_1 後にほぼ完

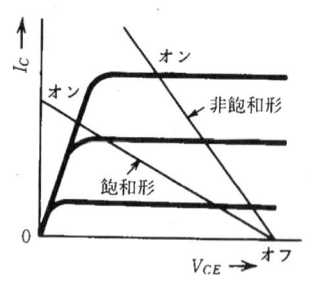

図7.15 スイッチング・トランジスタの動作状態

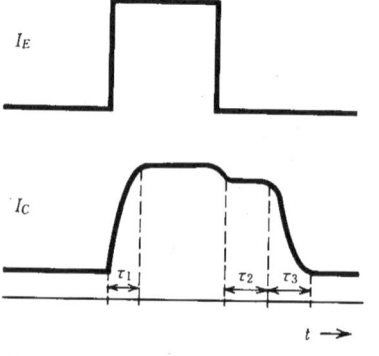

図7.16 スイッチング・トランジスタの応答特性

全に流れ（オン），立ち下り時間 τ_3 後にほぼゼロ（オフ）になる（図 7.16 参照）．τ_1 と τ_3 はトランジスタが活性状態にある時間に対応するから f_T に逆比例する．高速化には f_T の向上が必要となるので，スイッチング・トランジスタの構造は高周波トランジスタの構造に類似してくる．オン状態からオフ状態へ移る際の遅延時間 τ_2 は，少数キャリヤの蓄積時間で，これを小さくするために，再結合中心となる不純物（Si の場合にたとえば Au）を添加して高速化をはかる．不純物添加による少数キャリヤの寿命の減少は，接合の逆方向電流の増加をもたらすので，トランジスタ特性を低下させる．飽和形では高速化に限界があるので，超高速を実現するためには，非飽和形回路が必要となる．

演 習 問 題

7.1 バイポーラ・トランジスタの動作原理を説明し，増幅効果について論じよ．

7.2 バイポーラ・トランジスタの注入率 γ および到達率 β はどのようにすれば改善できるかを述べよ．

7.3 npn 形のドリフト・トランジスタのベースにおける不純物密度分布が指数関数的に変化し，エミッタおよびコレクタ接合における不純物密度が，それぞれ $10^{23}\,\mathrm{m}^{-3}$, $10^{19}\,\mathrm{m}^{-3}$ とする．この場合，ベースの幅が $1\,\mu\mathrm{m}$，および $2\,\mu\mathrm{m}$ のとき，ベース中におけるキャリヤの走行時間を求めよ．ただし，拡散定数を $5\times10^{-3}\,\mathrm{m}^2/\mathrm{s}$ とする．

7.4 7.2 でのバイポーラ・トランジスタの直流特性の解析は，ベース幅が一定と考えた．実際には，接合への印加電圧を変化させるとベース幅が変化する．このようなベース幅の変化がトランジスタの特性に与える影響を説明せよ．

7.5 バイポーラ・トランジスタの周波数特性を概説し，高周波領域で動作させるために用いられている構造を説明せよ．

7.6 パワー・トランジスタで扱える最大電力について説明し，それを大きくするための構造はどのようになるかを述べよ．

8 電界効果トランジスタ

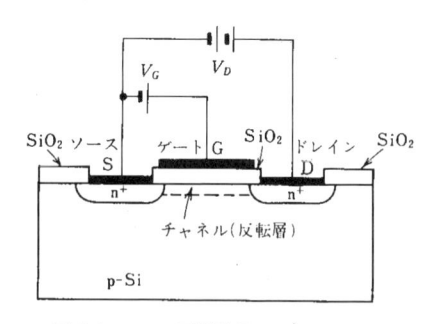

8.1 MOS電界効果トランジスタ

8.1.1 構造と原理

図8.1に示すようにp形シリコン（Si）表面の2個所にn^+層[†]を形成し，その上にオーム性電極をつけて一方の電極をソース（source），他方をドレイン（drain）という．ソースとドレインの間のp形Siの上部に絶縁層をつくり，その上に電極をつけてゲート（gate）とする．このような構造をしたものをMIS（metal-insulator-semiconductor）トランジスタ[††]という．絶縁層として酸化膜（SiO_2）が用いられることが多いので，しばしば，MOS（metal-oxide-semiconductor）トランジスタという．ゲートに電圧を印加しないとき，半導体表面はp形であるので，ソースとドレインの間にn^+pn^+の背中合わせのダイオードが入って電流はほとんど流れない．しかしゲートが十分大きな正の電位になると，絶縁層が容量の役割を果たし，p形Siはその奥から電子（p形では少数キャリヤ）を集めて，表面がn形に反転するので，n^+nn^+となって導電性をもつ．伝導形の変わった領域を反転層（inversion layer）といい，導電性をもつ領域をチャネル（channel，この場合nチャネル）という．n形Siを用いるとpチャネルができる．このチャネルの導電性はゲート電圧を変えることによって変わるので，これを電界効果

図8.1 MOS電界効果トランジスタ

[†] ドナー不純物を多量に添加してあることを意味する．
[††] 絶縁ゲート（insulated gate）形トランジスタということもある．

8.1 MOS電界効果トランジスタ

トランジスタ（FET : field effect transistor）という.

十分大きなゲート電圧が印加されていて，表面が完全に n 形に反転している場合のドレイン電流（I_D）-電圧（V_D）の関係について述べる．小さな V_D に対して，ソース・ドレイン間のチャネル領域は抵抗体のように振舞い，I_D-V_D 特性は直接関係を示す．V_D が増加するにつれて，ゲートと n 形反転層の間の平均的な電位差が小さくなり，絶縁層にかかる電界が弱まるので，半導体表面に誘起される負の電荷量が減少してチャネルの導電性が低下し，I_D-V_D 特性は直線関係からずれはじめる．さらに V_D が増加すると，ドレイン電極周辺の絶縁層にかかる電圧がさらに減少して反転層が維持できなくなる．この場合のドレイン電圧を V_P で表すと，この電圧でドレイン近辺では，半導体表面のチャネルが消えて空乏層となる（ピンチオフ（pinch off）という.）このとき，図8.2にみられるチャネル（反転層）の端（点P）における電位は，ゲート電圧 V_G を印加して，その点で反転層を形成するのにちょうど必要な値になっている．V_D がある値（V_P）を超えると V_D が増してもそのほとんどが空乏層に印加され，反転層端（点P）における電位がほとんど変化せず，ただ点 P がごくわずかだけソースの方へ移動するだけである．ドレイン電流は，反転層を流れて点 P で空乏層に飛び込むキャリヤによって運ばれている†．この電流の大きさは，反転層のソース端から点 P までの電位差で決まり，点 P はわずかしか移動しないので，V_D が変化してもほとんど変化しないといってよく，飽和値となる．このような I_D-V_D の関係を図8.3に示す．

図 8.2　MOSトランジスタのピンチオフ状態

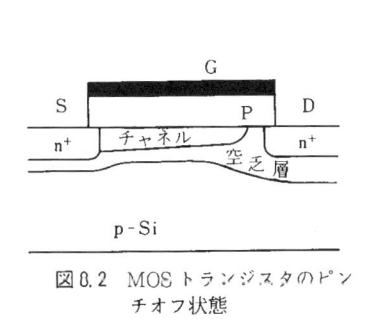

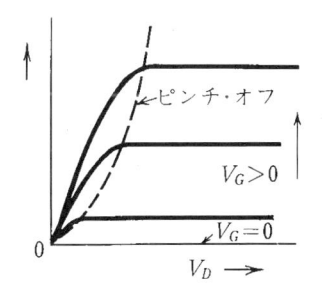

図 8.3　MOSトランジスタのドレイン電流-電圧特性

---

† 空乏層内にはキャリヤがないので電流を流さない．バイポーラ・トランジスタのコレクタ接合の空乏層では，ベースからキャリヤが飛び込めば，電流が流れる．ピンチオフはこの状態に相当している．

8.1.2 電流-電圧特性

電流-電圧特性を解析するために簡略化したモデルを考える．図 8.4 に示す構造において，ゲートに正の電圧が印加されると，絶縁物中の電界を介して表面チャネルに負電荷（電子）が誘起される．点 x におけるチャネル上の単位面積当りに誘起される電荷 $Q(x)$ は，

$$Q(x) = \varepsilon_i \varepsilon_o F(x) = \varepsilon_i \varepsilon_o \frac{V_G - V(x)}{d} \tag{8.1}$$

ここで，$F(x)$ は点 x における絶縁物内の垂直方向の電界，$V(x)$ はその点でのチャネルの電位，V_G はゲート電圧，d は絶縁物の厚み，ε_i はその比誘電率である．この誘起された負電荷（電子）が x 方向の電界 $dV(x)/dx$ によってドレインへドリフトし，チャネル内を流れるドレイン電流 I_D となるので，

$$I_D = Q(x) \mu \frac{dV(x)}{dx} w \tag{8.2}$$

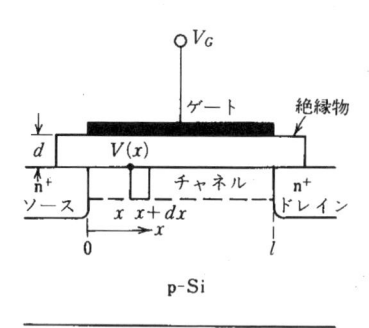

図 8.4 電流-電圧特性解析のための MOS 構造簡略図

である．w はチャネルの幅であり，μ はチャネル内の電子の移動度である．式 (8.1) (8.2) から I_D は，

$$I_D = \frac{\mu w \varepsilon_i \varepsilon_0}{d} \{V_G - V(x)\} \frac{dV(x)}{dx} \tag{8.3}$$

であり，電流連続の条件から I_D はチャネル内の任意の x で同一であるから，式 (8.3) を $x=0$ から l まで積分すると，左辺は次のようになる．

$$\int_0^l I_D \, dx = I_D \, l \tag{8.4}$$

一方，右辺の積分は，$V(0) = 0$, $V(l) = V_D$ であるので，

$$\frac{\mu w \varepsilon_i \varepsilon_0}{d} \int_0^{V_D} \{V_G - V(x)\} \, dV(x) = \frac{\mu w \varepsilon_i \varepsilon_0}{d} V_D \left(V_G - \frac{V_D}{2} \right) \tag{8.5}$$

となる．すなわち，

$$I_D = \frac{\mu w \varepsilon_i \varepsilon_0}{ld} V_D \left(V_G - \frac{V_D}{2} \right) \tag{8.6}$$

が I_D-V_D の関係である．

以上は理想的な場合であるが，実際の半導体では，表面状態の存在や絶縁物内の電荷のために反転層形成には，V_G がしきい電圧 V_T (threshold voltage) を越えなければならない．このためには上で述べた各式の V_G の代わりに $V_G - V_T$ とすればよい[†]．したがって，

$$I_D = \frac{\mu w \varepsilon_i \varepsilon_0}{ld} V_D \left(V_G - \frac{V_D}{2} - V_T \right) \tag{8.7}$$

となる．ピンチオフ状態は，$dI_D/dV_D = 0$ から求められ，ドレイン電流の飽和値は，以下の式 (8.8) となる．

$$I_D = \frac{\mu w \varepsilon_i \varepsilon_0}{ld} \cdot \frac{(V_G - V_T)^2}{2} \tag{8.8}$$

電界効果トランジスタの重要な特性として，相互コンダクタンス g_m を次のように定義する．

$$g_m \equiv \left. \frac{\partial I_D}{\partial V_G} \right|_{V_D = -\text{定}} \tag{8.9}$$

相互コンダクタンス g_m は次式となる．

$$\text{直線領域}: g_m = \frac{\mu w \varepsilon_i \varepsilon_0}{ld} V_D \tag{8.10}$$

$$\text{飽和領域}: g_m = \frac{\mu w \varepsilon_i \varepsilon_0}{ld} (V_G - V_T) \tag{8.11}$$

ゲート電圧 V_G が ΔV_G だけ変化するとチャネルに誘起される電荷量が変化し，その結果ドレイン電流が変化する．MOS電界効果トランジスタの応答特性は，ゲートの全電荷の変化 ΔQ_G がドレイン電流の変化 ΔI_D となるのに要する時間 t_o で表される．

$$\Delta Q_G = t_o \Delta I_D \tag{8.12}$$

これより，

[†] ゲート電圧 V_G がしきい電圧 V_T 以上になってはじめて反転層，すなわち，チャネルが形成される．

$$t_o = \frac{\varDelta Q_G}{\varDelta I_D} = \frac{\varDelta Q_G}{\varDelta V_G} \cdot \frac{\varDelta V_G}{\varDelta I_D} = \frac{C_G}{g_m} \tag{8.13}$$

ここに，C_G はゲート容量である．したがって動作の最高周波数は，この時間の逆数に反比例し，

$$f_o = \frac{1}{2\pi t_o} = \frac{g_m}{2\pi C_G} \tag{8.14}$$

上の議論では，ゲートに電圧を印加したときのチャネルの抵抗の変化を考えただけであるが，実際の素子では，ソースおよびドレイン電極での直列抵抗を考えなければならない．観測される相互コンダクタンスは，これら直列抵抗を含めたものになっているので，厳密な取扱いではこの点に注意する必要がある．

ゲート電圧がしきい電圧よりも低くて，半導体表面が弱い反転層となっているときのドレイン電流に注目する．この領域は，MOS電界効果トランジスタの低電圧，低電力動作で，特にディジタル回路のスイッチやメモリに応用するときに，スイッチのオン・オフ特性と関係するので重要となる．弱い反転層内ではドレイン電流は拡散電流が主となり，チャネル内のソースとドレイン部分での電子密度の差に比例する．電子密度は表面電位の指数関数で表されるので，ドレイン電流が式（8.7）とは異なり，ゲート電圧の指数関数で表される．そこで，ドレイン電流を1ケタ減少させるために必要なゲート電圧の変化をSで表し，

$$S \equiv (\ln 10) \frac{dV_G}{d(\ln I_D)} \tag{8.15}$$

を性能の目安とする．絶縁物-半導体界面に界面トラップがあるとSは大きくなる．

チャネル内のキャリヤの移動度は，チャネル内の電界に影響される．縦（キャリヤの流れに平行）方向の電界が弱い場合，ドリフト速度は電界に比例し，移動度は一定となる．しかし，この移動度は横（キャリヤの流れと垂直）方向の電界に依存し，横方向電界が強くなると移動度が小さくなる．また，縦方向の電界が強くなるとキャリヤの速度に飽和が見られるようになる．

8.1.3 MOSトランジスタの諸現象

(1) エンハンスメントとディプレッション

上に述べたようにゲート電圧を印加してチャネルが形成されるMOSトランジスタをエンハンスメント形 (enhancement type) といい，ノーマリ・オフ (normally off) 形ということもある．これに対して，絶縁物-半導体境界における界面状態などによって半導体表面のエネルギー帯が湾曲して，ゲート電圧を印加しないでも反転が起こり，チャネルが形成されている場合がある．これをディプレッション形 (depletion type) といい，ノーマリ・オン (normally on) 形ということもある．

nチャネルMOSトランジスタのエンハンスメント形およびディプレッション形のI_D-V_G特性ならびにI_D-V_D特性を図8.5に示す．pチャネルの場合には図8.5のV_Gの極性を変えればよい．

(2) 短チャネル効果

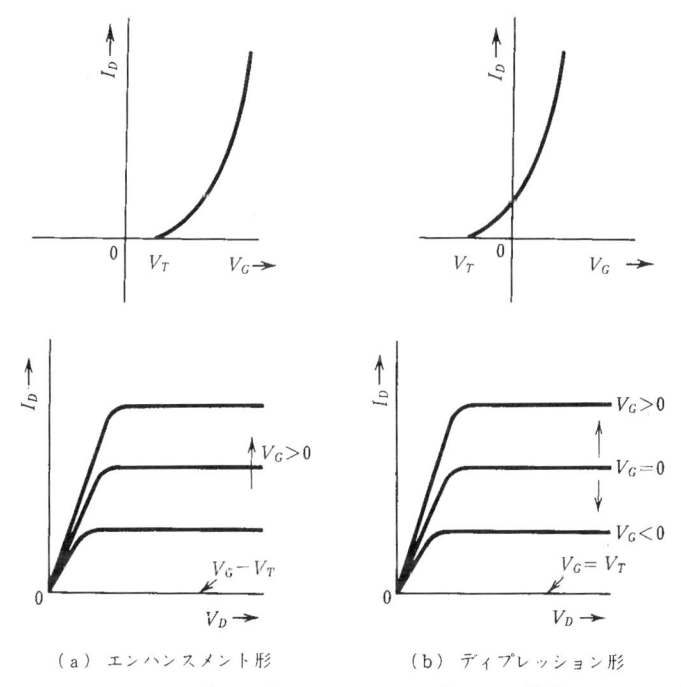

(a) エンハンスメント形   (b) ディプレッション形

図8.5 エンハンスメント形およびディプレッション形のI_D-V_G特性およびI_D-V_D特性

チャネル長が短くなると次のような原因のために，上述の動作特性からずれた特性を示すようになる．

① チャネル長が減るにつれて，ソースおよびドレイン接合の空乏層の広がりがチャネル長と同程度となる．この場合，チャネル内の電位分布は，ゲート電圧による横方向電界およびドレイン電圧による縦方向電界の両方に依存し，2次元となる．この電位の2次元分布は，上述したMOSトランジスタの動作特性をずれさせ，ドレイン電流やしきい電圧に影響を与える．また，パンチ・スルー効果のために電流飽和が起こらなくなる．

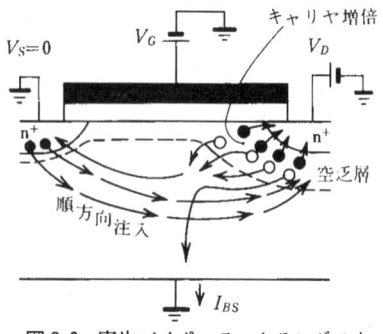

図8.6 寄生バイポーラ・トランジスタ

② 電界が増加すると，チャネル内のキャリヤの移動度は，電界依存性を示し，いわゆるホット・キャリヤ（3.6参照）となって速度飽和が生じる．この場合，移動度は電界が増加するにつれて減少するので，式(8.7)あるいは式(8.8)で表されるドレイン電流に影響を与える．電界がさらに増すと，ドレイン近くでのキャリヤの倍増が起こり，基板へ電流が流れて図8.6に示すような寄生のバイポーラ・トランジスタ動作を起こすようになって絶縁破壊電圧が変化する．また，この高電界はホット・キャリヤを絶縁物中へ注入して，しきい電圧をシフトするほか，相互コンダクタンスを低下させることになる．

短チャネル効果は望ましくないので，寸法および電圧を小さくして，内部電界を等価的に通常のMOSトランジスタと同じにすることによって，短チャネル効果を避けることができる．このために，縮小因子 (scaling factor) κ を用いて表8.1のように変えるとよい．この結果，接合の空乏層広がりが $1/\kappa$ となり，しきい電圧が $1/\kappa$ に下がる．寸法がすべて $1/\kappa$ となっているので，単位面積当りのトランジスタの数は κ^2 倍となる．キャリヤがチャネルを通過する時間は $1/\kappa$ となり，電力損失は $1/\kappa^2$ に

表8.1 短チャネル効果を防ぐためのスケーリング則

	通常のMOS	短チャネル効果をさけるスケーリング
チャネル長	l	l/κ
酸化膜厚	d	d/κ
チャネル幅	w	w/κ
接合深さ	r_j	r_j/κ
不純物密度	N_a	κN_a
ゲート電圧	V_G	V_G/κ
ドレイン電圧	V_D	V_D/κ

下る．MOS トランジスタの基本的特性である 8.1.2 で述べた諸関係は維持される．

8.1.4 特殊な MOS トランジスタ

(1) SOI (semiconductor on insulator)
絶縁物（insulator）単結晶基板上に単結晶 Si を成長させ，これに通常の MOS トランジスタを製作したもので，基板はトランジスタを絶縁分離するのに有用である．代表的な例として SOS (silicon on sapphire) がよく知られている．

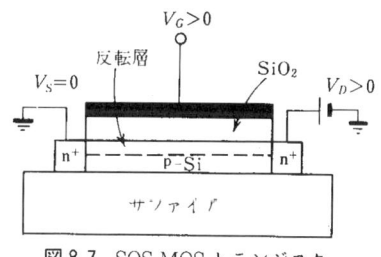

図 8.7 SOS MOS トランジスタ

サファイアの代りにスピネルを用いる場合もある．図 8.7 にその構造を示す．

Si 単結晶の表面からやや深いところに高濃度の酸素イオンを打込み，アニールによって SiO_2 の形成と表面 Si の単結晶性の回復をはかった構造の SIMOX (separation by implanted oxygen) もこの中に含まれる．

さらに単結晶 Si 表面に形成した SiO_2 を介して 2 枚の単結晶 Si を貼り合わせて直接結合し，上部の単結晶 Si を薄膜にまで研磨して SOI 構造とするウェーハ結合 SOI が活用されている．

(2) TFT
図 8.8 に示すように，絶縁物基板上に半導体薄膜を堆積し，これにソース，ドレイン電極用の金属薄膜，さらにゲート用の絶縁薄膜を順次堆積させて形成したものを薄膜トランジスタ (thin flm transistor : TFT) という．MOS トランジスタの特性を示すが，堆積法によって半導体

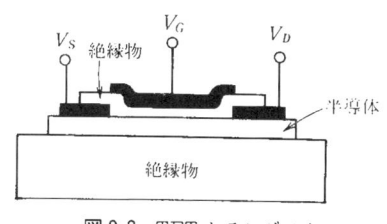

図 8.8 TFT トランジスタ

薄膜を製作するので，単結晶 Si や SOI を用いた MOS トランジスタに比べて性能はよくない．ガラスなど大面積の絶縁基板上に多数の MOS トランジスタを並べスイッチ素子などとする場合には，この構造が実用されている．半導体材料としてアモルファス Si (a-Si : H) や多結晶 Si が用いられる．

(3) V MOS

単結晶Siを加工して，図8.9に示すようなV字形の溝をもつようにしたものをV MOS（V-shaped grooved：V溝付き）トランジスタという．チャネル長lで，2つのチャネルが並列になっており，底部に共通のドレインをもっている．多くのトランジスタを並列に接続できるので，大電流，大電力の動作が可能である．プレーナ構造にするためには，n^+層をなくし，p層をp^+層で置き換えればよく，この場合は，チャネルがn層表面の反転層となり，右側がドレインとなる．

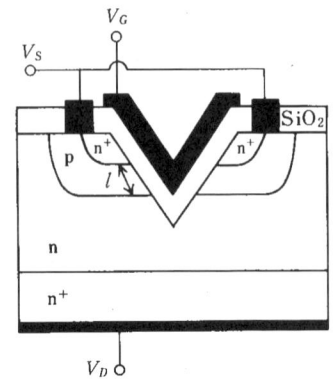

図8.9 V MOSトランジスタ

溝の形をU字形にするUMOSトランジスタもある．

8.2 接合形電界効果トランジスタ

図8.10に示すようにn形半導体の両端にオーム性電極をつけ，一方をソース，他方をドレインとする．側面に薄いp形層をつくり，この上にもオーム性電極をつけて，これをゲートとする．ソースとドレインとの間にドレイン電圧V_Dを加えると電流I_Dが流れる．この場合，半導体を流れる電流であるので，I_DはV_Dに比例して増加する．

図のようにゲート電極とソース電極との間にゲート電圧V_Gとして逆方向電圧を印加すると，pn接合の空乏層が広がるが，この部分は高抵抗であるので電流が流れず，ドレイン電流の流れている通路（チャネル）を狭める．したがって，ゲート電圧を変えると空乏層の広がりが変化し，半導体のコンダクタンスを変化させることができる．このような機構で動作するものを接合形電界効果トランジスタ（JFET）という．

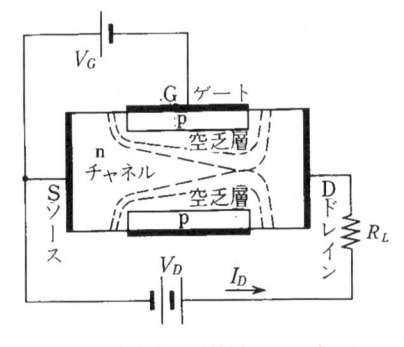

図8.10 接合形電界効果トランジスタ

ソースとドレインとの間にドレイン電圧がかかっていて，ドレイン側の電位が

高いので，ゲート電極のドレイン側は，ソース側より逆方向電圧が高くなって，その付近での空乏層の広がりは他より大きくなる．ゲート電圧を一定にし，ドレイン電圧を増していくと，ゲートにかかる逆方向電圧が増して空乏層が伸びる．チャネルが狭くなって抵抗が大きくなり，ドレイン電流-電圧の関係が直線からずれはじめる．さらにドレイン電圧が高くなると，空乏層がn形半導体内部の深いところまで広がり，ついには上下の空乏層が互いに接するようになる．このとき，ソースとドレインは高抵抗の空乏層で分離されることになる．この状態がピンチオフであり，電流値が飽和を示す．この電圧をピンチオフ電圧という．この場合の電流は，ソースとドレインを分離している空乏層を横切って流れており，その電流は空乏層が接した点でチャネル部から空乏層内に飛び込んだものである．電流の大きさはチャネルからのキャリヤの数によって決まり，これはソースから空乏層が接した点までの電圧降下によって決まる．ドレイン電圧がこのピンチオフ電圧 V_p 以上になると，ドレイン付近の空乏層でまだ接していない部分が広がる．この場合でも互いに接している部分の電圧は V_P で，ソースからこの点へ到達するキャリヤの数，したがって，ソースからドレインへ流れる電流は変化しない．すなわち，ドレイン電圧が V_P 以上になるとドレイン電流は増加せずに飽和する．

ドレイン電流-電圧特性は，MOSトランジスタのディプレッション形と同様である．

8.3 ショットキー障壁ゲート電界効果トランジスタ

接合形電界効果トランジスタのゲート部のpn接合の代わりに，金属-半導体接触のショットキー障壁で構成した電界効果トランジスタをショットキー障壁ゲート電界効果トランジスタ（Schottky barrier gate FET：SBFET）という．金属と半導体の接触を用いているのでMES（metal semiconductor）FETということが多い．接合形電界効果トランジスタに比べてゲート面積が小さくできるので，高周波特性が優れている．Ⅲ-Ⅴ族半導体のなかで移動度の大きなGaAsを用い

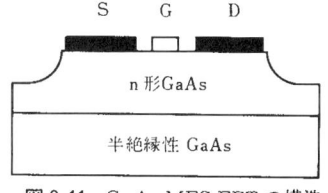

図8.11 GaAs MES FETの構造の例

た超高周波, 低雑音素子が実用されている.

GaAs MES FETの構造の断面を図8.11に示す. 半絶縁性 (抵抗率 $\rho = 10^4 \sim 10^6\,\Omega\text{m}$) の基板上に, n形エピタキシャル層を成長させてこれを能動層[†]として用いる. この上にソース, ドレインのオーム性電極を近接して設け, この間にゲート用ショットキー障壁を設けてある. ゲート直下のチャネル部にショットキー障壁の空乏層が存在しており, ゲート-ソース間に逆方向バイアス V_G を印加すると, この空乏層の幅が変化する. 空乏層が基板に到達した状態がピンチオフ状態になる. 素子特性は, n形能動層の電子密度, 厚さ, ソースとドレイン電極間距離, ゲート長ならびにゲート幅などに関係する. 特に高周波利得はゲート長にほぼ逆比例するので, ゲート長を極力小さくする必要がある.

GaAsを用いる場合に, ゲート電圧ゼロにおいて, 接合形電界効果トランジスタで述べた理論通りの飽和電流値に到達せずに, ほぼその1/10程度にとどまる. これは, 3.6で述べたように, 比較的低電界 ($3\times10^5\,\text{Vm}^{-1}$) で導電帯のL帯からU帯へ電子遷移を起こすために, 移動度に飽和が見られるからである.

ヘテロ接合における新しい技術, すなわち, モジュレーション・ドーピング (modulation doping) をGaAs MES FETと組み合わせた超高周波用デバイスをHEMT (high electron mobility transistor) という. モジュレーション・ドーピングとは, 電子を供給するためにドナー不純物を添加する領域と, 電子を走行させるための不純物添加のない領域を分けてつくることをいう.

図8.12にHEMTの構造を示す. 半絶縁性GaAs基板上に分子線エピタキシャル法などを用いて, 高純度のアンドープGaAs層とSiを添加したn形 $\text{Ga}_{1-x}\text{Al}_x\text{As}$ 層を形成する. GaAsの電子親和力が大きいため, $\text{Ga}_{1-x}\text{Al}_x\text{As}$ 中のSiドナーから供給された電子はGaAs層へ移動し, ヘテロ接合の界面付近に薄い電子層 (チャネル) が形成される. 図8.13にエネルギー準位図を示す. GaAs層には不純物イオンがないため, イオン化不純物散乱を受けずに, 移動度が大きくなる. この移動度増大は特に低温で顕著となる. GaAs MES FETと同様に, $\text{Ga}_{1-x}\text{Al}_x\text{As}$ 上にソース, ドレイン電極およびゲート電極が設けられている. ゲート-ソース間に電圧を印加すると, ソース-ドレイン間の電流制御ができる. HEMTの移動度は室温においてGaAs MES FETの1.3倍程度であるが, 77Kにな

[†] 半絶縁性GaAs基板に直接イオン打込みをしてn形層を形成する方法もよく用いられる.

図 8.12　HEMT の構造

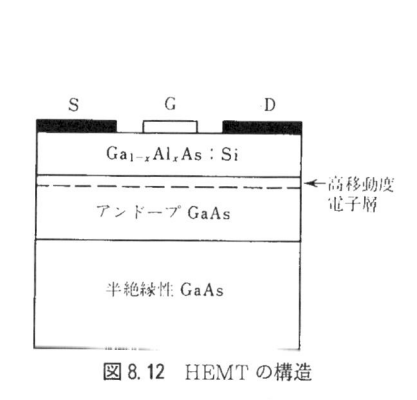

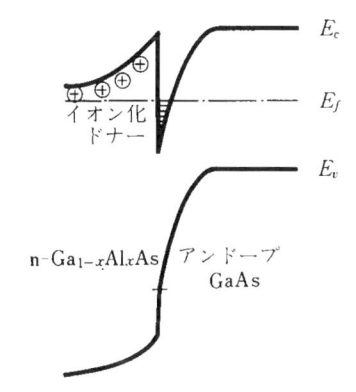

図 8.13　HEMT のエネルギー準位図

ると 6 倍以上に増大する．単体の超高周波トランジスタが製作され，広く活用されている．

8.4　静電誘導トランジスタ

電界効果トランジスタの電流-電圧特性は，電圧の増加に対して電流が飽和するが，電圧とともに電流の増加する非飽和形のトランジスタがある．静電誘導トランジスタ (static induction transistor : SIT) と呼ばれるもので，ソースからドレインに向かって流れる多数キャリヤの量を，ゲート電圧によって制御する電界効果トランジスタの一種である．

通常の電界効果トランジスタにおいては，ドレイン電圧が増加して，ピンチオフ状態に近づくにつれて，キャリヤの流れるチャネル幅が狭くなり，ソースからピンチオフ点までの直列抵抗が著しく増加する．この直列抵抗による電圧降下が実効的にゲートに重畳して，さらにチャネル幅を狭めて直列抵抗を増加させる．このようにしてピンチオフ状態に到る．ピンチオフ電圧以上のドレイン電圧の大部分は，ピンチオフ点とドレイン間に加わることになり，ここに電界効果トランジスタの電流-電圧特性が飽和することになる．

この直列抵抗の効果を小さくするように，

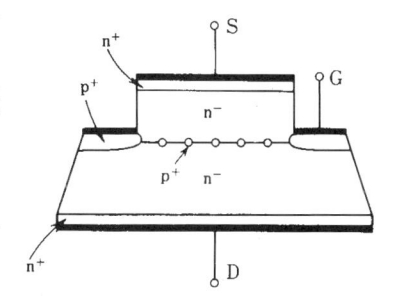

図 8.14　SIT の構造例

たとえば図8.14に示すような構造でチャネル長を十分短くすると非飽和特性を示すようになる．SITのチャネル部の不純物密度は極力小さくしてある（n^-）ので，ゲート電圧だけでピンチオフしている．すなわち，ゲート周辺のチャネル内に電位障壁が生じている．SITの電流輸送は，この障壁の高さの変化によるソースからドレインへ飛び込む多数キャリヤ数によって決まる．ドレイン側に飛び込んだキャリヤはほぼ飽和速度で移動する．障壁高さはゲート電圧V_Gによって増加し，ドレイン電圧V_Dによって減少する．SITの電流-電圧特性の一例を図8.15に示す．出力特性，ひずみ特性，温度特性などが優れているため，音響増幅器用に実用化されている．さらに，数MHzでkW級の出力が得られ，また，数百MHzから数GHzでの大出力個別素子として優れている．極めて低い電流値まで増幅度がほとんど一定に保たれるので，低電流動作状態でも優れた動作を示し，集積回路にすると高速度論理回路が可能となる．このほか，空乏層へ電子および正孔を注入させる構造を用いれば，サイリスタ動作もできるなど，きわめて応用範囲が広い．

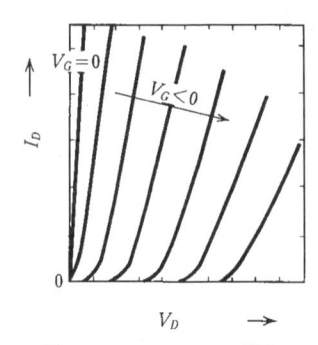

図8.15 SITのI_D-V_D特性

演習問題

8.1 MOS電界効果トランジスタの動作原理を論じ，周波数特性が何によって決まるかを述べよ．

8.2 短チャネル効果について説明せよ．

8.3 MOS電界効果トランジスタのスケーリング則について，その基本的考え方と具体例について説明せよ．

8.4 MES電界効果トランジスタの動作原理を述べ，応用について考察せよ．

8.5 モジュレーション・ドーピングの基本的考えを述べ，その応用としてのHEMTについて論じよ．

8.6 静電誘導トランジスタの動作原理について説明せよ．

9 集積回路

9.1 集積回路

　半導体基板中に，あるいは，表面に分離できない状態で，トランジスタ，ダイオード，抵抗，コンデンサの回路素子をつくり，その間を表面に接した配線で接続したものを集積回路（IC：integrated circuit）という．集積回路をつくり込んだ半導体小片をチップ（chip）という．1チップ内の素子数の集積度の違いによって，SSI（small-scale integration，$<10^2$），MSI（medium-scale integration，$10^2 \sim 10^3$），LSI（large-scale integration，$10^3 \sim 10^5$），VLSI（very large scale integration，$>10^5$）に分類される．メモリ用ICの場合は，集積度を素子数で表すが，論理回路用ICの場合には，ゲート数で表す．論理回路はメモリ回路より複雑であり，論理回路のゲート数は，素子数よりほぼ1ケタ少なくても集積度は同程度となる．
　バイポーラ・トランジスタを用いる場合と，MOSトランジスタを用いる場合で基本的な考え方が異なる．

9.2 バイポーラ集積回路

9.2.1 バイポーラIC用素子

　バイポーラICの基本的な考え方は，Si単結晶基板上にトランジスタ，ダイオードなどの能動素子と抵抗，コンデンサなどの受動素子を，所定の接続配線以外は電気的に絶縁されるように分離することである．図9.1にバイポーラICの一例の断面図とその回路構成を示す．

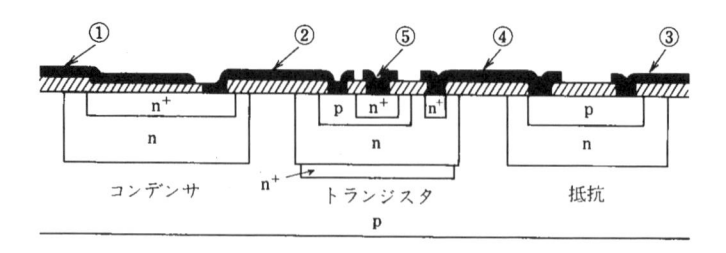

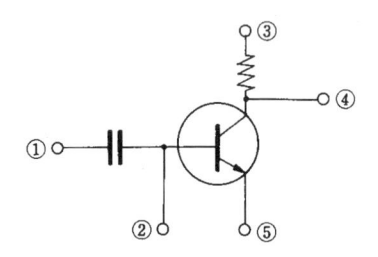

図 9.1 バイポーラ IC の一例

(1) トランジスタ，ダイオード

コレクタ接合の容量を小さくするために，コレクタ領域は高抵抗率のエピタキシャル層で形成する．また，コレクタの直列抵抗を下げるために，コレクタ領域の下に n^+ 埋込み層をつくってある．集積回路ではトランジスタ間の相互作用や寄生効果などの影響を極力小さくするために，パターン配置や形状および拡散工程に注意しなければならない．たとえば，大電流を流すためにエミッタ面積を広げ，エミッタ拡散を浅くしてエミッタ側面の容量を下げるとともに，エミッタ電流の集中を緩和し，ベース抵抗を小さくする．

また，同じ基板内に pnp トランジスタを作ることもできる．図 9.2 に示すように，npn トランジスタの製造工程のベース拡散において，エミッタとコレクタ

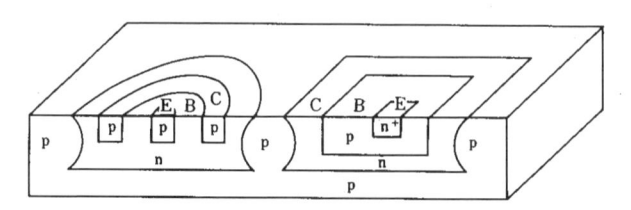

図 9.2 ラテラル pnp トランジスタと npn トランジスタ

を同時に形成すればよい．これをラテラル（lateral）・トランジスタ（横方向に pnp トランジスタができている）という．こうして，npn および pnp トランジスタを組み合わせた相補（complementary）トランジスタが形成できる．

ダイオードは npn トランジスタの一部を用いる．例えば，ベースとコレクタを短絡してエミッタ-ベース接合を用いる．

(2) 抵抗

集積回路の抵抗は，npn トランジスタの p 形ベース拡散と同時に製作する．抵抗値の低いものは，エミッタ拡散と同時に製作すればよい．図9.1右側にこうして作った抵抗の断面図を示す．抵抗値 R は近似的に

$$R = \frac{\rho}{x_j} \cdot \frac{l}{w} = \rho_s \frac{l}{w} \tag{9.1}$$

で表される．ここに，ρ は拡散領域の平均の抵抗率，x_j は拡散の深さ，l は長さ，w は幅であり，ρ_s はシート抵抗（$\Omega_\square^{-1}$）である．正確な抵抗値は，パターンによって変わる適当な補正係数を導入して求める．

(3) コンデンサ

(a) 酸化膜コンデンサ：図9.1左端のように，n^+ エミッタ拡散領域と配線用金属層の間に SiO_2 をはさんだものを用いる．このコンデンサには極性がなく，容量が一定であるという特徴をもっている．

(b) pn 接合コンデンサ：コレクタ用 n 形に，ベース層を拡散するときと同時に，p 層を拡散してつくった pn 接合の空乏層をコンデンサとして用いる．接合の実効容量は，接合面積，n 形エピタキシャル層の不純物密度と接合にかかる電圧の関数であり，極性をもっている．

9.2.2 製造工程

バイポーラ IC ではつくり込まれる素子が互いに影響を受けないように、素子間を電気的に絶縁すること，すなわち，分離（isolation）が主要技術の1つである．このための代表的技術として，pn 接合に逆バイアスを印加する方式と絶縁物を用いる方式がある．

(1) pn 接合分離方式

pn 接合分離方式の例を図9.3に示す．p 形 Si 単結晶に，コレクタの直列抵抗を小さくするための n^+ 埋込み拡散層を形成する．酸化膜形成後，リソグラフィ

工程で所定の場所のSiO₂を開孔し、そこにn形不純物を高密度に選択拡散する。埋込み領域が得られた酸化膜を全て除去し、n形Si (Sb, Asをドナーとする) をエピタキシャル成長させる。ついで、pn接合を用いた素子間の絶縁分離のための分離拡散を行う。このために、酸化膜を形成し、所定の領域をリソグラフィ

埋込み用 n⁺ 拡散

エピタキシャル成長

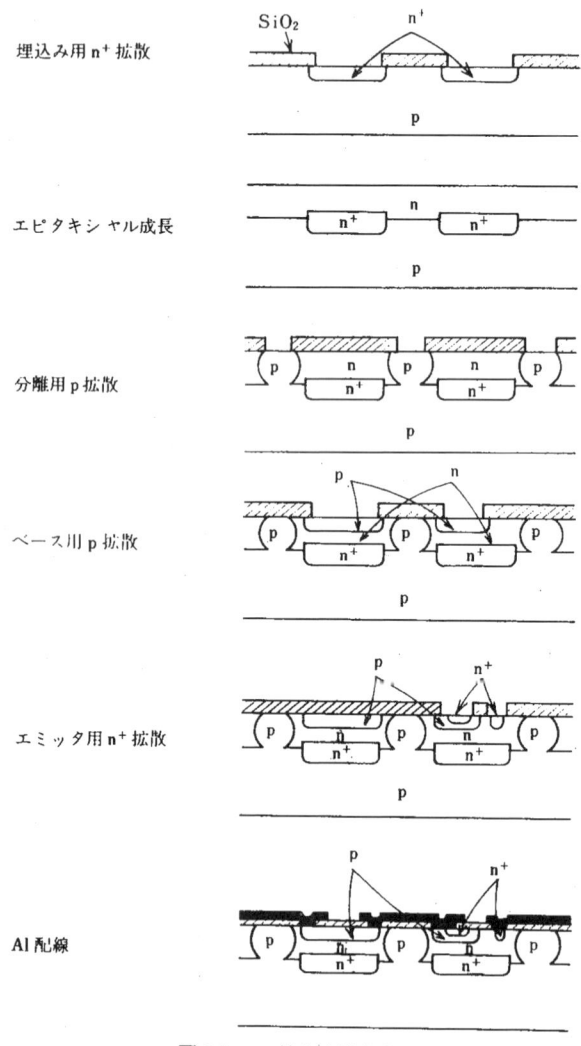

分離用 p 拡散

ベース用 p 拡散

エミッタ用 n⁺ 拡散

Al 配線

図 9.3　pn 接合分離方式

工程で開孔する．ここで，アクセプタ不純物（主としてB）をp形基板に達するまで拡散し，こうしてpn接合の分離で個別の島を形成する．分離用拡散に用いたSiO_2を全面除去し，所定の場所に，トランジスタのベース領域や抵抗領域を形成するためにリソグラフィ工程でSiO_2を開孔する．ベース領域拡散工程は，表面不純物密度と拡散の深さを精密に制御し，設計に合う層抵抗にすることが重要である．

酸化とリソグラフィ工程を繰り返して，エミッタ領域，金属-SiO_2-Si コンデンサの底部電極，およびトランジスタのコレクタ電極取出し用に所定領域のSiO_2を開孔する．これに不純物のPを高密度に拡散してn^+を形成する．この後，さらに酸化とリソグラフィ工程を用いて電極取出し用の開孔を行う．Alを蒸着し，不要部分をリソグラフィ工程で除去して配線を行うと，集積回路が完成する．

(2) 絶縁物分離

n形 Si 単結晶にコレクタの直列抵抗を小さくするためのn^+層を拡散する．酸化膜形成後，リソグラフィ工程で所定の場所のSiO_2を開孔し，エッチングでSiに深い穴をあける．表面に比較的厚い絶縁膜SiO_2を形成し，この上に多結晶Siを堆積させて裏打ちとする．単結晶 Si を研磨とエッチングで絶縁膜の頂上まで除去し，単結晶 Si の島構造を形成する．それぞれの島にトランジスタなどの素子を製作する．図9.4にプロセスの一部と絶縁物で分離された様子を示す．

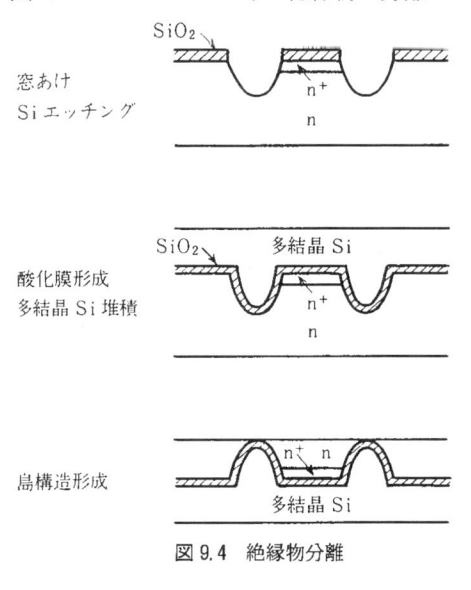

図 9.4 絶縁物分離

(3) アイソプレーナ方式

pn接合分離法を用いると接合の空乏層容量による寄生容量が大きくなる．そこで，寄生容量を小さくするための分離法として，pn接合分離と酸化膜障壁を用いるアイソプレーナ（isoplanar）方式がある．図9.5にその工程を示す．p形Si基板にn^+層を埋込み，これにn^-層†をエピタキシャル成長させる．CVD法でSi_3N_4を堆積させ，この上にCVD法でSiO_2を堆積，リソグラフィ工程を用いてSi_3N_4の所定の場所を開孔する（SiO_2はSi_3N_4を開孔するために用いる）．露出したSi表面をエッチングした後，これを酸化する．この場合，Si_3N_4で覆われている部分は酸化されない．すなわち，Si_3N_4を用いてSiを選択酸化する．この後，n^-Si上のSi_3N_4を除去すると，n^-Si層がSiO_2を用いて絶縁分離されることになる．

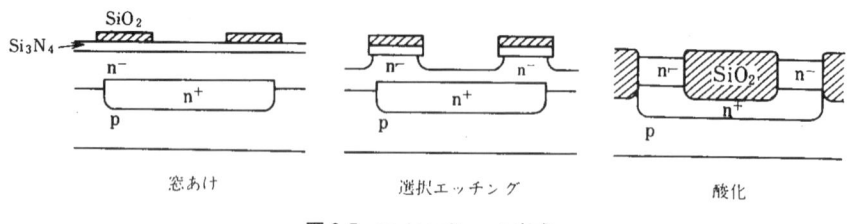

図9.5 アイソプレーナ方式

9.3 MOS集積回路

nチャネルMOS（以下nMOSと略記），pチャネルMOS（以下pMOSと略記），および両トランジスタを含む相補（complementary）形MOS（CMOS）がある．nMOSのキャリヤは電子で，pMOSの正孔より移動度が大きいので，nMOSの方が高速で動作する．ゲート電極にAlを用いるものと多結晶Siを用いるものがある．

9.3.1 MOS集積回路の分離

MOS集積回路における個別素子間の分離について考える．図9.6に示すよう

---
† 不純物密度が低いことを意味する．

に2つのトランジスタのドレインとソースの間に配線がある場合，配線の電圧が高くなると，その部分で絶縁物の下の半導体表面が反転を起こすことがある．この場合に誘起されたトランジスタは，設計にない寄生のトランジスタで回路動作に悪影響を及ぼすことになる．寄生のトランジスタを形成させないためには，しきい電圧を高くすればよい．このためには，
① 絶縁膜を厚くする
② 表面不純物密度を高くする
③ 絶縁物内に空間電荷を導入

すればよい．このうち③は特別な方法であって，通常は，絶縁膜厚さと表面不純物密度を制御する方法がとられる．絶縁膜を厚くすると効果的であるが，厚くなりすぎて MOS トランジスタの活性用絶縁膜との段差が大きくなると配線時に断線を生じることになるので注意しなければならない．②の不純物密度制御法でよく用いられる例を次に述べる．

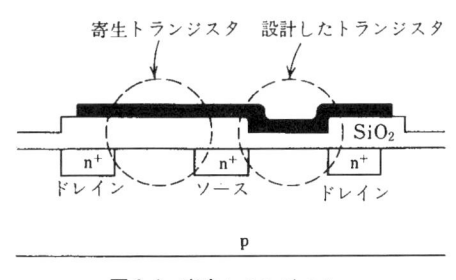

図9.6 寄生トランジスタ

9.3.2 局所酸化（LOCOS）法

多結晶 Si ゲートをもつ MOS トランジスタの製造工程を図9.7に示す．p形 Si を基板に用い，この上に CVD 法で Si_3N_4 膜を堆積し，レジストを塗布する．MOS トランジスタを製作する所定の位置以外の Si_3N_4 膜をリソグラフィ工程で除去した後，レジストをつけたままで B のイオン打込みを行うと，Si_3N_4 膜の下には B は打込まれない．打込まれた領域は p^+ 領域となって，MOS トランジスタ形成部以外の p 領域の表面が反転して寄生トランジスタになるのを防ぐ役割をする（チャネル・ストッパという）．レジスト除去後，熱酸化を行って Si_3N_4 膜の

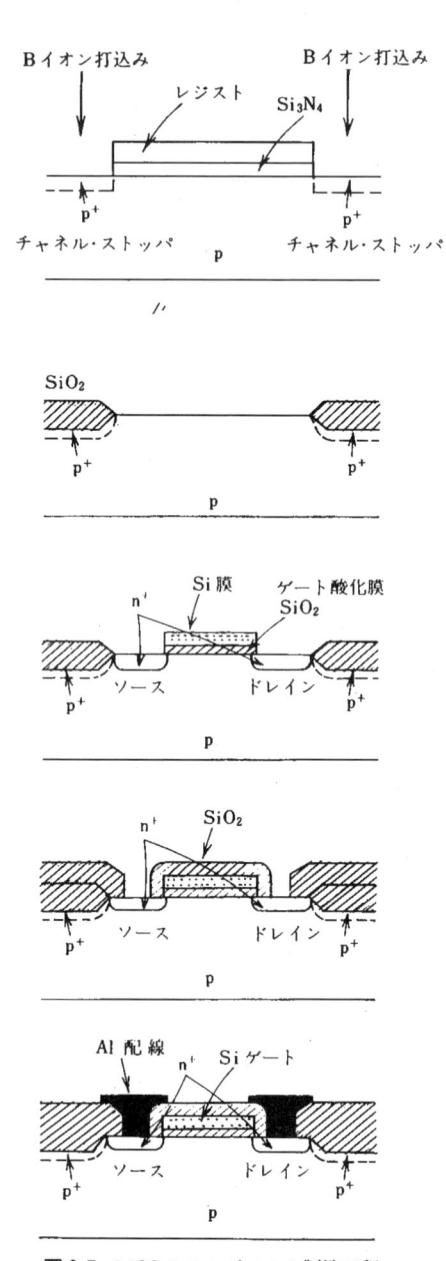

図 9.7 MOS トランジスタの製造工程

ない部分（p^+領域の上部）に厚いSiO_2膜を形成する．ついでリン酸でエッチングするとSi_3N_4膜のみが選択的に除去される．このように，Si_3N_4膜を利用してSi表面を選択的に酸化する方法を局所酸化(LOCOS : local oxidation of silicon)という．熱酸化によって薄いゲート用SiO_2膜を形成し，この上にCVD法で多結晶Siを堆積する．ついで，リソグラフィ工程によってゲート部以外の多結晶Siおよび薄いSiO_2膜を除去し，n^+用の不純物を拡散して，ソースおよびドレイン部の形成ならびに多結晶Siへのドーピングを行う．この上にSiO_2膜を堆積し，リソグラフィ工程で電極用穴を開ける．Alを蒸着して不要部分をリソグラフィ工程を用いて除去するとnチャネルMOSトランジスタが完成する．

LOCOS工程においては，Si_3N_4膜で覆われていない基板Siの表面部分を酸化する．このとき厚さ方向に酸化が進み，厚いSiO_2膜の約半分は，基板Si内に埋め込まれる．同時に横方向にも酸化が進行するので，Si_3N_4膜の端部の下にくちばし状のSiO_2層が生じる．これをバーズ・ビーク（bird's beak）という．このバーズ・ビークは素子間の最小距離を制限するので，集積度を向上させるときに重要な問題となる．

9.3.3 CMOS集積回路

よく用いられるMOS集積回路にCMOS集積回路がある．図9.8に示すように，pチャネルとnチャネルの両トランジスタを組み合わせた回路である．入力

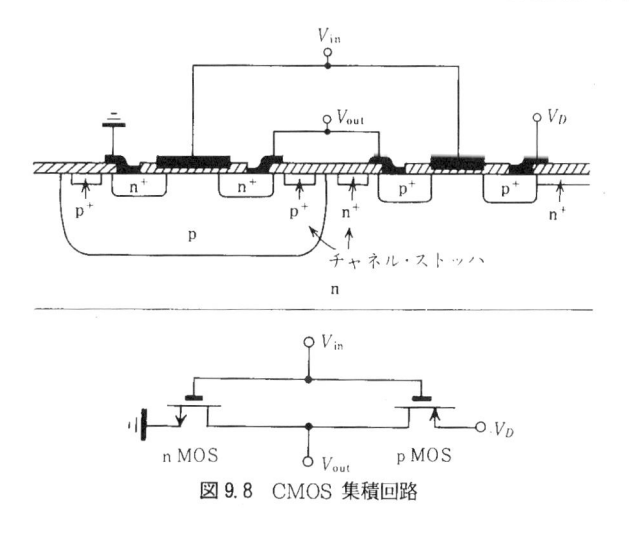

図9.8 CMOS集積回路

端子がアース (0) のときpチャネルがオン, nチャネルがオフとなり, 出力端子に正 (1) の出力がでる. 一方, 入力端子が正 (1) のときpチャネルがオフ, nチャネルがオンとなり, 出力はアース (0) となる. いずれの場合もMOSトランジスタの一方がオフとなるため, 静止状態で電力の消費がなく, 切替えのときにわずかの電力を消費する. CMOSはnMOSやpMOSに比べて機能当りの占有面積が大きく, 製造工程数も多いが, 低消費電力, 高耐雑音などの特徴をもっている.

9.4 メモリ用集積回路

9.4.1 メモリセル

メモリ用集積回路では, 記憶容量と読出し時間 (access time) が重要な目安になる. 一般にメモリ用集積回路には, 読出し方法, 書込みの可否, および記憶方法による分類法がある.

直列読出し (serial access) は, 一列に並べて書き込まれたデータを決まった順序で読み出す方法で, 読出し速度はデータの書き込まれた位置によって異なるが, その平均値は半導体メモリの中で最も遅い. 無秩序読出し (random access) は蓄えたデータの任意の場所にある情報を瞬時に読み出す方法で, 読出し速度は一定である.

読出しだけでなく, データの書込みもできるメモリをread/writeメモリという. 直列読出しと無秩序読出しがあるが, 無秩序読出しでRAM (random access memory) といえば, read/write形式のメモリを指す. 書込み不可能で読出し専用のメモリをROM (read only memory) という. ROMの中で, PROM (programmable ROM) と呼ばれる書込み可能なメモリもある. ROM, PROMともに読出しは無秩序に行われる.

使用されるデバイスには, バイポーラ・トランジスタ, MOSトランジスタがある. 読出し時間はバイポーラメモリの方が速いが, 記憶容量は製造工程数の少ないMOSメモリの方が大きい.

記憶のさせ方の違いによる分類としてMOSメモリで用いられるものに, フリップ・フロップによる2安定回路を用いたスタティック (static) メモリ (SRAM) と, MOS容量に記憶させるダイナミック (dynamic) メモリ (DRAM) がある.

9.4 メモリ用集積回路

ここでは，半導体メモリの主流となっているMOS RAMについて述べる．

図9.9はMOSスタティックメモリの基本回路で，1ビット(bit)のメモリセル(memory cell)を示している．6個のトランジスタを用いるもので6トランジスタMOSメモリともいう．トランジスタ T_1, T_2 はインバータ用，T_3, T_4 は負荷用で，この4個でフリップ・フロップ回路を構成している．T_5, T_6 は書込み，読出し用のゲートとして機能する．このメモリはセル当りの面積が大きく，図の T_1 または T_2 のいずれかのトランジスタがオンになっているため消費電力が大きい．T_3, T_4 の代りに高抵抗を用いる4トランジスタMOSメモリもある．

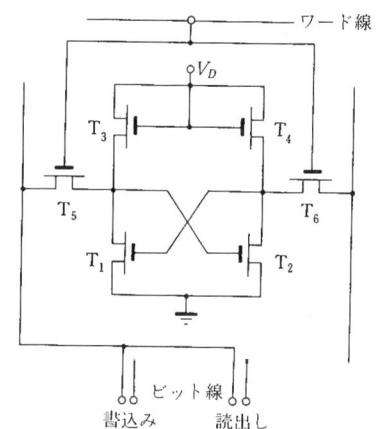

図9.9 MOSスタティック・メモリセル

図9.10に示したダイナミック・メモリセルは，1つのMOSトランジスタとコンデンサで構成されている．このセルでは，トランジスタをonに保っている間に，ビット線に低または高の電圧を与えて，コンデンサに電荷を蓄積するかしないかの状態をつくって書き込む．読出し時には，トランジスタをオンにして，ビット線を通してコンデンサに電荷が蓄積されているかいないかを読みとればよい．コンデンサに電荷が蓄えられているかいないかは，Si-SiO_2 界面で電荷が発生すると識別不可能となるので，そうなる以前にその状態を明確にするために，数msごとのリフレッシュ(refresh)操作が必要となる．しかし構造が簡単で集積度が上がるので大容量用に適している．

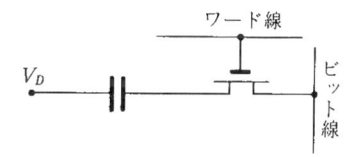

図9.10 MOSダイナミック・メモリセル

ここに述べた半導体メモリは，電源が切れると消えてしまうので揮発性メモリ(volatile memory)と呼ばれる．

9.4.2 半導体不揮発性メモリ

MOSトランジスタのゲート電極に工夫をこらして，電荷をゲート内に半永久的に蓄積させると，電源が切れても書き込まれた情報が失われないで記憶されて

いるので，不揮発性メモリ (non-volatile memory) として用いることができる．

(1) 浮遊ゲート素子 (floating gate device)

図9.11に示すようにMOSトランジスタと同様の構造であるが，ゲート電極[†]はどこにも接続されていない．浮遊ゲートの下の酸化膜 SiO_2 の厚さは約100nmである．この浮遊ゲートに電荷が蓄えられている状態が書込み状態で，ドレイン電圧を大きくしてなだれ破壊を起こせばこの状態になる．形成された電子・正孔対の電子が酸化膜内に飛込み，ドリフトによって浮遊ゲートに至るからである[††]．ゲートが負に帯電し，そのためにソースとドレイン間に反転層チャネルが形成されてトランジスタが導通状態になり，情報が書き込まれたことになる．浮遊ゲートの電子は，電源電圧が切れてもゲートから逃げ出すのに必要なエネルギーをもっていないので，この状態が半永久的に維持される．消去するためには，紫外線やX線照射によって電子をゲートから放出してチャネルをなくせばよい．全情報は同時に失われる．このような動作原理をもつものをFAMOS (floating-gate avalanche-injection MOS) と呼び，EPROM (erasable programmable ROM) として使われる．

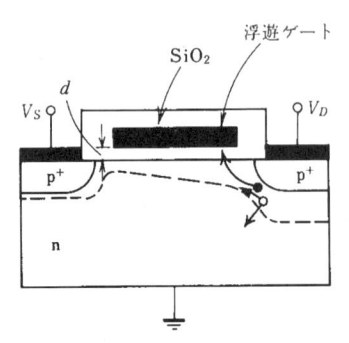

図9.11 FAMOSメモリ

(2) MIOS (metal-insulator-oxide-semiconductor) 構造素子

図9.12に示すように非常に薄い酸化膜 SiO_2（約2nm）をはさんで厚さ約50nmの絶縁膜（主に Si_3N_4 が用いられる）をゲートとする構造を用いる．SiO_2 – Si_3N_4 界面近傍に多数のトラップが存在し，これらのトラップとSi基板の間の酸化膜中を電子がトンネル効果で移動するので，これを利用して不揮発性メモリとしている．ゲート電圧に大きな正電圧のパルスを印加すると，Si基板の電子が SiO_2 – Si_3N_4 界面近くのトラップへトンネルする．この結果，ゲート絶縁膜が負に帯電し，このトランジスタのしきい電圧を正の方向にシフトさせる（表面が反転しトランジスタがオンとなる）．これを書込み状態とする．逆に大きな負

[†] 多結晶Siが用いられる．
[††] ドリフトのための電界は浮遊ゲートとソースおよびドレインの間での容量結合によって形成される．

電圧のパルスを印加すると，トラップに捕獲されていた電子が Si 基板に放出され，しきい電圧が負の方向にシフトして（トランジスタがオフとなり），消去される．この構造と動作原理をもつものを MNOS メモリ（N は nitride の頭文字）という．MNOS メモリは電気的に書込み，消去ができる．EEPROM（electrically erasable programmable ROM）として使われる．

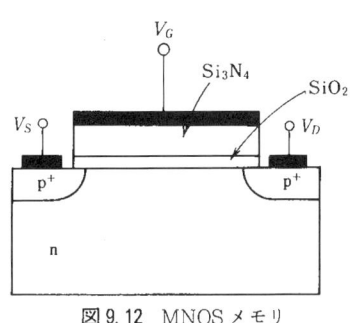

図 9.12 MNOS メモリ

(3) フラッシュメモリ

FAMOS，MNOS の不揮発性メモリを用いるときには，必ずその横に情報読出し用の MOSFET を必要とする．図 9.13 に示すように，通常の n チャネルの MOSFET のゲート酸化膜中に多結晶シリコンの浮遊ゲートを埋込んだ構造を用いるフラッシュメモリ（flash memory）は，メモリと読出しを 1 つで兼ねるので，電気的に書込み，消去ができ，集積度の上がる不揮発性メモリである．

書込みは制御ゲートに正電圧を印加して反転チャネルを形成させ，ドレインに比較的高い電圧を加えてチャネル内電子を高速で移動させて行う．ドレイン近傍で高いエネルギーを得た電子（熱い電子）が，浮遊ゲートへ飛び込んで負に帯電させる．制御ゲートから見たしきい電圧が高くなるので，書き込まれた状態となる．消去は，ドレインを開放にし，制御ゲートと基板を接地し，ソースに比較的高い電圧を加えて行う．浮遊ゲート中の電子がトンネル効果でソースに引張り出されて消費される．情報の読出しは，制御ゲートに通常の電圧を加え，ドレインに比較的低い電圧を与えて，MOSFET のオンかオフを見ればよい．

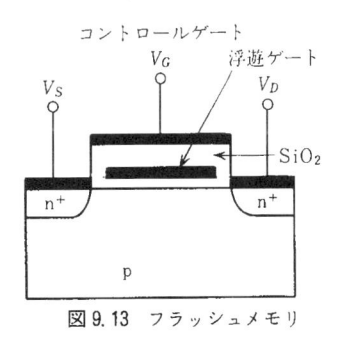

図 9.13 フラッシュメモリ

9.5 電荷転送素子

電荷を 1 つの塊として転送することによって種々の新しい機能を生みだす素子を，一般に電荷転送素子（charge transfer device : CTD）という．なかでも CCD (charge coupled device) は，MOS 構造において反転領域が形成されるまでの少数キャリヤの移動を利用したもので，互いに接近して並べた多数の MOS 素子間で電荷の転送を行う．

MOS 構造において，$t=0$ でゲート電圧を増加して半導体表面を空乏状態から反転状態に変える場合の過渡現象を考える．$t<0$ の空乏状態では，半導体表面に伝導電子が存在しないので，$t>0$ で反転状態になるためには，半導体内部から伝導電子を集めなければならない．時間が経過して定常状態になると，半導体表面に伝導電子が集められて反転状態になる．通常，MOS 構造ではこの時間は比較的長い．定常状態では，半導体表面に伝導電子を集めようとする電界の力と，伝導電子を半導体内部に押し戻そうとする拡散の力とが釣合っている．しかし，過渡状態においては，半導体表面に伝導電子がないため，印加したゲート電圧の大半は，半導体内の空乏層領域に加わっている．したがって，電界の力が強く，拡散の力が弱いので，半導体表面に伝導電子を送り込むと，その伝導電子は表面に留まっている．すなわち，表面にポテンシャルの井戸（well）ができ，その中に電子が留まっている．

図 9.14 のように MOS 構造を密集させておき，各ゲートに加えるパルス電圧を順次遅らせれば，ポテンシャルの井戸を移動させることができる．$t<0$ でゲート G_1 のみが高電圧になっていると，G_1 の井戸内に伝導電子が蓄えられている．

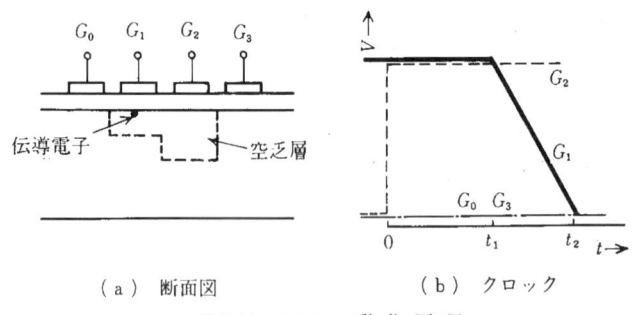

(a) 断面図   (b) クロック

図 9.14 CCD の動作原理

$t=0$ でゲート G_2 に高電圧が加わると G_2 に井戸ができる．G_1 と G_2 は近接しているので井戸は重なり合って 1 つになる．伝導電子間のクーロン反発力と拡散によって G_1 の伝導電子が G_2 に移りはじめる．$t=t_1$ で G_1 の電圧が下がりはじめると G_1 のポテンシャル井戸が浅くなるので，G_1 内の伝導電子は G_2 に移り，$t=t_2$

でG_2の電圧がG_1と同程度になるとG_1内の伝導電子のほぼすべてがG_2に移っている。この操作を繰り返すことによって伝導電子は半導体表面を渡っていく。

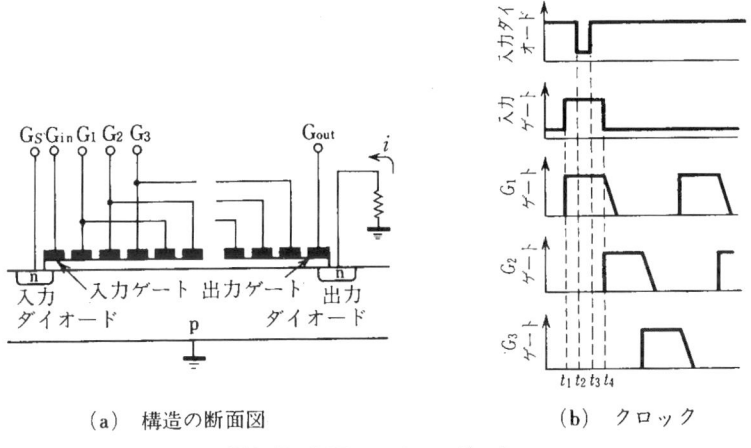

(a) 構造の断面図　　(b) クロック

図9.15　CCDシフト・レジスタ

図9.15 (a) にCCDシフト・レジスタの一例を示す。入力ダイオード，出力ダイオードには高い正電圧を与えておき，入力ゲート，出力ゲート下を深い空乏状態にしておく。同図 (b) に示すように，入力ダイオード，入力ゲートに入力パルスを，G_1，G_2，G_3ゲートに時間的に重なりのある三相クロック・パルスを加える。$t = t_1$ではG_1ゲートの電圧が高く，G_2，G_3は低い。$t = t_2$で入力ダイオードの電圧を下げると伝導電子は，入力ゲートを通してG_1ゲートの下に流れ込む。流れ込みの最終段では，入力ゲートとG_1ゲートの電位は，入力ダイオードと同じであるので，伝導電子は入力ゲートとG_1ゲート下に蓄えられる。$t = t_3$で入力ダイオードの電圧を高めると，入力ゲート下の伝導電子は，入力ダイオードを通して除去され，G_1ゲート下にポテンシャル井戸が作られて伝導電子が蓄えられる。次に，$t = t_4$ではG_1ゲートの電圧が下がり始めるとともに，G_2ゲートの電圧が高くなるので，G_1ゲート下の電子がG_2ゲート下に転送される。その後，G_3ゲートの電圧が高くなると伝導電子はG_3ゲート下に移りはじめ，転送が起こる。N周期経た後に伝導電子は第$3N$ゲート下に至る。出力ゲートと出力ダイオードには正電圧が印加されていて，第$3N$ゲート下まできた伝導電子を出力ダイオードに流し込んで電流として取り出す。すなわち，ディジタル信号

の遅延線 (delay line) となり，直列読出しのメモリとなる．入力ダイオードの電圧に信号電圧を重ねて変調すると，伝導電子の数が変調されるので，アナログ信号は N 周期を経た後，アナログ出力として取り出される．すなわち，CCD はアナログ信号の遅延線にもなり，遅延時間はクロック周波数を変えると任意に変更できる．

図9.15において，$t<0$ で G_1, G_2, G_3 ゲートの電位を0に保っておき，$t=0$ で G_1 のみに高電圧を印加すると，G_1 ゲート下にポテンシャルの井戸ができる．CCD の上面に1次元の光学像を照射すると，像の明暗にしたがって半導体内部で発生した電子・正孔対のうち，伝導電子が徐々に井戸に蓄えられる．したがって，適当な時刻に G_1, G_2, G_3 にクロック信号を加えて伝導電子を転送すれば，1次元の光学像を電気信号列に変換できる．また，CCD を2次元的に配列しておけば，2次元光学像を電気信号列に変換できる．このようにしてCCD は撮像デバイスとして広く使われている．

演習問題

9.1 バイポーラ集積回路における素子の電気的分離について代表例を取り上げ，その基本的考え方を説明せよ．
9.2 MOS 集積回路の分離について概説せよ．
9.3 CMOS 集積回路の重要な点は何か．
9.4 DRAM の重要性について論じよ．
9.5 半導体不揮発メモリの原理を述べよ．
9.6 電荷転送素子の動作原理を論じ，その応用について考察せよ．

10 半導体ホトニクス

10.1 太 陽 電 池

3.4 で述べたように,半導体 pn 接合に,その半導体の禁制帯幅より大きなエネルギーをもつ光を照射すると,半導体内に電子・正孔対が生成される.生成された電子・正孔対は,接合部に存在する内部電界によって分離され,p 側には正孔,n 側には電子が集められて,外部に起電力が生じる.このような原理で太陽光を電気エネルギーに変換する装置を,太陽電池(solar cell)という.

理想的な pn 接合の暗時(光照射のないとき)に流れる電流 I_d は,接合に加えられる電圧を V として,

$$I_d = I_0 \left\{ \exp\left(\frac{eV}{kT}\right) - 1 \right\} \tag{10.1}$$

で与えられる.ここに,I_0 は飽和電流である.光を照射したとき,外部回路を流れる電流 I は,

$$I = I_d - I_p \tag{10.2}$$

で表される.ここに,I_p は光で生成された電子,正孔によって運ばれる光電流である.したがって,光照射時の電流-電圧特性は図 10.1 に示すように,暗時の特性を $-I_p$ だけ平行移動したものとなる.ここで,電圧軸との交点を開放電圧 V_{oc} (open-circuit voltage),電流軸との交点を短絡電流 I_{sc} (short-circuit current) という.式 (10.2) で $I=0$ とおくと開放電圧 V_{oc} が得られ,

$$V_{oc} = \frac{kT}{e} \ln\left(1 + \frac{I_p}{I_0}\right) \tag{10.3}$$

で表される.短絡電流 I_{sc} は入射光強度に比例して増加するが,V_{oc} は入射光が弱いときはほぼ I_{sc} に比例し,光が強くなるとその対数に比例するようになる.この関係を図 10.2 に示す.

図 10.1　pn接合の暗時および照射時の電流-電圧特性

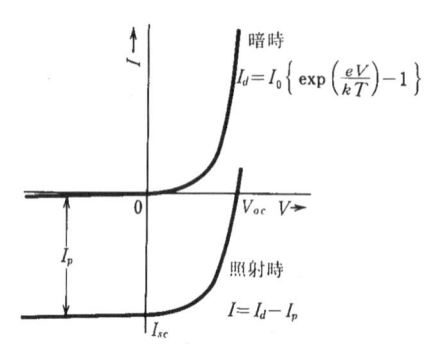

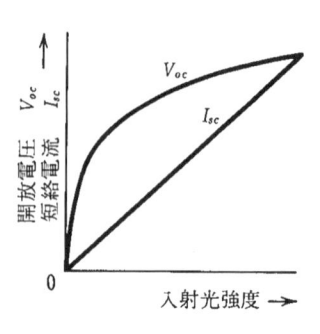

図 10.2　短絡電流，開放電圧の入射光強度依存性

図 10.1 の第 4 象限が外部に取り出せる電力となる．その大きさ P は，

$$P = IV = I_0 V \left\{ \exp\left(\frac{eV}{kT}\right) - 1 \right\} - I_p V \tag{10.4}$$

で表せる．取り出せる最大電力は $\partial P/\partial V = 0$ の条件から求められる．このときの電流を I_m，電圧を V_m とすると，最大電力は $I_m V_m$ で与えられる．I_{sc}, V_{oc} を用いて最大電力を，

$$I_m V_m = I_{sc} V_{oc} FF \tag{10.5}$$

と表すことが多い．ここに，FF は曲線因子（fill factor）と呼ばれるもので，接合の直列抵抗 R_s や並列抵抗 R_{sh} が関与している．太陽電池の等価回路および R_s, R_{sh} が特性に及ぼす影響を図 10.3 に示す．

太陽電池のエネルギー変換効率（conversion efficiency）η を，入射光エネルギーを P_{in} として，

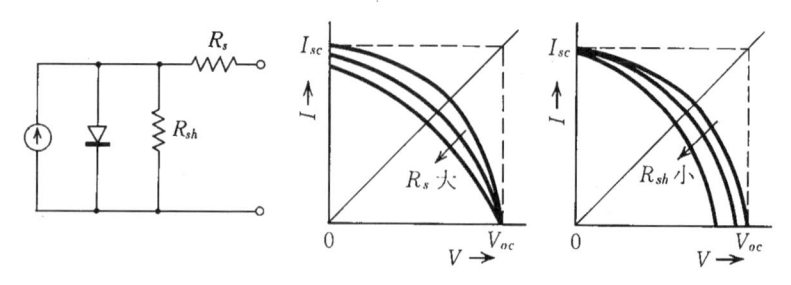

図 10.3　太陽電池の等価回路と出力特性

$$\eta \equiv \frac{I_m V_m}{P_{in}} = \frac{I_{sc} V_{oc} FF}{P_{in}} \tag{10.6}$$

で与える．ここに，入射光エネルギーは，入射光のスペクトル分布を $F(\lambda)$ とすると，

$$P_{in} = \int_0^\infty F(\lambda)\left(\frac{hc}{\lambda}\right)d\lambda \tag{10.7}$$

で与えられる．λ は波長，h はプランク定数，c は光速である．

素子のスペクトル応答を図10.4 に示す pn 接合について考える．n および p 形での少数キャリヤの拡散距離は，ともに接合の空乏層幅に比べて十分長いとする．接合部が表面から d の距離にあるとする．波長 λ の光の光子数を接合表面で Φ_0 とすると，表面から x における微小部分 dx で吸収された光によって生成される電子・正孔対の単位時間当りの割合は，表面で反射のない場合，

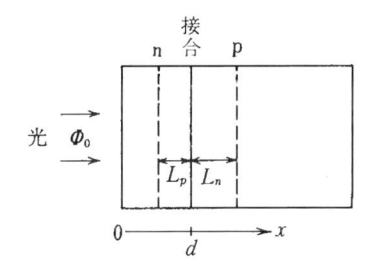

図10.4 スペクトル応答を計算するためのモデル

$$G(x) = \Phi_0 \alpha(\lambda) \exp\{-\alpha(\lambda)x\} \tag{10.8}$$

に比例することになる[†]．ここに，$\alpha(\lambda)$ は半導体の光吸収係数である．ある波長の光で生成された少数キャリヤは，接合部へ拡散していく．収集される少数キャリヤは再結合を考慮して，

n 側の正孔：

$$p_n = \int_0^d \Phi_0 \alpha \exp(-\alpha x) \exp\left(-\frac{d-x}{L_p}\right) dx \tag{10.9}$$

p 側の電子：

$$n_p = \int_0^\infty \Phi_0 \alpha \exp(-\alpha x) \exp\left(-\frac{x-d}{L_n}\right) dx \tag{10.10}$$

で与えられる．L_p, L_n は正孔，電子の拡散距離である．光電流は収集された少数キャリヤの和に比例する．入射光が等エネルギーのスペクトルをもっていれば光

[†] x における光子数 $\Phi(x)$ は半導体における吸収のために $\Phi(x) = \Phi_0 \exp(-\alpha x)$ で与えられる．したがって，x と $x+dx$ の間で失われる光子数は $\Phi(x)-\Phi(x+dx) \simeq \Phi_0 \alpha \exp(-\alpha x)$ で，これだけの光子が電子・正孔対を生成するのに使われる．

子のエネルギーは周波数に比例するので，光子数 Φ_0 が波長 λ に比例することになる[†]．波長 λ の光に対する光電流 I_l は，式 (10.9)，(10.10) の積分を実行して，

$$\frac{dI_l}{d\lambda} \propto \alpha\lambda\left[\frac{L_p}{1-\alpha L_p}\left\{\exp(-\alpha d)-\exp\left(-\frac{d}{L_p}\right)\right\}+\frac{L_n}{1+\alpha L_n}\exp(-\alpha d)\right]$$
(10.11)

となる．

素子のスペクトル応答 $dI_l/d\lambda$ は素子構造，材料定数の影響を受けるが，これがわかると，短絡電流 I_{sc} は，1つの光子が1対の電子・正孔を作るとして，

$$I_{sc} = eS\int_0^\infty F(\lambda)\frac{dI_l}{d\lambda}d\lambda \qquad (10.12)$$

で計算できる．ここに S は面積を表す．I_{sc} が求められると，式 (10.3) において $I_p = I_{sc}$ として V_{oc} が求められ，式 (10.6) を用いて変換効率が計算できる．式 (10.3) における I_0 は，材料の種類によって異なる n_i を含んでいる．この n_i は，禁制帯幅 E_g，有効質量 m_n^*, m_p^* などを用いて，

$$n_i^2 = 4\left(\frac{2\pi kT}{h^2}\right)^3(m_n^*m_p^*)^{3/2}\exp\left(-\frac{E_g}{kT}\right) \qquad (10.13)$$

で表される．これらを組み合わせると，与えられた入射光スペクトルに対して E_g を変えたときの変換効率が計算できる．図10.5に太陽光スペクトルをもとにして，E_g を変えたときの η の計算値を示す．図で AM 0，AM 2 は AM 数（air mass number）と呼ばれるもので，観測点付近での大気の影響を示す指標である．観測点での天頂と太陽のなす角度の secant で与えられる[††]．図より，$E_g \simeq 1.5\,\mathrm{eV}$ の材料を用いると η が最大になると予想できるが，この計算では E_g のみを変数として考えているので，現実には必ずしもこの通りにはならない．材料の移動度，少数キャリヤの寿命，不純物の添加量によって，あるいはエネルギー帯構造が直接遷移か間接遷移かによって光吸収係数が変わり，変換効率が変わる．

このほかに，ヘテロ接合，ショットキー障壁や MIS 構造などの内部電界が存在するものであれば，上述した太陽電池によく似た特性を示す．アモルファスシ

[†] 入射光のエネルギーは光子数と光子のエネルギーの積で与えられる．光子のエネルギーが周波数に比例するので波長に反比例する．したがって，入射光エネルギーが等しいとき，光子数は波長に比例する．

[††] たとえば，AM 2 は天頂から 60°の位置に太陽がある場合で，0°（AM 1）に比べて太陽が通過しなければならない大気層が厚いことを示している．AM 0 は大気圏外を意味する．

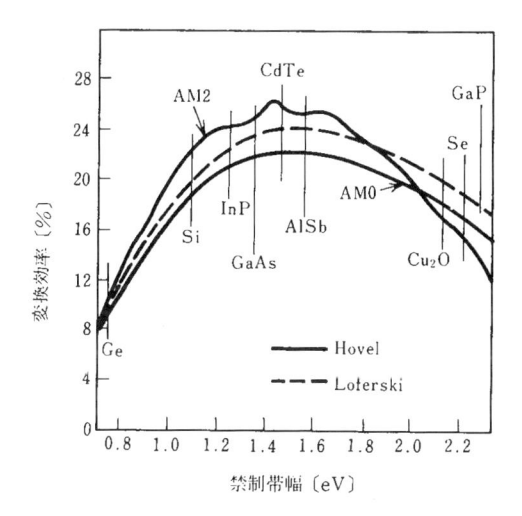

図 10.5 太陽電池の変換効率

リコン (a-Si:H) では，禁制帯内にギャップ状態 (gap state) が数多く存在するために，pn 接合の整流性がよくない．pin 構造にすると整流比が大きくとれるので，アモルファス太陽電池にはこの構造が用いられる．

太陽電池用材料には，単結晶シリコン，多結晶シリコン，アモルファスシリコンのほか，III-V 族半導体，II-IV 族半導体などがある．変換効率向上とコスト低減に重点が置かれている．

10.2 光検出素子

10.2.1 光検出素子の感度

光エネルギーを電気エネルギーに変換する方法には，光電子放出，光導電，光起電力効果などがあるが，これらの現象を利用して光を検出するときの感度の表し方に次の3つがある．

(a) 感度 R (responsivity)：一般的な感度の意味で，出力電圧または電流を入力の光子エネルギーで割った値で定義され，$[VW^{-1}]$ または $[AW^{-1}]$ の単位で表される．

(b) 雑音等価入力 NEP (noise equivalent power)：検出素子の単位周波数

帯域当りの雑音電圧 V_N（rms 表示）に等しい出力電圧を得るのに必要な入力光子のエネルギーで，

$$NEP = \frac{V_N}{R} \quad [\text{WHz}^{-1/2}] \tag{10.14}$$

で与えられる†．

(c) 検出率 D (detectivity)：NEP の逆数として定義されて通常の S/N と同じ意味をもち，$[\text{Hz}^{1/2}\text{W}^{-1}]$ の単位で表される．また，単位入射面積当りに換算した量として比検出率 $D^*[\text{mHz}^{1/2}\text{W}^{-1}]$ を用いることがある．D^* は，

$$D^* = (S \cdot \Delta f)^{1/2} \frac{\text{出力電圧の実効値(rmsV)}}{\text{入射光量(rmsW)} \cdot \text{雑音電圧(rmsV)}} \tag{10.15}$$

と書ける．S は検出素子の面積，Δf は周波数帯域幅である．

一般に，検出素子の感度は入射光の波長によって異なり，これらの感度を分光感度として表すことが多い．このほか，検出素子の性能を表すものとして，応答速度 (response speed)，または時定数 (time constant) がある．

10.2.2 各種の光検出素子

(1) 光導電セル

光を照射したときに導電性が増加する光導電性を利用したものを，光導電セル (cell) という．いずれの半導体も多かれ少なかれ光導電性を示す．真性光導電現象を利用するものとしては，可視光用として CdS，CdSe，赤外線用として PbS，PbSe，InSb，CdHgTe などがある．また，外因性光導電現象を利用するものとして，Si や Ge に不純物を添加したものがある．代表的な光導電セルの比検出率の分光特性を図 10.6 に示す．

(2) ホトダイオード

pn 接合に直列に負荷抵抗を接続し，これに逆方向バイアスを印加する．光照射がないとき，pn 接合に逆方向の微小電流（暗電流という）が流れている．この pn 接合に光を照射すると，禁制帯幅以上のエネルギーをもつ光によって電子・正孔対が生成され，接合の内部電界によって，電子は n 形へ，正孔は p 形へと分離される．これによって流れる光電流が暗電流に加わる．図 10.2 に示したよう

---

† 周波数帯域の平方根に依存するのは，6.4 雑音の項で述べたように，雑音電力が帯域幅に比例するからで，電圧表示をすれば周波数帯域の平方根に関係することになる．

10.2 光検出素子

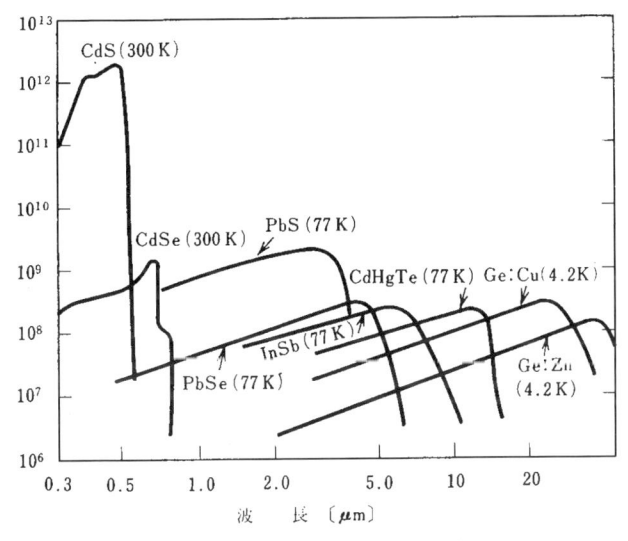

図10.6 代表的な光導電セルの特性

に光電流の大きさは光の強度によって変化する.このように pn 接合を用いて電流モードで利用する光電変換素子をホトダイオード(photodiode)という.

(a) pn ホトダイオード

ホトダイオードは,光によって生成された電子・正孔対を分離するために接合の空乏層に高電界を印加した素子であるので,応答を速くするためには,空乏層幅を狭くしてキャリヤの走行時間を短くすることが望ましい.この場合,逆方向バイアスを大きくすると移動時間が短くでき,接合容量も小さくできる.一方,量子効率(quantum efficiency:入射光子当り生成される電子・正孔対の数)を上げるためには,空乏層を広くして入射光をできるだけ吸収しなければならない.したがって,速い応答速度と高い量子効率を同時に満たすことはむずかしい.

量子効率 η は,

$$\eta = (I_p/e)/(P_{in}/h\nu) \tag{10.16}$$

で与えられる.ここに,I_p は光電流,$h\nu$ は入射光子のエネルギーである.したがって,感度 R は,

$$R = \frac{I_p}{P_{in}} = \frac{\eta e}{h\nu} = \frac{\eta \lambda e}{hc} \quad [\text{AW}^{-1}] \tag{10.17}$$

で与えられる.ここで,λ は入射光の波長,c は光速である.

(b) pinホトダイオード

pin形のホトダイオードは，i層すなわち空乏層幅を調節することによって，量子効率と応答速度を最適にできる利点をもっている．この場合，図10.7に示すようにi層が存在するので接合容量が小さくでき，また，逆方向の高電圧が印加できるのでキャリヤの空乏層走行時間を短くできて，高速動作が可能となる．

(c) アバランシェ・ホトダイオード

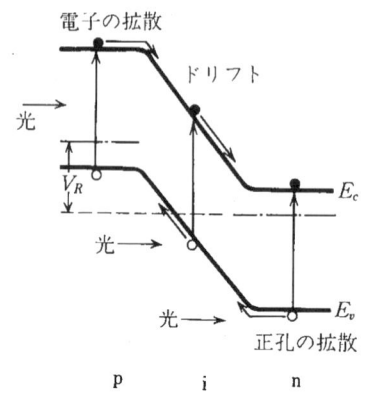

pinホトダイオードへの印加電圧を大きくすると，なだれ破壊によって逆方向電流が急激に増加する．このなだれ破壊は，p領域から注入された電子がi層中の高電界で加速されて，他の電子を次々にたたき出していく電子増倍効果によるものである．この現象を起こすために引金となる電子の注入が必要であるが，これを光照射によって生成された電子に行わせるのがアバランシェ・ホトダイオード（avalanche photodiode：APD）である．素子にはなだれ破壊が発生する寸前の電圧を印加しておき，光入射によってなだれ破壊を発生させる．

図10.7 pinホトダイオード

アバランシェ・ホトダイオードの不純物分布と逆方向のバイアス印加時のエネルギー図を図10.8に示す．

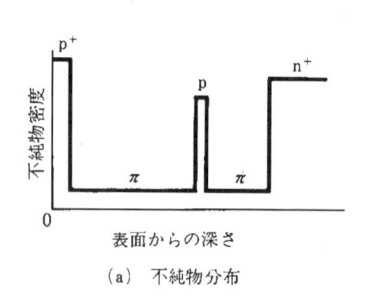

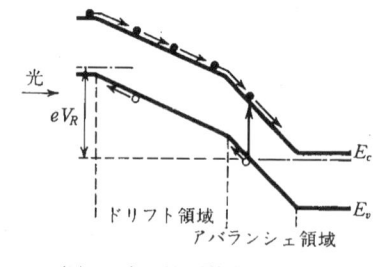

(a) 不純物分布　　(b) エネルギー図(逆バイアス印加時)

図10.8 アバランシェ・ホトダイオード

アバランシェ・ホトダイオードはpinホトダイオードの高速応答性に加えて，

内部での増倍作用を合わせもつので, 高速, 高感度の光検出素子となる.

アバランシェ領域でのイオン化による電子・正孔対生成は確率的現象であるので, ショット雑音の原因となる. 特に, 電子と正孔がともに増倍をもたらすとショット雑音が大きくなり, 光検出素子として望ましくない. 電子と正孔のイオン化係数に差のある材料が適している. 熱雑音がショット雑音に比べて大きい場合には, 増倍効果によって信号が大きくなるので, 信号/雑音比が改善できる.

ファイバを活用する光通信用に用いられるAPDには, Si ($0.6 \sim 1.0 \mu m$ 帯), Ge ($1.0 \sim 1.6 \mu m$ 帯) があるが, Geでは, 電子と正孔のイオン化係数がほぼ等しいために雑音が大きい. 近年, InGaAsP系 ($1.0 \sim 1.6 \mu m$ 帯) APDが低雑音光検出素子として開発されている.

(d) ホトトランジスタ

npnあるいはpnp接合を用いて, バイポーラ・トランジスタのベースに相当する部分に電極をもたない2端子素子をホトトランジスタ (phototransistor) という. この構造を用いるホトダイオードに比べて光検出の感度が非常に高くなる. 図10.9に示すように, エミッタ-コレクタ間にバイアス電圧を印加する. エミッタ側の接合J_Eには順方向バイアスが, コレクタ側の接合J_Cには逆方向バイアスがそれぞれ加わっているようにする. 光照射のない場合には, コレクタ接合の逆バイアスのために素子には電流が流れない. 光照射によって中央のp形ベース層で生成された電子と正孔のうち, 電子はコレクタ側へ拡散していくが, 正孔はエミッタおよびコレクタ接合の障壁があるためにp形層に滞留する. したがって,

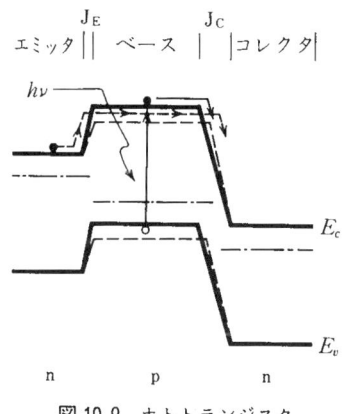

図10.9 ホトトランジスタ

p形層では空間電荷として正孔が過剰となり, 図10.9の点線で示すように導電帯の底, 価電子帯の頂上が下がる. このためにエミッタ-ベース間の接合の障壁の高さが減少して, エミッタからコレクタへの電子の移動が容易になる. すなわち, p形層で電子と正孔の対生成が行われると, 生成された電子による電流の他に, エミッタからコレクタへの電子の移動による電流が加わって大きな電流が流れることになり, 感度が非常に高くなる.

高感度にするためにコレクタ接合面積を大きくしてあり，そのために容量が大きくなって周波数特性がよくない．さらに，利得が高いために帰還効果で周波数特性が悪くなり，応答速度はホトダイオードに比べて2ケタほど低い．

10.3 発光ダイオード

pn 接合に順方向バイアスを加えると，p形からn形へは正孔の，n形からp形へは電子の注入が行われる．これらの注入された少数キャリヤは，平衡状態（バイアス電圧ゼロ）に比べて過剰であるので，多数キャリヤと再結合して平衡に戻ろうとする．すなわち，再結合が起こる．このとき，電子が低いエネルギー準位に遷移することになり，もっているエネルギーを光として放出する．少数キャリヤの注入による発光であるので，注入エレクトロルミネセンス（injection electroluminescence）といい，このような働きをするダイオードを発光ダイオード（light-emitting diode：LED）という．

再結合によって発光するためには，遷移に際して電子，正孔および光子の間でエネルギーと運動量が保存されなければならない．光子がもっているエネルギーは $h\nu$ であるので，運動量はド・ブロイの関係から $p = h/\lambda = h\nu/c$ となり，電子や正孔のそれに比べ非常に小さい．したがって，運動量保存則では光子の寄与する項が無視できて，電子と正孔が同じ運動量をもつときに再結合確率が大きくなり，発光が強くなる．エネルギー帯図で，図10.10(a)に示した直接遷移形構造をもつ半導体では，導電帯底の電子と価電子帯頂上の正孔の運動量が等しいので，再結合確率が大きく，発光が強くなる．

これに対して，同図(b)の間接遷移形構造の場合には，導電帯底の電子と価電子帯頂上の正孔の運動量が異なるので，運動量保存則が成り立つようにホノン（1.4参照）の介在が必要となり，再結合確率が小さくなる．この形の半導体では発光効率が低すぎて，そのままでは発光ダイオードに適さない．適当な不純物を添加すると再結合の確率が大きくなり，発光を強くすることができる．

放出される光の波長は，直接遷移形の場合にはその半導体の禁制帯幅のエネルギーに相当する波長となる．禁制帯幅 E_g と発光波長 λ の間には，$E_g = h\nu = hc/\lambda$ の関係がある．禁制帯幅が狭いとエネルギーが小さくなるので，発光波長が長くなる．間接遷移形の場合には，再結合中心を介しての発光となるので，発光波長

10.3 発光ダイオード

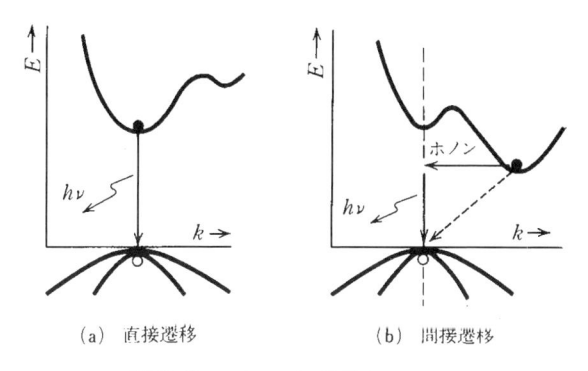

(a) 直接遷移　　(b) 間接遷移

図 10.10　エネルギー帯構造と発光過程

は前記の関係式で与えられる値よりも長くなる.

発光現象は人間が目に感じてはじめて表示などの実用に供される. 図 10.11 は視感度曲線と呼ばれるもので, どの波長の光をどの程度感じるかを平均的に表したものである. 最も強く感じるのが緑色で, これより波長が長い赤色や短い青色になるにつれて感度が悪くなる. 発光ダイオード用材料としては, 発光のための遷移確率が大きな

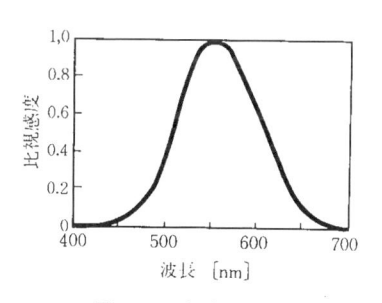

図 10.11　視感度曲線

直接遷移形の半導体, たとえば, GaAs が考えられる. しかし, 室温での禁制帯幅が 1.45 eV であるので, 発光波長は約 860 nm となって赤外領域にある. 発光効率は数十％に及ぶが, 可視発光ダイオードにはならない. 可視域 (400〜700 nm) の発光用には, 禁制帯幅にして約 1.8 eV 以上をもつ半導体でなければならない.

室温での禁制帯幅 2.26 eV の GaP が可視発光ダイオードに使われている. GaP は間接遷移形半導体であるが, 発光中心として p 層に Zn と O を添加すると効率よく赤色を発光する. この場合, 発光機構は次のように考えられている. アクセプタの Zn とドナーの O の対が導電帯の底から 0.3 eV の深さにトラップ準位をつくって, これに電子が捕獲される. ついで, 近傍の正孔が捕えられて励起子をつくり, これが再結合するときに発光する. あるいは, Zn と O の対によるトラッ

プ準位の電子が，アクセプタのZnに捕えられている正孔と再結合するときに発光する．

GaPにNを添加すると等電子トラップ (isoelectronic trap) として働いて，効率よく緑色を発光する．添加されたNは同じV族のPと置換する．Nの最外殻電子構造はPと同じであるが，電子の殻の構造がかなり異なり，電子を引きつけやすい．その結果，導電帯の底付近に電子のトラップ準位を発生させることになり，これを等電子トラップという．通常，等電子トラップは中性である．P形半導体では注入された電子がまずこのトラップに捕まり，ついで価電子帯の正孔が捕まって励起子を形成，これが再結合するときに緑色を発光する．

GaAsとGaPの混晶のGaAs$_{1-x}$P$_x$は混晶比xによって発光波長と発光効率が変化する．xの小さいところではGaAsの影響を強く受けて直接遷移形であるが，$x \simeq 0.45$以上になるとGaPの影響を強く受けて間接遷移形となり発光効率が低下する．図10.12には組成変化と発光波長ならびに発光効率の関係を示してある．直接遷移領域の組成を用いると赤色発光ダイオードが製作できる．間接遷移領域の組成のGaAs$_{1-x}$P$_x$にNを添加すると，GaPにおけるのと同様に等電子トラップとして働き，発光効率を高くする．この考えのもとに，組成を変えることによって，橙色，黄色の発光ダイオードが作られている．

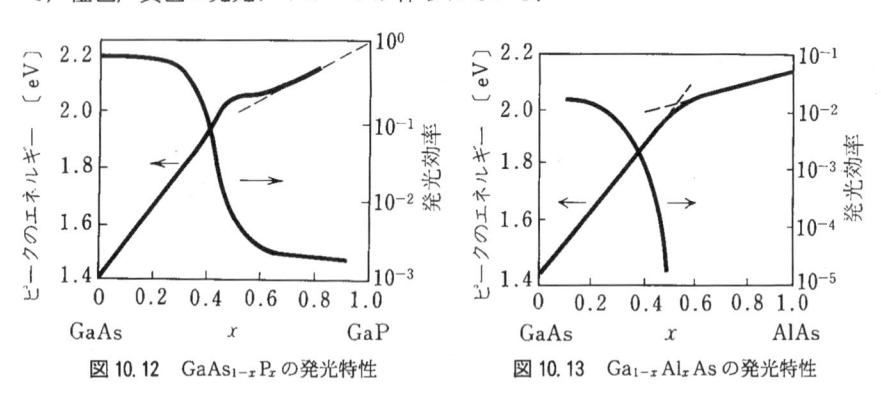

図10.12 GaAs$_{1-x}$P$_x$の発光特性

図10.13 Ga$_{1-x}$Al$_x$Asの発光特性

GaAsとAlAsの混晶Ga$_{1-x}$Al$_x$Asの場合にも図10.13に示すように同様のことが期待できる．AlAsも間接遷移形である．混晶比xの増加とともに発光効率は低下し，$x \simeq 0.4$が直接遷移領域の境界となる．この系は赤色発光ダイオードに使われている．

高輝度の発光ダイオードは，直接遷移形半導体のダブルヘテロ接合や量子井戸

10.3 発光ダイオード

構造（10.4参照）を用いるキャリヤ閉じ込め方式で実現されている．図10.14に $Ga_{1-x}Al_xAs/Ga_{1-y}Al_yAs/Ga_{1-x}Al_xAs$ での高輝度赤色発光ダイオードの断面構造を示す．

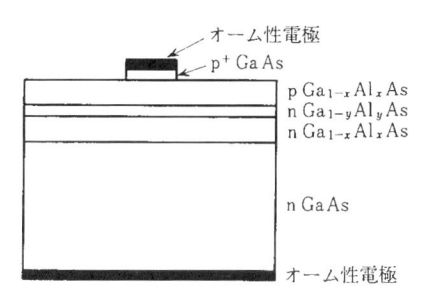

```
                    オーム性電極
                    p⁺ GaAs
            ┌──────────────────┐
            │                  │ p Ga₁₋ₓAlₓAs
            │                  │ n Ga₁₋ᵧAlᵧAs
            │                  │ n Ga₁₋ₓAlₓAs
            │                  │
            │     n GaAs       │
            │                  │
            └──────────────────┘
                    オーム性電極
```

図 10.14　GaAlAs 系高輝度発光ダイオードの断面

$(Al_xGa_{1-x})_yIn_{1-y}P$ 系半導体を用い，異なる3つのⅢ族元素の組成を変えて，直接遷移形半導体の禁制帯幅を調整し，赤色，橙色，黄色，緑色の高輝度発光ダイオードが作られている．ダブルヘテロ構造を用い，図10.15に示すような断面構造をもつ．

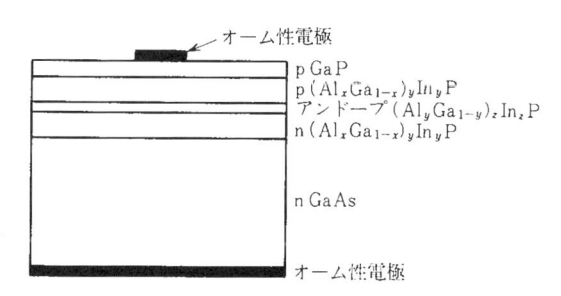

```
                    オーム性電極
            ┌──────────────────┐
            │                  │ p GaP
            │                  │ p(AlₓGa₁₋ₓ)ᵧInᵧP
            │                  │ アンドープ(AlᵧGa₁₋ᵧ)ₓInₓP
            │                  │ n(AlₓGa₁₋ₓ)ᵧInᵧP
            │                  │
            │     n GaAs       │
            │                  │
            └──────────────────┘
                    オーム性電極
```

図 10.15　AlGaInP 系高輝度発光ダイオードの断面

光の3要素（赤，緑，青）のなかで，青色発光ダイオードの開発には長期間の模索が続いた．Ⅳ-Ⅳ族半導体 SiC は，間接遷移形であるが，pn 接合が容易に作られる．ドナー不純物，アクセプタ不純物を適当量添加して，それぞれに捕獲される電子，正孔が再結合するときの発光を活用する青色発光ダイオードが開発された．

直接遷移形のⅢ-Ⅴ族半導体 GaN で，困難とされていた p 形が製作できるよ

うになり，高輝度の青色，緑色，黄色発光ダイオードが実現した．サファイア基板上に作られた発光ダイオードの構造例を図10.16に示す．ダブルヘテロ構造や量子井戸構造を用い，直接遷移形 $In_{1-x}Ga_xN$ の組成を変えて発光色を変える．

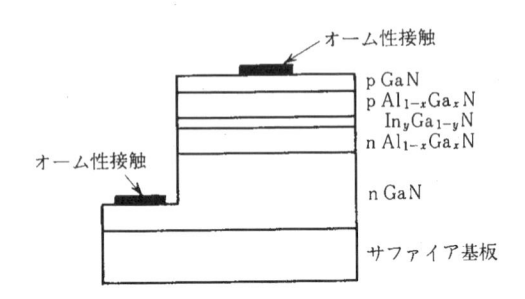

図10.16 AlGaN/InGaN系高輝度発光ダイオードの断面

発光ダイオードの動作電圧は低く（数V以下），電流も数〜数十mAで消費電力が少ない．また，寿命が長くて信頼性が高いという特徴をもっていて，パイロット・ランプや表示素子として大いに有用である．高輝度発光ダイオードは，赤色や橙色が自動車用ランプに，赤，黄，緑青色が交通信号に，赤，緑，青色を組み合わせて白色とするフルカラー発光ダイオードが大面積表示用などとして開発され，屋外で使用されている．

10.4 半導体レーザ

図10.17のように2つのエネルギー準位がある場合，外部から照射した光のエネルギー $h\nu$ が E_2-E_1 より大きければ光吸収が起こり，電子が E_1 から E_2 へ励起される．励起された電子はエネルギーを失って元の準位に戻るが，その場合，外部にエネルギーを放出する．放出エネルギーが光の場合，これを自然放出（spontaneous emission）という．この遷移には時間分布があり，時間的位相は揃っていない．適当な条件のもとでは，外部からの光によって E_2 から E_1 への遷移が促進

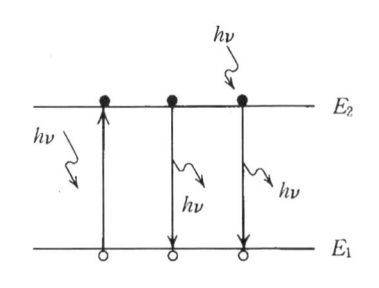

図10.17 自然放出と誘導放出

されて発光する．この場合の発光を誘導放出（stimulated emission）といい，遷移は外部光と時間的な位相が揃っている．多数の電子が関与すると光強度が増して光利得が生じる．

E_1およびE_2の準位にある電子密度をそれぞれN_1およびN_2とし，マクスウェル・ボルツマン分布で近似できるとすると，N_2とN_1の比は，

$$\frac{N_2}{N_1} = \exp\left\{-\frac{(E_2-E_1)}{kT}\right\} \tag{10.18}$$

となる．$E_2 > E_1$であれば$N_2 < N_1$となって，光を吸収してE_1からE_2に上る電子が，誘導放出でE_2からE_1に遷移する電子よりはるかに多い．したがって外部からみれば，通常は光の吸収だけが観測され，誘導放出はマスクされてしまう．しかしながら，なんらかの方法で高いエネルギー準位の電子の数を多くすることができれば，誘導放出が吸収より大きくなって光増幅ができることになる．これがレーザ（laser : light amplification by stimulated emission of radiation）の原理で，誘導放出を利用しての光増幅の意味をもっている．$N_2 > N_1$の条件は分布反転（population inversion）を表す．この条件を実現するには，外部から紫外線などを照射して分布を反転させる光ポンピング（optical pumping）法などがある．

直接遷移形の半導体（たとえばGaAsなど）のpn接合[†]の接合面と直交する2つの端面を平行で鏡面仕上げをして光共振器[††]とし，これに大きな順方向電流を流す．電流密度が低い間は，すでに述べた発光ダイオードと同じ振舞で，自然放出により図10.18に示すように幅広いスペクトルをもつ．ある電流密度以上になると急激に発光強度が強くなり，鋭い分光特性（狭帯域幅）をもったレーザ光となる．レーザ発振が開始するときの電流をしきい電流（threshold current）という．半導体の禁制帯幅に相当する電圧を印加し，順方向の大電流を流して多量の電子と正孔を注入すると，図10.19(a)に示すように空乏層内での電子と正孔の密度が高くなって，

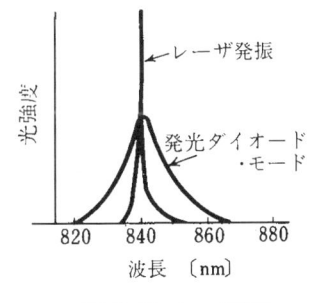

図10.18　レーザ発振

[†] 半導体レーザ用には縮退したp形，n形が用いられる．
[††] ファブリ・ペロ（Fabry-Perot）共振器という．

この部分で分布反転状態が生じる．導電帯中の電子は価電子帯の正孔と再結合して発光する．発光した光は電磁波として共振器内を伝播する．図10.19(b)のように端面が鏡面仕上げになっているのでそこで反射される．その結果，電波の空

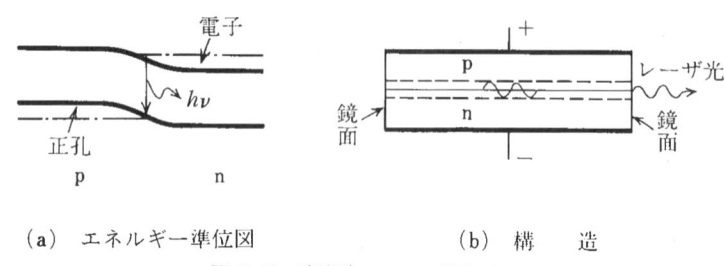

(a) エネルギー準位図　　　　　(b) 構　造
図10.19　半導体レーザの動作原理

洞共振器のように，空間的に同じ位相をもつ光だけが強調されて，鋭い分光特性をもった発光となる．共振器内の伝播や反射における損失がある．しきい電流では，誘導放出による利得と共振器の損失が釣合っている．

　レーザ光は時間的，空間的に位相が揃っており，このような光はコヒーレント（coherent：可干渉性の）光といわれ，単色光で指向性が強い．

　半導体レーザが室温で連続発振するためには，低電流密度で分布反転を起こすように注入効率を上げ，さらに注入された少数キャリヤの再結合によって発生した光を，半導体共振器内に閉じ込めるのがよい．このために，ダブルヘテロ（double hetero：DH）構造が用いられる．図10.20に$Ga_{1-x}Al_xAs/GaAs$のDH構造のエネルギー図および屈折率変化を示す．DH構造を用いることにより，エネルギー障壁差によるキャリヤの閉じ込め（carrier confinement），ならびに，屈折率差による光閉じ込め（light confinement）が同時に行われている．この領域を活性層（active layer）と呼ぶ．両側にある広い禁制帯幅領域をクラッド（clad）層という．

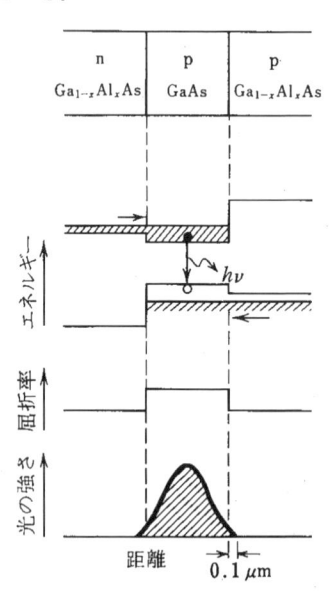

図10.20　$Ga_{1-x}Al_xAs/GaAs$ ダブルヘテロレーザ

10.4 半導体レーザ

　DH 構造におけるキャリヤの閉じ込めのためには，活性層のキャリヤがクラッド層に入り込まないように，障壁の高さを熱エネルギーの 10 倍程度（室温では 0.25 eV）とするのが望ましい．このためには，クラッド層の組成を変えればよい．また，DH 構造は，屈折率の異なる活性層を挟んだ 3 層構造となっているので，光導波路が形成されており，光閉じ込め係数（confinement factor）が定義されている．活性層の厚さが減ると，光はクラッド層へ広がり，活性層内の光強度が弱くなる．光閉じ込め係数は活性層の厚さと関係し，しきい電流の大きさを変える．活性層が厚くなると高次モードが存在するようになる．

　DH 構造を用いても，少数キャリヤ注入用の電極が全面にあれば，活性層の横方向の幅広い領域からレーザ光が放射される．複数個のレーザビームが放射されたり，横方向の基本モード以外の高次モードが混入する．図 10.21 に示すストライプ（stripe）構造では，電流の流れる場所を限定し，レーザ動作領域を狭めているので，発振箇所が 1 箇所となり，横方向の基本モードのみが発振する．これを横モード（transverse mode）の単一化という．ストライプ構造では，しきい電流が下がり，接合面が内部に閉じ込められているので信頼性が上がり，接合面積が小さいので応答速度が上がる．数多くのストライプ構造形成法がある．

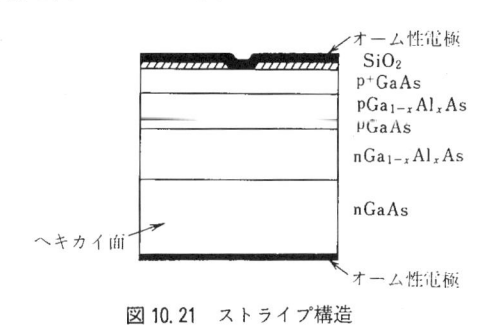

図 10.21　ストライプ構造

　半導体レーザの基本特性は，電流-光出力特性で表される．光出力はしきい電流以上で急激に増大してレーザ発振状態となる．このとき，光出力は電流に比例する．発振状態における電流-光出力特性の傾きを微分量子効率（differential quantum efficiency）と定義し，半導体レーザの性能を表す指標となる．

　しきい電流 I_{th} は温度 T の指数関数

$$I_{th} \propto \exp(T/T_0) \tag{10.19}$$

で表される．T_0 は特性温度で，T_0 の高いほど温度依存性が小さい．

ファブリ・ペロ共振器をもつレーザのしきい電流近傍での発振スペクトルは，ほぼ等間隔のとびとびのピークからなり，縦モード（londitudinal mode）と呼ばれる．縦モードスペクトルは長さLの共振器内に波長λの定在波がいくつ存在するかという条件

$$\frac{\lambda}{2} \cdot \frac{m}{n} = L \tag{10.20}$$

から決まる．nは光導波路の屈折率，mは整数である．縦モードの間隔は共振器長に反比例し，通常250μm程度の共振器長であるので，約数Å程度の間隔となる．レーザ出力を増すとパワーは，1本の縦モードに集中し，他のモードは飽和して単一縦モード発振となる．レーザによっては出力を増しても多縦モード発振を維持するものがあり，また高速変調時には，多縦モード発振が見られる．

図10.22に示す分布帰還（DFB：distributed feed back）型レーザでは，光導

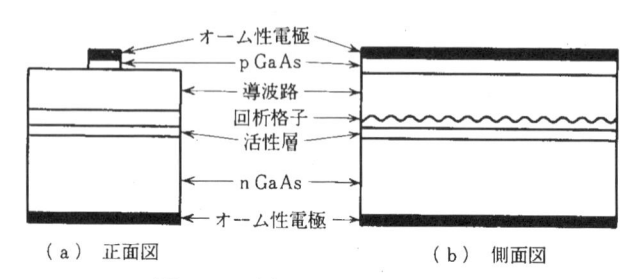

（a）正面図　　　　　　　　　　（b）側面図
図10.22　分布帰還（DFB）レーザ

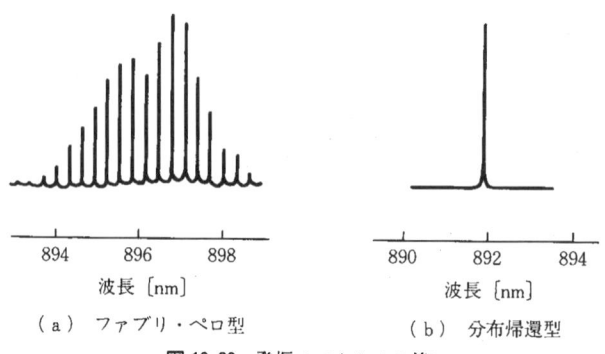

（a）ファブリ・ペロ型　　　　　　（b）分布帰還型
図10.23　発振スペクトルの違い

波路に設けた周期的な凹凸が回折格子として導波光を反射する．ファブリ・ペロ共振器のような反射鏡の必要がなく，単一の縦モード発振をする．図10.23に発振スペクトルの違いを示す．

DH構造の活性層厚さを極端に薄くし，キャリヤのド・ブロイ波長程度にした，図10.24に示すような量子井戸（quantum well）構造を用いると，井戸層内のエネルギーが2次元的に量子化される．すなわち，導電帯，価電子帯のエネルギーが離散的になる．離散的なエネルギー準位間で再結合が起こるので，井戸層の禁制帯幅以上のエネルギー（短波長）をもつレーザ発振が可能となる．これを多層構造として用いた多重量子井戸（MQW: multi quantum well）レーザでは，量子微分効率が上がり，低しきい電流が達成できて，しきい電流の温度変化が小さくなる．

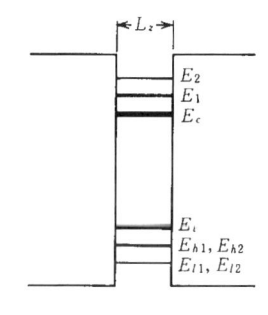

$Ga_{1-x}Al_xAs$　GaAs　$Ga_{1-x}Al_xAs$
図10.24　量子井戸

半導体レーザに用いられる材料は，直接遷移形のバンド構造をもつものに限られる．レーザの発振波長は禁制帯幅と逆数関係にある．ファイバ通信用光源には，$Ga_{1-x}Al_xAs/GaAs$ や $InP/In_{1-x}Ga_xAs_{1-y}P_y$ の近赤外レーザが用いられる．光ディスクメモリやレーザプリンタ用に赤色レーザが実用化されている．緑から青色領域の波長をもつレーザに期待がかけられ，$Ga_{1-x}Al_xN/In_{1-y}Ga_yN$ を用いた青色レーザが実現されている．このほか，InSb，PbSe やその混晶などの禁制帯幅の小さな半導体を用いた赤外レーザがガス検出などの特殊用途に使われる．

演習問題

10.1　受光部面積 $4\,cm^2$ の Si 太陽電池に，太陽の放射エネルギー $850\,W/m^2$ を照射したとき，最適負荷抵抗 $5\,\Omega$ のもとで，最大出力を与える電流は $100\,mA$ であった．この太陽電池のエネルギー変換効率を求めよ．

10.2　光検出素子の応答速度を速くする方法を述べよ．実際の素子の応答速度を特性表などで調べよ．

10.3 pinホトダイオード，アバランシェホトダイオードの動作原理について説明せよ．

10.4 発光ダイオードの動作原理を説明し，可視発光ダイオードにはどのような半導体が用いられているかを調べよ．

10.5 半導体レーザの動作原理を説明し，室温，連続発振を可能にした構造について説明せよ．さらに，半導体レーザの応用について論じよ．

11 パワーエレクトロニクス

11.1 整流ダイオード

11.1.1 pinダイオード

pnダイオードの間に，不純物を添加しないi層を挿入したpinダイオードは，整流用ダイオードとしてもっとも早くから用いられた．順方向にバイアスしたときに，i層は，p層から正孔が，n層から電子が少数キャリヤとして大量に注入されて高注入状態となり，伝導度変調（conductivity modulation）を受けることになって，極端に低抵抗となる．逆方向ではi層の存在によって高耐圧化が可能となる．したがって，順方向で低抵抗，逆方向で高抵抗の理想ダイオードとなる．

しかしながら，2つの大きな問題がある．1つは，ターンオン時に急激な電流増加があるとき，高抵抗i層の存在のために，順方向電圧降下に極端なオーバーシュートが現れることである．電流増加速度が注入されたキャリヤの拡散速度より大きいと，少数キャリヤがi層全体に広がるまでの間，定常状態の電圧降下より1桁程度大きくなることがある．通常，パワー回路にはトランジスタなどの能動素子を併用するが，バイポーラ・トランジスタのエミッタ・ベース接合にこの電圧が印加されると絶縁破壊を起こす．

より重大な問題は，逆方向での遅い回復特性である．順方向から逆方向へのターンオフ時には，順方向時に注入された少数キャリヤの蓄積現象と，それに続く再結合過程が関与する．極性の切り替わり時に，順方向と同程度の逆方向電流が流れる．パワー回路のトランジスタにこの電流が流れると電力損をもたらし，素子の信頼性を損なうことになる．

高周波インバータ用のフィードバックダイオードとして数kHz以上で動作させるために，スイッチ速度を小さくし，ターンオフ時に変化する電荷量を少なく

した，高速ダイオードが開発されている．

11.1.2 ショットキーダイオード

金属-半導体接触を用いるショットキーダイオードでは，順方向電圧降下は障壁層高さによってきまり，小さくてすむ．しかしながら，障壁層が低いと逆方向のリーク電流が増えて，最大使用温度が下がる問題点があるので，最適値を選ぶ必要がある．電流輸送には多数キャリヤが関与するので，スイッチ速度が小さくなり，ターンオフ時に変化する電荷量が極めて少なくすむ．順方向電圧降下にオーバーシュートを起こさない．

ショットキーダイオードでは逆方向阻止特性を向上させるために，エッジ終端 (edge termination) が重要である．金属の端部で電界集中が起こるために電流が増え，絶縁破壊電圧以下でゆるやか（ソフト）な絶縁破壊を起こす．エッジ終端の例を図11.1に示す．

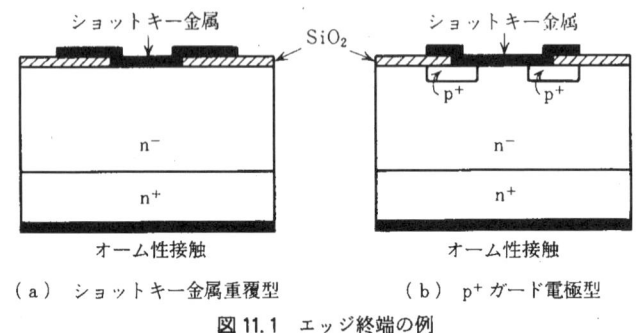

図 11.1 エッジ終端の例
(a) ショットキー金属重覆型　(b) p^+ ガード電極型

高耐圧用ショットキーダイオードにおいては，ドリフト (n) 層の固有オン抵抗 (specific on-resistance) R_{sp} は，空乏層幅 w およびドナー密度 N_d に依存して，

$$R_{sp} = w/e\mu n N_d \tag{11.1}$$

で与えられる．絶縁破壊時の w は，破壊電圧 V_b と絶縁耐力 F_b を用いて

$$w = 2V_b/F_b \tag{11.2}$$

で表され，N_d と V_b, F_b は，

$$N_d = \varepsilon_0 \varepsilon_s F_b^2 / 2eV_b \tag{11.3}$$

であるので,
$$R_{sp} = 4V_b{}^2/\varepsilon_0\varepsilon_s\mu_n F_b{}^3 \tag{11.4}$$
となる.これより,高耐圧用には,絶縁耐力 F_b の大きなワイドギャップ半導体材料が導通時の抵抗が格段に小さくなるので,優れている.

11.2 パワートランジスタ

11.2.1 バイポーラ・トランジスタ

パワー用のバイポーラ・トランジスタ(7章参照)には,電力増幅ができ,高電圧,大電流が扱えることが要求される.通常,小さなベース電流で大きな電流をオン・オフできる npn トランジスタのエミッタ接地が使用される.動作原理は信号用と同じであるが,順方向阻止モードでのコレクタ電圧が高いことのほか,ベース層がパンチ・スルーを起こさないように設計する.

図 11.2 にバイポーラ・トランジスタのエミッタ-コレクタ電圧 V_{CE} とコレクタ

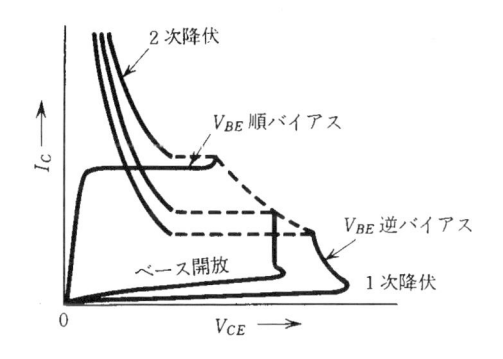

図 11.2 バイポーラ・トランジスタの降伏現象

電流 I_C の関係を示す.V_{CE} がある値を越えると1次降伏(first breakdown:なだれ破壊)が起こる.さらに,電圧が増加すると,2次降伏(second breakdown)が起こる.2次降伏は動作中に接合部の局部に電流が集中して温度上昇が起こり,コレクタ-エミッタ間でなだれ破壊を起こして大電流が流れ,電圧が低下する現象をいう.

バイポーラ・トランジスタは少数キャリヤ素子であるので,ターンオフ時には,

少数キャリヤの蓄積現象と再結合現象が関与し,動作周波数が高くならないことのほか,電力損が大きくなる.

パワー・トランジスタとしての動作は,コレクタ-エミッタ間電圧とコレクタ電流の通電幅できまる図11.3の安全動作領域で行う.電流上限,電圧上限が領域を決め,さらに,接合温度が安定動作に影響する.トランジスタの熱抵抗を一定とすると,接合温度の上限に対して使用できる電力は一定となるので,勾配-1の直線が電力上限となる.高電圧では2次降伏が生じ,勾配-1.5〜-2程度の電力上限となる.パルス動作では安定動作領域が広がる.

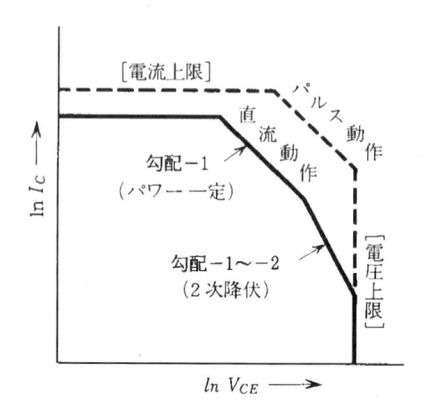

図11.3 順方向安全動作領域

バイポーラ・トランジスタは電流駆動型であり,動作状態でのベース電流は,コレクタ電流の1/5〜1/10程度必要である.また,高速のスイッチ速度を得るために逆方向のベース電流はさらに大きくしなければならない.このためにベース駆動回路が複雑となる.さらに,温度上昇とともに順方向電圧降下が小さくなるので,並列運転の際にエミッタ間の均衡がとれていないと,1つの素子に電流が集中することになり,安定動作ができなくなる.

11.2.2 MOS電界効果トランジスタ

MOS電界効果トランジスタ(MOSFET)(8章参照)では,制御信号はゲートの金属電極に加える電圧であり,オン状態,オフ状態に関わらず,定常的なゲート電流は流れない.オン,オフ間のスイッチの場合もゲート容量を充電・放電するだけであるので,少なくてすむ.入力インピーダンスが大きいので,ゲート駆動回路が簡単になる.

図11.4に代表的なパワーMOSFETの断面図を示す.DMOSFETは,p層,n^+を2重の不純物拡散(double diffusion)で形成されるので,その名がついている.UMOSFETは,ゲート領域がU字型に溝を掘った基板内に形成されるので,その名がついている.いずれの場合もゲートへの正電圧印加によって,酸化

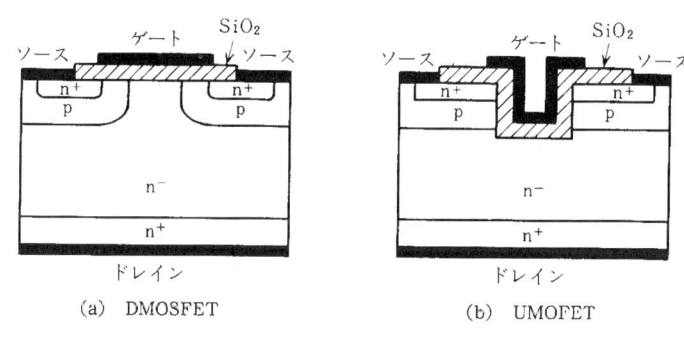

(a) DMOSFET　　　　(b) UMOFET

図 11.4　パワー-MOSFET

膜-p層の界面に反転層チャネルを形成して，ソースとドレイン間を導通させることにより，n^+-反転層-n^--n^+がつながり，オン状態となる．ゲートに負電圧を印加してチャネルを消滅させるとオフ状態となる．

このMOSFETは多数キャリヤ素子であるので，ターンオフ時に少数キャリヤの蓄積や再結合による時間遅れがない．スイッチ損が大きな問題となる高周波動作の回路への応用が注目される．また，2次降伏現象がないので，安全動作領域が広くなる．さらに，順方向電圧が温度とともに増加するので，並列運転が容易となる．そして，バイポーラ・トランジスタに比べて，オン電圧が高くなる．ショットキーダイオードの場合と同様に，高耐圧に適しているワイドギャップ半導体では，絶縁耐力F_bが大きいので，固有オン抵抗が式（11.4）で表され，格段に小さくなる．

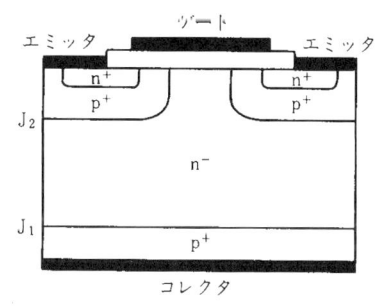

11.2.3　絶縁ゲートバイポーラ・トランジスタ（IGBT）

MOS電界効果トランジスタの電圧駆動と，大電流バイポーラ・トランジスタの低いオン電圧の利点を組み合わせた複合素子を，絶縁ゲートバイポーラ・トランジスタ（IGBT : insulated gate bipolar transistor）という．図11.5にその

図 11.5　絶縁ゲートバイポーラ・トランジスタ（IGBT）

断面構造を示す．

MOSゲート付きのサイリスタ（11.3参照）のように見えるが，サイリスタがオンしないように工夫されている．この構造でコレクタに負の電圧を印加すると，下部のp^+n^-接合（J_1）が逆方向バイアスとなるので，逆方向阻止状態である．コレクタに正電圧を印加し，ゲートとエミッタを短絡すると，上部のp^+n^-接合（J_2）が逆方向のバイアスとなって順方向阻止状態となる．順方向阻止状態でMOSゲートにしきい電圧より大きい電圧を印加すると，絶縁層を介してp層にチャネルが形成される．電子がn^+エミッタからn^-ドリフト層へ流れ，これが縦構造$p^+n^-p^+$バイポーラ・トランジスタのベース駆動電流となる．下部のp^+n^-が順方向バイアスとなっているので，下のp^+層からn^-層へ正孔が注入される[†]．IGBTのコレクタ-エミッタ間の電圧が増加すると，注入される正孔が増加する．これがn^-ドリフト層のドープ量を越えると，注入された少数キャリヤがそこでの多数キャリヤの数以上となる高注入状態となる．このとき，反対側の電極から大量の電子が流入して伝導度変調を受けて，n^-層の抵抗が極端に小さくなり，順方向にバイアスしたpinダイオードと同等になる．この結果，高い電流密度が得られ，バイポーラ・トランジスタと同等の低いオン電圧となる．ゲート電圧がしきい電圧程度では，反転層の導電率が低くなり，通常のMOSFETに類似となり，チャネルがピンチオフを起こすと，飽和特性を示す．この特性を図11.6に示す．

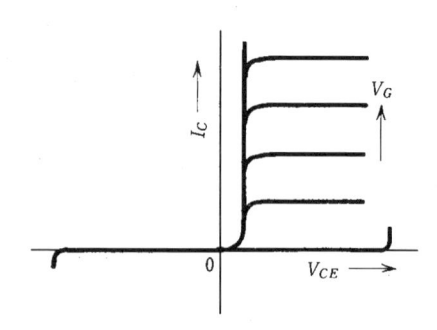

図 11.6　IGBTの出力特性

[†] 図11.5では下の電極はコレクタとなっているが，下部のp^+n^-接合が順方向にバイアスされているので，内部のバイポーラ・トランジスタとしては，これがエミッタ接合となる．

IGBTをターンオフさせるためには,ゲート電圧をしきい電圧以下にしてチャネルを消滅させ,n^-層への電子の供給を止める.n^-層の正孔が消滅し,$p^+n^-p^+$トランジスタはオフ状態となる.オン時に大量の少数キャリヤがn^-層へ注入されているので,急激には消滅せず,少数キャリヤの寿命できまる時定数をもつ.バイポーラ・トランジスタと同等の応答時間となる.

11.3 サイリスタ

pn接合を3つもち,低抵抗で電流オンと高抵抗で電流オフの2つの安定状態間をスイッチできる半導体素子類を総称して,サイリスタ(thyristor)という.動作原理はバイポーラ・トランジスタに類似しており,電流輸送には電子と正孔が関与する.

11.3.1 pnpnスイッチ

図11.7に示すような3つのpn接合J_1, J_2, J_3をもつpnpn接合の2端子素子はス

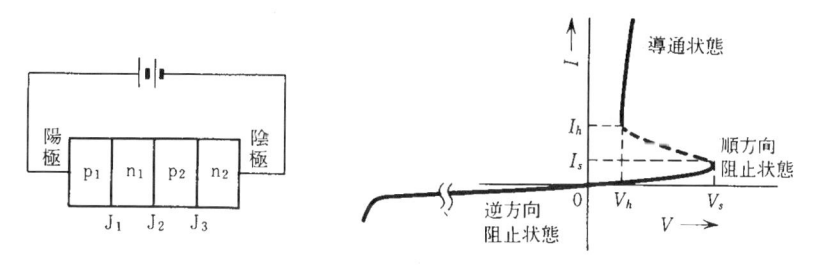

図11.7 pnpnスイッチ素子の特性

イッチ現象を示し,pnpnスイッチ素子といわれる.ショックレイ(Shockley)ダイオードと呼ばれることもある.陽極p_1,陰極n_2に図示した極性の電圧を加えると,接合J_1, J_3は順方向にバイアスされるが,接合J_2は逆方向にバイアスされるので,電流はわずかしか流れずに高抵抗である.この状態を順方向阻止(オフ)状態という.外部電圧が上昇すると接合J_2に加わる逆方向電圧が高くなってなだれ破壊を起こし,ダイオードに大きな電流が流れる.このため,素子内部の電圧降下が小さくなって,負性抵抗領域を経て,順方向導通(オン)状態に遷移する.遷移するときの電圧を順方向ブレークオーバ(breakover)電圧V_{BO},ま

たは，スイッチ電圧 V_s といい，電流をスイッチ電流 I_s という．導通状態を保つために必要な最小の電圧と電流を，それぞれ，保持 (holding) 電圧 V_h，保持電流 I_h という．このダイオードは一度導通状態になると電流を著しく下げるか，印加電圧の極性を反転させないと，阻止状態に戻らない．逆方向にバイアスした場合には，電流は逆方向阻止電圧まではほとんど流れない．

11.3.2 制御整流器（ゲート付きサイリスタ）

図 11.8 に示すように，$p_1n_1p_2n_2$ 素子の p_2 部分に電極をつけ，これから流れ込

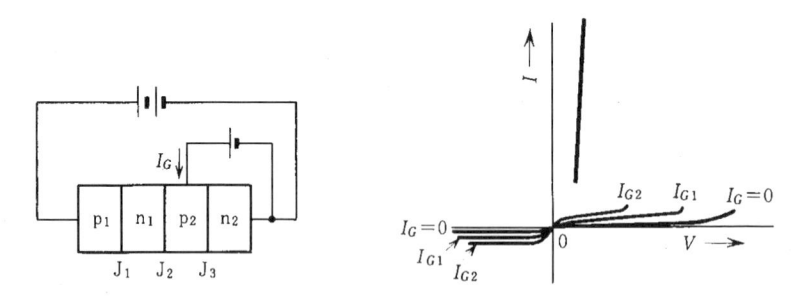

図 11.8 制御整流器の特性

む電流によって主回路を流れる電流のスイッチ電圧を制御するようにしたものを，半導体制御整流器 (SCR : semiconductor-controlled rectifier) という．新たにつけた電極をゲート (gate) 電極といい，この素子をゲートつきサイリスタという．ゲート電流 I_G がゼロの場合には，先に述べた pnpn スイッチ素子の特性であり，スイッチ電圧 V_s でターンオンして導通状態になる．正のゲート電流を流すと，図示したようにスイッチ電圧を下げることができる．ゲートに正電圧を印加すると接合 J_3 が順方向にバイアスされ，n_2 層から p_2 層へ電子が注入される．注入された電子の大部分は接合 J_2 に向かって移動し，接合 J_2 付近に電子が多くなるので，接合 J_2 の破壊電圧が下がって，ダイオードのスイッチ電圧が下がる．

この現象を理解するために，図 11.9 に示すような 2 トランジスタモデルを考える．pnp トランジスタ (1) と npn トランジスタ (2) があり，互いのベースとコレクタが内部でつながっている．ゲート電流が流れると npn トランジスタ (2) のコレクタ電流が増加する．このコレクタは pnp トランジスタ (1) のベースにつながっているので，そのベース電流が増加し，コレクタ電流が増加することにな

る.その増加はnpnトランジスタ(2)のベース電流の増加となり,コレクタ電流の増加をもたらす.2つのトランジスタが正のフィードバック回路を構成して

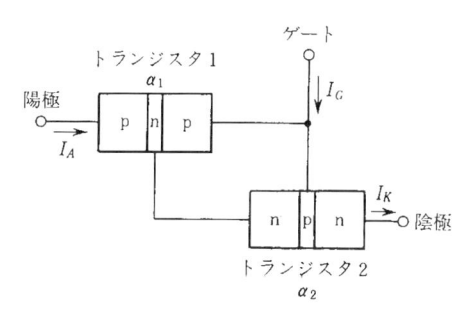

図11.9 ゲート付きサイリスタのターンオン特性の等価的構造

いる.陽極電流をI_A,陰極電流をI_K,ゲート電流をI_Gとする.両トランジスタとも逆方向のリーク電流は無視する.npnトランジスタ(2)のコレクタ電流$I_{C2}=\alpha_2 I_K$がpnpトランジスタ(1)のベース電流$I_{B1}=(1-\alpha_1)I_A$に等しいので,

$$(1-\alpha_1)I_A = \alpha_2 I_K \tag{11.5}$$

I_KはI_AとI_Gの和であるので,$I_K = I_A + I_G$より,

$$I_A = \frac{\alpha_2 I_G}{1-(\alpha_1+\alpha_2)} \tag{11.6}$$

式(11.6)において,$\alpha_1+\alpha_2$が1に近づくと,順方向ブレークオーバ(スイッチ)が生じ,素子はターンオンする.

ゲート電流をステップ状に印加して阻止状態から導通状態にしようとしても,主回路が完全に導通するまでには,n_1層での正孔,p_2層での電子の拡散があるので,時間がかかる.これをターンオン(turn on)時間という.導通状態から阻止状態に戻すことは,主回路の電流が大きいために,ゲート電流を下げても困難である.したがって,印加電圧の極性を反転させるか,強制転流回路で逆方向の電流を流さなければならない.pn接合の順方向から逆方向へのスイッチと同様に,逆方向の電圧を印加しても少数キャリヤが引き出され,さらに内部における再結合で消滅するまで逆方向の電流が流れる.電流が極性を変えた瞬間から,逆方向に振られた電圧が再び順方向に振られ始めるまでの時間をターンオフ(turn off)時間という.

通常,サイリスタの使用には図11.10に示すように,リアクトル(L),スナ

バ回路 (C, R) を必要とする．ターンオンにおける電流上昇率が高いと，陰極前面のうちゲートに近い部分に電流集中が起こり，サイリスタの破壊をもたらす．これを避けるために，素子に直列にリアクトルを接続して電流上昇率を下げる．ターンオフ時には，電流変化率と回路のインダクタンスによる大きな過渡電圧が発生する．この過渡電圧からサイリスタを保護するために，コンデンサと抵抗からなるスナバ回路を並列に接続する．

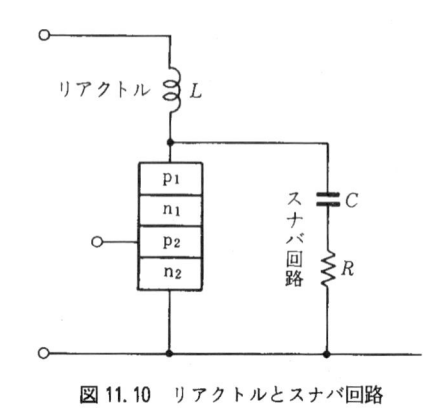

図 11.10 リアクトルとスナバ回路

インバータやチョッパなど電力変換に用いるときには，サイリスタが転流するときの回路のエネルギーをフィードバックするために，転流用ダイオードを逆並列に接続する．これらを組み合わせて1つの素子にしたものを逆導通サイリスタという．逆電圧を阻止する能力はないが，逆方向にも順方向と同程度あるいは1/3程度の平均電流が流せる．

ゲートにトリガ電流を流す代わりに，光を照射してターンオンさせる光トリガサイリスタが実用されている．素子の中央陰極部への光照射によって，電子と正孔が生成される．これらのキャリヤの移動によって生じる電位差が pn 接合の順方向バイアスとなり，立ち上がり電圧を越えると中央部の補助サイリスタが導通状態になる．この補助サイリスタの電流が横方向に広がり，素子全面がターンオンするようになる．一度ターンオンすると光トリガは切ってよい．主回路とトリガ回路が電気的に絶縁されているので，高電圧分野などで特徴ある使用ができる．

図 11.11 に示すように，pnpn 素子を逆並列に接続したものと等価な素子をダイアック (diac：diode ac switch) という．両方向性素子で，電圧の正・負の領域で特性が対称である．この素子の片方にゲートを設けてスイッチ電圧を制御できるようにしたものを，トライアック (triac：triode ac switch) という．

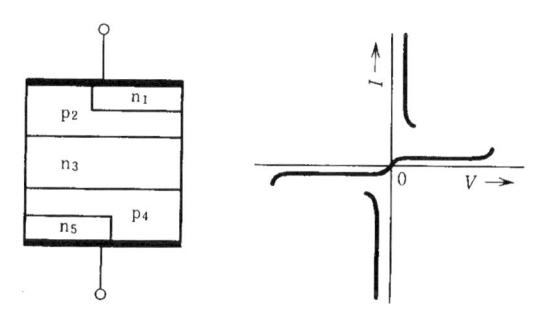

図 11.11 ダイアックの特性

11.4 ゲートターンオフサイリスタ

正のゲート電流でターンオンさせ，負のゲート電流でターンオフさせるサイリスタをゲートターンオフサイリスタ（GTO：gate turn-off thyristor）という．図 11.12 にその構造を示す．

ターンオン動作はサイリスタと同じである．導通時は電子は陽極に，正孔は陰極に向かって流れている．ゲートと陰極間に負の電圧を印加すると p_2 層の正孔がゲートに吸い出さ

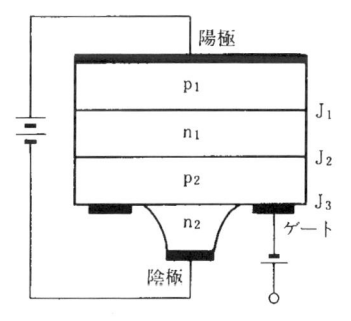

図 11.12 ゲートターンオフサイリスタ

れ，接合 J_3 が逆バイアスされて n_2 からの電子供給が止まり，逆阻止能力が発生する．その後，p_2 層の電子と正孔が再結合によって消滅していき，接合 J_3 が完全に逆阻止能力を示すので，接合 J_2 が本来のオフ電圧阻止能力を回復する．さらにゲート電圧を印加し続けると，接合 J_2 近傍にはキャリヤが存在しなくなり，それ以降はゲート電圧を加えなくてもオフ電圧が維持できるようになる．負のパルス電流を加えてから接合 J_3 の逆阻止能力が発生し始めるまでの時間を蓄積時間，そこから接合 J_2 の阻止能力が回復するまでの時間を下降時間といい，2 つの和をゲートターンオフ時間という．その後，わずかに流れる陽極電流をゲート電流によって消滅させるまでの時間をテイル時間という．

ゲート電極と陰極間の距離が大きく，p_2 層の横方向抵抗が大きいと，ゲート

ターンオフ時の正孔の吸い出しが困難となる．したがって，陰極を小さな長方形のセグメントとし，その周りをゲートで取り囲む構造としてp_2層の横方向をできるだけ小さくする．

ゲートターンオフサイリスタは，図11.13に示す2つのバイポーラ・トランジスタの組み合わせで表される．pnpトランジスタ(1)の電流増幅率α_1，npnトランジスタ(2)のそれをα_2とする．陽極電流(pnpトランジスタ(1)のエミッタ電流)をI_A，ゲート電極から吸い出す電流をI_Gとして，npnトランジスタ(2)のベース電流I_{B2}は，

$$I_{B2} = \alpha_1 I_A - I_G \qquad (11.7)$$

一方，npnトランジスタ(2)のエミッタ電流$I_K = I_A - I_G$とベース電流I_{B2}の間には

$$I_{B2} = (1-\alpha_2)(I_A - I_G) \qquad (11.8)$$

の関係がある．したがって，ゲートターンオフの条件は$\alpha_1 I_A - I_G \leq (1-\alpha_2)(I_A - I_G)$とすればよい．すなわち，ゲート電流は，

$$I_G \geq I_A(\alpha_1 + \alpha_2 - 1)/\alpha_2 \qquad (11.9)$$

となる．したがって，$\alpha_2/(\alpha_1+\alpha_2-1)$が大きくなれば負のゲート電流が少なくてすむ．$\alpha_2$をできるだけ大きくし，$\alpha_1+\alpha_2$を1よりわずかに大きくすればよい．

ゲートターンオフサイリスタには，通常のサイリスタのように高い逆電圧を阻止する逆阻止形と，陽極を短絡して逆阻止能力のない陽極短絡形の2種類がある．

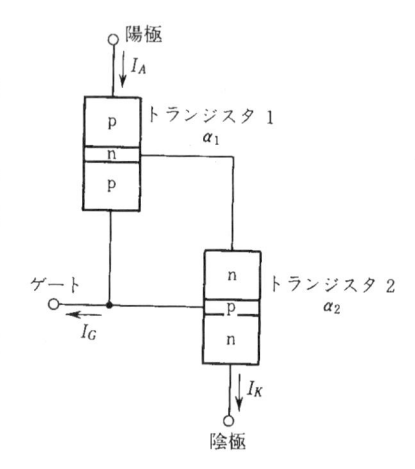

図11.13 ゲートターンオフサイリスタのターンオフ特性の等価的構造

演習問題

11.1 ショットキーダイオードにおける固有オン抵抗について説明せよ．
11.2 MOSFETとIGBTの構造の違いと特性の共通点，相違点を説明せよ．
11.3 サイリスタの動作原理を説明せよ．特にスイッチ特性を重視せよ．
11.4 GTOの動作原理について説明せよ．

付録 1

図 A.1 を用いて，導電帯の電子が捕獲される割合を求めてみる．電子密度を n，エネルギー準位 E_t にある N_t 個のトラットトラップのうち電子が占有している割合を f_t とすると，捕獲の割合 r_c は，電子の熱速度を v_n，捕獲断面積 s_n を用いて，

$$r_c = v_n s_n N_t (1-f_t) n \tag{A.1.1}$$

で与えられる．トラップからの放出の割合 r_e は，e_n を放出確率として，

$$r_e = e_n N_t f_t \tag{A.1.2}$$

である．平衡状態では，$r_c = r_e$ で，占有割合 f_t はフェルミ・ディラックの分布 f_{FD} で与えられるので，放出確率 e_n は，

$$e_n = v_n s_n n \left(\frac{1-f_{FD}}{f_{FD}} \right) = v_n s_n n \exp\left(\frac{E_t - E_f}{kT} \right) \tag{A.1.3}$$

となる．非縮退半導体であれば，n は，

$$n = N_c \exp\left(-\frac{E_c - E_f}{kT} \right) \tag{A.1.4}$$

で与えられるので，

$$e_n = v_n s_n N_c \exp\left(-\frac{E_c - E_t}{kT} \right) = v_n s_n n_1 \tag{A.1.5}$$

$$n_1 = N_c \exp\left(-\frac{E_c - E_t}{kT} \right) \tag{A.1.6}$$

となる．

非平衡状態での電子の正味の捕獲の割合 U_n は，

$$U_n = r_c - r_e = v_n s_n N_t [(1-f_t)n - n_1 f_t] \tag{A.1.7}$$

同じトラップ準位を介しての正孔の捕獲の割合 U_p も同じようにして，

$$U_p = v_p s_p N_t [f_t p - p_1 (1-f_t)] \tag{A.1.8}$$

で与えられる．ここに，v_p，s_p は正孔の熱速度および捕獲断面積で，p_1 は，

$$p_1 = N_v \exp\left(-\frac{E_t - E_v}{kT} \right) \tag{A.1.9}$$

である．

電子・正孔対が一定の割合 U で生成されていれば定常状態となり，このとき，電子および正孔の捕獲の割合 U_n および U_p が等しくなる．式 (A.1.7)，(A.1.8) より，

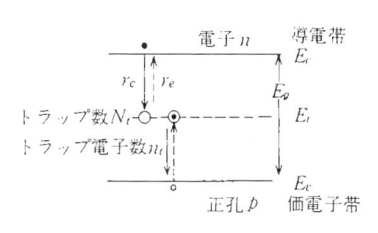

図 A.1 SRH モデル

$$f_t = \frac{v_n s_n n + v_p s_p p_1}{v_n s_n (n+n_1) + v_p s_p (p+p_1)} \tag{A.1.10}$$

が得られる．これを式（A.1.7）または式（A.1.8）に代入し，$n_1 p_1 = n_i^2$ を用いると，U は，

$$U = \frac{pn - n_i^2}{(n+n_1)\tau_{p0} + (p+p_1)\tau_{n0}} \tag{A.1.11}$$

となる．ここに τ_{p0}，τ_{n0} は，

$$\tau_{p0} \equiv \frac{1}{v_p s_p N_t}, \qquad \tau_{n0} \equiv \frac{1}{v_n s_n N_t} \tag{A.1.12}$$

で与えられる．式（A.1.11）の関係が SRH モデルによる再結合の基本式である．

付録 2

拡散方程式は少数キャリヤの数の変化の過渡状態を解くのに用いられる．たとえば，p 形半導体の無限大の長さの棒を考える．$t = 0$ において，$x = 0$ の点で n_0' の過剰の電子が作られるとする．このとき，過剰電子密度 $n'(x,t)$ に対する拡散方程式は式（2.68）より，

$$\frac{\partial n'(x,t)}{\partial t} = -\frac{n'(x,t)}{\tau_n} + D_n \frac{\partial^2 n'(x,t)}{\partial x^2} \tag{A.2.1}$$

となる．この方程式は次の初期条件をもつときに解ける．
（1）　$n'(x,t) = 0$ （$t = \infty$，すべての x に対して）
（2）　$n'(x,t) = n_0' \delta(x)$ （$t = 0$）
$\delta(x)$ はデルタ関数で，
$$\delta(x \neq 0) = 0$$
$$\delta(x = 0) = \infty$$
$$\int_{-\infty}^{\infty} \delta(x) dx = 1$$

解の形は，

$$n'(x,t) = \frac{n_0' \exp\left(-\dfrac{t}{\tau_n}\right)}{2(\pi D_n t)^{1/2}} \exp\left(-\frac{x^2}{4 D_n t}\right) \tag{A.2.2}$$

となる．この解は微分方程式および初期条件ともに満足する．

τ_n がかなり大きいとすると，$n'(x,t)$ の式はキャリヤがある時間 t の間に距離 x を移動する確率 $P(x,t)$ が

$$P(x,t) = \frac{\exp\left(-\dfrac{x^2}{4D_n t}\right)}{2(\pi D_n t)^{1/2}} \tag{A.2.3}$$

であることを意味している．したがって，時間 t の間に移動する平均二乗距離は，

$$\overline{x^2} = \int_{-\infty}^{\infty} x^2 P(x,t)dx = 2D_n t \tag{A.2.4}$$

となる．あるいは，一定距離 w を拡散で移動するのに要する時間 t は，

$$t = \frac{w^2}{2D_n} \tag{A.2.5}$$

となる．

付表1 周期表

族 周期	Ia	IIa	IIIa	IVa	Va	VIa	VIIa	VIII			Ib	IIb	IIIb	IVb	Vb	VIb	VIIb	0
1	1 H 1.008																	2 He 4.003
2	3 Li 6.940	4 Be 9.012											5 B 10.81	6 C 12.01	7 N 14.01	8 O 16.00	9 F 19.00	10 Ne 20.18
3	11 Na 22.99	12 Mg 24.31											13 Al 26.98	14 Si 28.09	15 P 30.97	16 S 32.06	17 Cl 35.45	18 Ar 39.95
4	19 K 39.10	20 Ca 40.08	21 Sc 44.96	22 Ti 47.90	23 V 50.94	24 Cr 52.00	25 Mn 54.94	26 Fe 55.85	27 Co 58.93	28 Ni 58.71	29 Cu 63.54	30 Zn 65.37	31 Ga 69.72	32 Ge 72.59	33 As 74.92	34 Se 78.96	35 Br 79.90	36 Kr 83.80
5	37 Rb 85.47	38 Sr 87.62	39 Y 88.91	40 Zr 91.22	41 Nb 92.91	42 Mo 95.94	43 Tc (99)	44 Ru 101.1	45 Rh 102.9	46 Pd 106.4	47 Ag 107.9	48 Cd 112.4	49 In 114.8	50 Sn 118.7	51 Sb 121.8	52 Te 127.6	53 I 126.9	54 Xe 131.3
6	55 Cs 132.9	56 Ba 137.3	57-71 *	72 Hf 178.5	73 Ta 180.9	74 W 183.9	75 Re 186.2	76 Os 190.2	77 Ir 192.2	78 Pt 195.1	79 Au 197.0	80 Hg 200.6	81 Tl 204.4	82 Pb 207.2	83 Bi 209.0	84 Po (210)	85 At (210)	86 Rn (222)
7	87 Fr (223)	88 Ra (226)	89- **															

* ランタニド元素

57 La 138.9	58 Ce 140.1	59 Pr 140.9	60 Nd 144.2	61 Pm (147)	62 Sm 150.4	63 Eu 152.0	64 Gd 157.3	65 Tb 158.9	66 Dy 162.5	67 Ho 164.9	68 Er 167.3	69 Tm 168.9	70 Yb 173.0	71 Lu 175.0

** アクチニド元素

89 Ac (227)	90 Th 232.0	91 Pa (231)	92 U 238.0	93 Np (237)	94 Pu (242)	95 Am (243)	96 Cm (247)	97 Bk (249)	98 Cf (251)	99 Es (254)	100 Fm (253)	101 Md (256)	102 No	103 Lr

( ) は未確定な数字.

付　　　表　　　　　　　　　　229

付表 2　おもな物理定数

電 子 の 電 荷	$e = -(1.60210 \pm 0.00007) \times 10^{-19}$	[C]
電子の静止質量	$m = (9.1091 \pm 0.0004) \times 10^{-31}$	[kg]
Planck の 定 数	$h = (6.6256 \pm 0.0005) \times 10^{-34}$	[Js]
光　　速　　度	$c = (2.997925 \pm 0.000003) \times 10^{8}$	[ms^{-1}]
Boltzmann 定 数	$k = (1.38054 \pm 0.00018) \times 10^{-23}$	[JK^{-1}]
真 空 の 誘 電 率	$\varepsilon_0 = 10^{7}/4\pi c^2 = 8.854 \times 10^{-12}$	[Fm^{-1}]
Avogadro 数	$N_0 = (6.02252 \pm 0.00028) \times 10^{23}$	[mol^{-1}]
Loschmidt 数	$N = (2.68715 \pm 0.00009) \times 10^{25}$	[m^{-3}]
1 Bohr 半 径	$r_B = (5.29167 \pm 0.00007) \times 10^{-11}$	[m]

演習問題略解

1.1 式 (1.6) より，エネルギー差は $13.6(1/1^2-1/2^2) = 10.2\,\mathrm{eV}$，波のエネルギーは $E = h\nu = hc/\lambda$ で与えられるので，波長は 122 nm．

1.2 ダイヤモンド：8個　閃亜鉛鉱：2元化合物の場合それぞれ4個ずつ．

1.3 (001) 面：$2/(5.432\times 10^{-10})^2 = 6.78\times 10^{18}\mathrm{m}^{-2}$（頂点と面心の2個）．
(111) 面：$5/\sqrt{3}\,(5.432\times 10^{-10})^2 = 9.79\times 10^{18}\mathrm{m}^{-2}$（頂点と面内の4個で合計5個）．

1.4 1.4 の連立微分方程式 (1.13) を解けばよい．

1.5 孤立原子からの近似およびほぼ自由な電子からの近似について学習するとよい．

1.6 立方体の箱の中に閉じ込められた電子にド・ブロイ波が付随しているとして波の数を計算し，状態密度に置換える．固体物性関係の参考書を用いて学習すればよい．

2.1 半径：式 (1.5) において，ε_0 の代りに $11.7\varepsilon_0$，m の代りに $0.33m$ を代入する．
1.88 nm．
イオン化エネルギー：式 (2.1) より $n=1$ として，$13.6\times 0.33\times 1/11.7^2 = 0.0328\,\mathrm{eV}$．

2.2 式 (2.20) より，
$p_i = n_i = 2.51\times 10^{25}(0.33\times 0.55)^{3/4}\exp(-1.1/2\times 0.026) = 4.54\times 10^{15}\mathrm{m}^{-3}$．

2.3 式 (2.23) より，
300 K では，$E_f = 1.0 + (3/4)\times 0.026\times \ln 3 = 1.02\,\mathrm{eV}$．
500 K では，$E_f = 1.0 + \left(\dfrac{3\times 5}{4\times 3}\right)\times 0.026\times \ln 3 = 1.04\,\mathrm{eV}$．
ただし，$E_v = 0\,\mathrm{eV}$ とする．

2.4 ドナーが全て活性化しているとすれば，式 (2.9) より，$n = 5\times 10^{22}\mathrm{m}^{-3}$．式 (2.19) より，$p = (1.44\times 10^{16})^2/5\times 10^{22} = 4.15\times 10^9\,\mathrm{m}^{-3}$．アクセプタが加わると，2.3 の最終段の記述より，$n = (5-3)\times 10^{22} = 2\times 10^{22}\,\mathrm{m}^{-3}$．

2.5 電子の散乱から散乱までの平均自由時間 $\langle\tau\rangle$ を用いて，移動度 μ が $\mu = e\langle\tau\rangle/m^*$ で与えられる．これより
$\langle\tau\rangle = 0.1\times 0.1\times 9.11\times 10^{-31}/1.60\times 10^{-19} = 5.70\times 10^{-14}\,\mathrm{s}$．
式 (2.36) より $\sigma = 1.60\times 10^{-19}\times 0.1\times 2\times 10^{21} = 32\,\mathrm{Sm}^{-1}$．

2.6 物理的機構を理解し，図 2.12 が説明できればよい．

2.7 物理的機構を理解し，式 (2.63)，(2.64) を導出すればよい．

2.8 式の導出過程を理解すればよい．

3.1 $\sigma = J/F = 10\times 10^{-3}/(1\times 10^{-3}\times 0.1\times 10^{-3})/2/(10\times 10^{-3}) = 500\,\mathrm{Sm}^{-1}$．式 (3.5)

より $R_H = 20\times10^{-3}\times0.1\times10^{-3}/(10\times10^{-3}\times0.5) = 4.0\times10^{-4}\,\mathrm{m^3\,C^{-1}}$. $n = 1/eR_H = 1.56\times10^{22}\,\mathrm{m^{-3}}$. 式 (3.10) より $\mu_H = \sigma R_H = 0.2\,\mathrm{m^2\,V^{-1}s^{-1}}$.

3.2 電子と正孔が存在するとし,それぞれのホール効果について考え,合成する.

3.3 3.2参照.

3.4 式 (3.18) より,$1/1.8\times10^6 = 5.56\times10^{-7}\,\mathrm{m}$ で光強度は $1/e = 0.368$ となる. $1-\exp(-\alpha x) = 0.99$ より $\alpha x = 4.61$, $\alpha = 4.61\times10^3\,\mathrm{m^{-1}}$ 以上.

3.5 波長 500 nm の光子のエネルギーは $h\nu = hc/\lambda$ より 3.98×10^{-19} J, したがって,強度 1000 W/m² は光子数にすれば,$1000/3.98\times10^{-19} = 2.51\times10^{21}\,\mathrm{m^{-2}s^{-1}}$ にあたる. 反射率を考えると,このうち,$1.48\times10^{21}\,\mathrm{m^{-2}s^{-1}}$ が Si 内に侵入する. 対生成の量子効率を1とすると,$g = 1.48\times10^{21}\,\mathrm{m^{-2}s^{-1}}$. ただし,前問の結果から,侵入した光は全て吸収されるとする.

3.6 式 (3.21) において,$g\tau_n = g\tau_p = 2\times10^{21}\,\mathrm{m^{-3}}$. よって $\Delta\sigma = 1.60\times10^{-19}\times2\times10^{21}(0.16+0.045) = 65.6\,\mathrm{Sm^{-1}}$. 抵抗率 $2\times10^{-2}\,\Omega\mathrm{m}$ は導電率 $\sigma_o = 50\,\mathrm{Sm^{-1}}$ であるので,$\sigma = \sigma_o + \Delta\sigma = 1.16\times10^2\,\mathrm{Sm^{-1}}$. したがって,抵抗率は $8.65\times10^{-3}\,\Omega\mathrm{m}$.

3.7 式 (3.23) より,$G = (0.16+0.045)\times10^{-3}\times8/(10\times10^{-3})^2 = 16.4$. 式 (3.22) より,$I_p = 1.60\times10^{-19}\times10^{22}\times10\times2\times1.1\times10^{-9}\times16.4 = 5.25\times10^{-5}\,\mathrm{A}$.

3.8 高電界において電子が帯間遷移する場合の特徴と,熱い電子の挙動が理解できると十分である.

4.1 式 (4.13) を用いて各電圧における容量を計算して図示する.

4.2 4.3.2を理解し,式 (4.62) が導出できればよい.

4.3 (1) 式 (4.11) で $N_a \gg N_d$ より,$d = \{2\varepsilon_s\varepsilon_o(V_d-V)/eN_d\}^{1/2} = 2.86\times10^{-6}\,\mathrm{m}$. (2) 式 (4.47) から,最大電界 $F_{max} = 2(6+0.3)/2.86\times10^{-6} = 4.41\times10^6\,\mathrm{Vm^{-1}}$, 図省略.

4.4 式 (4.73) および式 (4.77) より
$J_p/J_n = (D_p p_{po}/L_p)/(D_n n_{no}/L_n) = \mu_p p_{po} L_n/\mu_n n_{no} L_p$ (アインシュタインの関係式), したがって $J_p/J_n = \sigma_p L_n/\sigma_n L_p$.

4.5 キャリヤ密度分布を示す. 電流は拡散電流であるとして解図4.1を基に求めることができる.

4.6 p形の導電率は $48\,\mathrm{Sm^{-1}}$ で $10\,\mathrm{Am^{-2}}$ の電流が流れ,1mmの長さであるから $0.2\,\mathrm{mV}$ の電圧降下. n形は $8\,\mathrm{Sm^{-1}}$ で $1.2\,\mathrm{mV}$ の電圧降下となる. ともに,印加電圧の 0.3 V に比較して十分小さく,仮定は正しいとしてよい.

4.7 式 (4.110) より,$V_b \simeq \varepsilon_s \varepsilon_o F_b^2/2eN_d$, ただし,$N_a \gg N_d$ とする. したがって,$N_d = 11.7\times8.85\times10^{-12}\times(3\times10^7)^2/(2\times1.60\times10^{-19}\times10) = 2.91\times10^{22}\,\mathrm{m^{-3}}$.

4.8 $C = \varepsilon_i \varepsilon_o S/d$ より,

解図 4.1

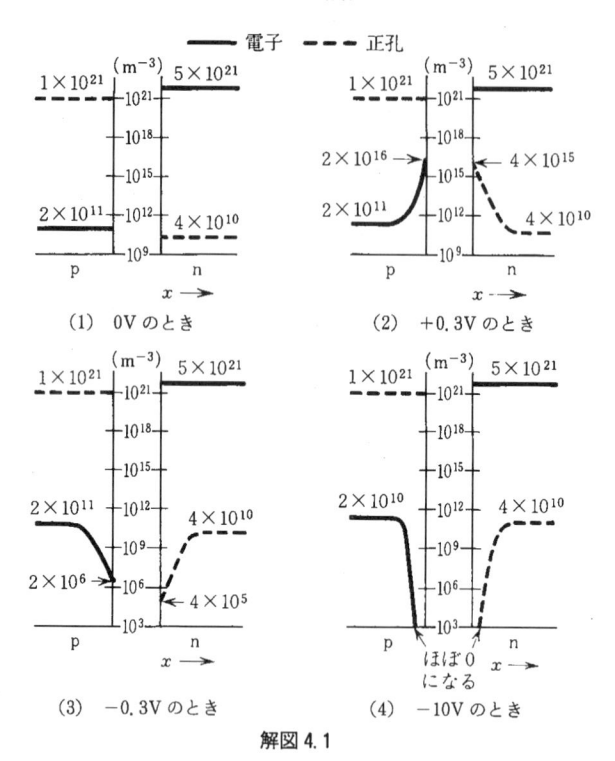

(1) 0V のとき
(2) +0.3V のとき
(3) −0.3V のとき
(4) −10V のとき

凡例: ——— 電子　‐‐‐‐ 正孔

$d = 3.9 \times 8.85 \times 10^{-12} \times (0.5 \times 10^{-3})^2 \pi / 400 \times 10^{-12} = 6.77 \times 10^{-8}\,\mathrm{m}$.

5.1 略

5.2 式 (5.7) より, $D = 3.85 \times 10^{-4} \exp(-3.66 \times 1.60 \times 10^{-19}/(1273 \times 1.38 \times 10^{-23}))$
$= 1.28 \times 10^{-18}\,\mathrm{m^2 s^{-1}}$, $\sqrt{Dt} = 4.81 \times 10^{-8}\,\mathrm{m}$, 図 5.11 より $x/2\sqrt{Dt} = 1.2$ となる x が求める深さとなる. $x = 0.12\,\mu\mathrm{m}$.

5.3 $t = 1.96x^2 + 0.216x$ ($x : \mu\mathrm{m}$ 単位, $t :$ h 単位). これをもとに図示すればよい.
$\tau = 0$ とする.

5.4 5.4 を参照すればよい.

6.1 6.1 参照. 生成・再結合電流, 高注入状態, 直列抵抗効果について説明すればよい. それぞれの電圧依存性の説明も必要.

6.2 式 (6.2) より, $J_0 \propto n_i^2$, $n_i \propto T^{3/2} \exp(-E_g/2kT)$. $T^{3/2}$ の項は exp 項の温度変化に比較して変化が小さい. したがって, $\ln J_0 \propto -(E_g/2kT)$ となり, 禁制帯幅がわ

かる.
6.3　6.2参照．式(6.36), (6.39)に記載のようにアドミタンスの式から説明すればよい．
6.4　6.3の式(6.48)を導出するところを論ずればよい．
6.5　6.5.1に記載．

7.1　7.1で説明．
7.2　7.2を参照．ベースよりエミッタの不純物密度を高くする．ベース幅を狭くする．
7.3　式(7.47)および(7.48)から$F = (kT/ew)\ln(N_{aE}/N_{aC})$．式(2.33)および(2.48)を用いて，ドリフト速度$v_d = (D/w)\ln(N_{aE}/N_{aC})$．したがって，走行時間$t = w/v_d = (w^2/D)[\ln(N_{aE}/N_{aC})]^{-1}$．
　1μmのベース幅：$t = 2.18 \times 10^{-11}$ s.
　2μmのベース幅：$t = 8.69 \times 10^{-11}$ s.
7.4　7.4.2参照．アーリ効果，パンチスルーなどについて言及すればよい．
7.5　7.6参照．　7.6　7.6参照．

8.1　8.1.2参照．　8.2　8.1.3参照．　8.3　8.1.3参照．
8.4　8.3参照．　8.5　8.3参照．　8.6　8.4参照．

9.1　9.2参照．pn接合による分離，絶縁物による分離．
9.2　9.3参照．
9.3　9.3.3参照．低消費電力．
9.4　9.4.1参照．ワード線，ビット線，リフレッシュ操作．
9.5　9.4.2参照．しきい電圧変化．
9.6　9.5参照．

10.1　入射光エネルギーは$850 \times 4 \times 10^{-4} = 0.34$ W，出力エネルギーは$(100 \times 10^{-3})^2 \times 5 = 0.05$ W，したがって，変換効率は14.7%．
10.2　10.2.2参照．　10.3　10.2.2参照．　10.4　10.3参照．　10.5　10.4参照．

11.1　11.1.2参照．　11.2　11.2.2, 11.2.3参照．　11.3　11.3参照．　11.4　11.4参照．

索引

(五十音順)

あ行

アーリ効果　155
アイソプレーナ方式　182
アインシュタインの関係　34
アクセプタ　21
　——準位　21
浅い準位　20
熱い電子　62
アニール　119
アバランシェ・ホトダイオード　200
アモルファス半導体　107
暗電流　56
暗導電率　56

イオン
　——打込み　118
　——化エネルギー　2, 20
　——化不純物による散乱　32
　——結合　7
　——性　8
異種原子　9
1次降伏　215
移動度　31
　——間隙　108

ウエット・エッチング　122
ウルツ鉱構造　6
運動量保存　55

エキシトン　54
液相エピタキシャル法　115
液体封止引上げ法　113

エサキダイオード　141
エネルギー
　——準位　2
　——帯　12
　——変換効率　194
　——保存　55
エピタキシャル成長法　114
エミッタ　143
　——接合　143
　——接地　144
　——電流集中　154
エレクトロルミネセンス　60
エンハンスメント形　169

応答速度　198
オーム性接触　70
オームの法則　61
遅い準位　98
音響形格子振動　32
音響分岐　11

か行

カーク効果　161
外因形光導電　57
階段接合　78
界面準位　96
ガウスの法則　43
化学気相堆積法　114
拡散
　——アドミタンス　131
　——インピーダンス　131
　——距離　85
　——係数　117
　——定数　35
　——電位　67, 77
　——電流　35, 86
　——容量　132

化合物半導体　104
過剰少数キャリヤ　40, 84
活性化エネルギー　33
活性状態　151, 162
活性層　208
価電子　4, 8
　——帯　13
可変容量ダイオード　140
間接再結合　39
間接遷移　55, 202
感度　197

気相エピタキシャル法　114
基礎吸収　54
基底状態　2, 20
揮発性メモリ　187
擬フェルミ準位　88
逆接続状態　152
逆方向　68, 84
ギャップ状態　108
キャリヤ　19
　——密度　23
吸収係数　55
吸収端　54
共有結合　7
局在準位　20
局所酸化法　183
曲線因子　194
許容帯　12
禁制帯　12
　——幅　13, 14
金属-半導体接触　68, 173

クーロン力　1, 19, 21
空間電荷密度　72, 78, 81
空格子点　8

索 引

空乏　99
　——層　67, 77

傾斜接合　81
ゲート　164, 220
　——付サイリスタ　220
結晶　4
　——面　6
　——粒界　10
ゲルマニウム　103
検出率　198
元素半導体　103

光学形格子振動　32
光学分岐　11
格子
　——温度　62
　——間原子　8
　——欠陥　8
　——振動による散乱　32
　——定数　6
高注入状態　127
光起電力効果　58
光電効果　56
光電子放出　56
光導電効果　56
光導電セル　198
降伏　92
コヒーレント　208
コレクタ　143
　——接合　143
　——接地　144
　——特性　144
混晶　105

さ　行

再結合　39
　——中心　39
　——電流　126
最高発振周波数　161
雑音等価入力　197

酸化　119
　——膜　119
Ⅲ-Ⅴ族化合物　104

視感度曲線　203
しきい電圧　167
しきい電流　207
磁気抵抗効果　50
仕事関数　66
しゃ断周波数　160
しゃ断状態　151
周期表　4
自由電子　13
縮退状態　31, 140
縮小因子　170
順方向　68, 84
　——阻止状態　219
障壁高さ　67
障壁容量　73, 80, 82
状態密度　15, 23
ショットキー形欠陥　9
ショットキー障壁　68
少数キャリヤの寿命　40
充満帯　13
シリコン　103
シリコン・カーバイド　107
真空準位　66
真空蒸着法　121
振動姿態　10
振動周波数　38
真性キャリヤ密度　25
真性光導電　57

スイッチング・トランジスタ　162
スタティックメモリ　186
スパッタ法　121

正孔　18
正四面体結合　8
生成電流　125

整流器　137
整流性　68
　——接触　68
正孔
　——トラップ　37
　——の寿命　40
　——密度　25
ゼーベック効果　51
絶縁ゲートバイポーラトランジスタ　217
絶縁体　13
絶縁耐力　92
絶縁物分離　181
閃亜鉛鉱構造　6
遷移領域　77
占有確率　16
走行時間　158
相互コンダクタンス　167
ソース　164
増倍因子　93

た　行

ターンオフ　134
ターンオン　133
ダイアック　222
ダイオード理論　75

帯間遷移　54
ダイナミックメモリ　186
ダイヤモンド構造　6
帯理論　13
多結晶　5
縦モード　210
谷　14
ダブルヘテロ構造　208
単結晶　4
ダングリング・ボンド　108
短チャネル効果　169
短絡電流　193

索引

遅延線　191
置換形　9
蓄積　99
　──時間　134
チャネル　164, 172
注入率　149
超階段接合　140
直接再結合　39
直接遷移　55, 202
チョクラルスキ法　112
直列読出し　186

ツェナー破壊　93
つき抜け　155

抵抗率　32
低注入状態　129
定電圧ダイオード　138
ディプレッション形　169
テイル状態　108
出払い領域　34
電圧利得　144
転位　9
電位障壁　66
電気2重層　67
電子温度　62
電子親和力　66
電子・正孔対　57, 193
電子・正孔対生成　19
電子トラップ　37
電子の寿命　40
電子密度　24
伝導電子　13
デンバー効果　59
電流集中　154
電流増幅率　144
電流−電圧特性　68, 82, 166
電流−光出力特性　209
電力利得　144

到達率　148
導電体　13
導電帯　13
導電率　31
特性温度　209
閉じ込め　208
ドナー　19
　──準位　20
トムソン効果　52
トライアック　223
ドライ・エッチング　123
トラップ　37
　──構造　209
　──準位　38
ドリフト
　──移動度　31
　──速度　31
　──電流　32
　──・トランジスタ　155
ドレイン　164
トンネル効果　94, 141
トンネル・ダイオード　140

な 行

なだれ破壊　92, 157

2次降伏　215
二重拡散　118
II-VI族化合物　106

熱起電力　51
熱速度　38
熱酸化法　119
熱抵抗　159
熱電子放出モデル　74
熱電的性質　51

能動層　174
ノーマリ・オフ　169
ノーマリ・オン　169

は 行

バイポーラ・トランジスタ　215
破壊電圧　92
薄膜トランジスタ　171
バックワード・ダイオード　141
波動関数　3
波動方程式　2
速い準位　97
バラクタ　140
パウリの排他原理　4
半絶縁性　174
パンチ・スルー　155
反転　99
反転層　98, 164
半導体　13
バンド理論　13
光起電力効果　58
光増幅　207
光電子放出　56
光導電効果　56
光導電セル　198
光閉じ込め係数　209
引上げ法　112
非晶質　4
非飽和形　162
表面準位　97
表面障壁　97
表面量子準位　98
ピンチオフ　165, 173
フェルミ・ディラック分布　16
深い準位　20, 37
不揮発性メモリ　188
不純物拡散　116
不純物原子　9
不純物準位　20

索　引

負性微分抵抗　64
浮遊ゲート　188
浮遊ゲート素子　188
プラズマ・エッチング　122
プラズマCVD法　122
フラッシュメモリ　189
フリップ・フロップ回路　187
プレーナ・トランジスタ　146
フレンケル形欠陥　9
分子線エピタキシャル法　116
分布帰還型レーザ　210
分布反転　207
分離　179

閉殻　4
ベース　143
　——接地　144
　——抵抗　154
　——幅変調　154
ペルチェ効果　52

ポアソンの方程式　43, 72, 78
ボーア
　——の模型　1
　——の量子条件　2
ホール効果　47
ホール係数　48
飽和形　162
飽和状態　151
飽和速度　63
飽和電流密度　87
捕獲断面積　38, 41
保持電圧　220
保持電流　220
補償形半導体　23
ホット・キャリア　62, 170

ホトエッチング　122
ホトダイオード　198
ホトトランジスタ　201
ホトルミネセンス　60
ホトリソグラフィ　122
ホノン　10

ま　行

マクスウェル・ボルツマン統計　15
マクスウェル・ボルツマン分布　16

未結合手　108
ミラー指数　6

無秩序読出し　186

メモリセル　186

モジュレーション・ドーピング　174

や　行

有極性光学姿態　12
有効質量　15
有効状態密度　25
誘電緩和　44
誘電緩和時間　44
誘導放出　206

容量-電圧特性　74, 101
横モード　209

ら，わ行

ラテラル・トランジスタ　179

リアクティブ・イオン・エッチング　122
利得係数　57

リチャードソン定数　75
理想的ダイオード特性　124
リソグラフィ　122
量子井戸構造　211
量子効率　199
量子数　3

ルミネセンス　60

励起子　54
励起状態　2
レーザ　207
レジスト　122
連続の方程式　42

割込み形　9

（欧　字）

CCD　190
CMOS集積回路　185
CVD法　114, 121
CZ法　113
$E\text{-}k$曲線　14
EPROM　188
FAMOS　188
FZ法　113
GaAs　105, 174, 204
GaP　105, 203
GTO　223
HEMT　174
IC　177
IGBT　217
LED　202
LOCOS法　184
LSI　177

索引

MBE法　116
MESFET　173
MIS構造　98
MNOS　189
MOCVD法　114
MOS構造　98
MOSトランジスタ　164

n形　19
　──半導体　19

p形　19
　──半導体　20
pinダイオード　139
pinホトダイオード　200
pn接合　77
pn接合分離方式　179
pnpnスイッチ　219

RAM　186
ROM　186

VMOS　171

VLSI　177
SBFET　173
SIT　175
SOI　171
SOS　171
SRHモデル　40, 226

TFT　171

αしゃ断周波数　153

MEMO

MEMO

MEMO

「半導体工学」　正誤表

	誤	正
図 2.2, 2.3	E_d	ΔE_d
p.20 ↓1, ↓5	E_d	ΔE_d
式 (2.1)	$\lvert E_d \rvert$	ΔE_d
p.20 ↓11	ドナー準位が…	ドナー準位の深さが…
p.21 ↓9, ↓11	E_a	ΔE_a
↓12	アクセプタ準位は	アクセプタ準位の深さは
p.28 脚注	$g = 4$ となる.	$g = 1/4$ となる.
p.29 ↓6	$2E_c > N_d$	$2N_c > N_d$
式 (2.29)	$\dfrac{1}{4}\exp\left(\dfrac{E_a - E_f}{kT}\right)$	$4\exp\left(\dfrac{E_a - E_f}{kT}\right)$
式 (2.30)	$\dfrac{N_a}{N_v}\exp\cdots$	$\dfrac{16 N_a}{N_v}\exp\cdots$
式 (2.31)	$\ln\left(\dfrac{N_v}{4N_a}\right)$	$\ln\left(\dfrac{4N_v}{N_a}\right)$
p.30 ↓2	$4N_a > N_v$	$N_a > 4N_v$
↓4	$4N_a > N_v$	$N_a > 4N_v$
p.155 ↓14	，正孔は…	，電子は…

著者略歴

松波 弘之（まつなみ ひろゆき）

1964年　京都大学大学院修士課程修了
1983年　京都大学教授
現　在　京都大学名誉教授
　　　　工学博士

半導体工学（第2版）

定価はカバーに表示

1993年 3月25日　初　版第1刷
1999年11月 5日　第2版第1刷
2021年 1月25日　新　版第1刷
2021年 8月25日　　　　　第7刷

著　者　松　波　弘　之
発行者　朝　倉　誠　造
発行所　株式会社　朝　倉　書　店

　　東京都新宿区新小川町6-29
　　郵便番号　162-8707
　　電　話　03(3260)0141
　　FAX　03(3260)0180
　　http://www.asakura.co.jp

〈検印省略〉

© 2014 〈無断複写・転載を禁ず〉　　Printed in Korea

ISBN 978-4-254-22164-0　C 3055

JCOPY ＜出版者著作権管理機構 委託出版物＞

本書の無断複写は著作権法上での例外を除き禁じられています。複写される場合は、そのつど事前に、出版者著作権管理機構（電話 03-5244-5088, FAX 03-5244-5089, e-mail: info@jcopy.or.jp）の許諾を得てください。

九州工業大学情報科学センター編

デスクトップLinuxで学ぶ **コンピュータ・リテラシー**

12196-4 C3041　　　　B5判 304頁 本体3000円

情報処理基礎テキスト（UbuntuによるPC-UNIX入門）。自宅PCで自習可能。〔内容〕UNIXの基礎／エディタ，漢字入力／メール，Web／図の作製／LaTeX／UNIXコマンド／簡単なプログラミング他

前東北大 丸岡 章著

情 報 ト レ ー ニ ン グ
——パズルで学ぶ，なっとくの60題——

12200-8 C3041　　　　A5判 196頁 本体2700円

導入・展開・発展の三段階にレベル分けされたパズル計60題を解きながら，情報科学の基礎的な概念・考え方を楽しく学べる新しいタイプのテキスト。各問題にヒントと丁寧な解答を付し，独習でも取り組めるよう配慮した。

前日本IBM 岩野和生著
情報科学こんせぷつ4

ア ル ゴ リ ズ ム の 基 礎
——進化するIT時代に普遍な本質を見抜くもの——

12704-1 C3341　　　　A5判 200頁 本体2900円

コンピュータが計算をするために欠かせないアルゴリズムの基本事項から，問題のやさしさ難しさまでを初心者向けに実質的にやさしく説き明かした教科書〔内容〕計算複雑度／ソート／グラフアルゴリズム／文字列照合／NP完全問題／近似解法

慶大 河野健二著
情報科学こんせぷつ5

オペレーティングシステムの仕組み

12705-8 C3341　　　　A5判 184頁 本体3200円

抽象的な概念をしっかりと理解できるよう平易に記述した入門書。〔内容〕I/Oデバイスと割込み／プロセスとスレッド／スケジューリング／相互排除と同期／メモリ管理と仮想記憶／ファイルシステム／ネットワーク／セキュリティ／Windows

明大 中所武司著
情報科学こんせぷつ7

ソフトウェア工学（第3版）

12714-0 C3341　　　　A5判 160頁 本体2600円

ソフトウェア開発にかかわる基礎的な知識と"取り組み方"を習得する教科書。ISOの品質モデル，PMBOK，UMLについても説明。初版・2版にはなかった演習問題を各章末に設定することで，より学習しやすい内容とした。

日本IBM 福田剛志・日本IBM 黒澤亮二著
情報科学こんせぷつ12

デ ー タ ベ ー ス の 仕 組 み

12713-3 C3341　　　　A5判 196頁 本体3200円

特定のデータベース管理ソフトに依存しない，システムの基礎となる普遍性を持つ諸概念を詳説。〔内容〕実体関連モデル／リレーショナルモデル／リレーショナル代数／SQL／リレーショナルモデルの設計論／問合せ処理と最適化／X Query

東北大 安達文幸著
電気・電子工学基礎シリーズ8

通 信 シ ス テ ム 工 学

22878-6 C3354　　　　A5判 176頁 本体2800円

図を多用し平易に解説。〔内容〕構成／信号のフーリエ級数展開と変換／信号伝送とひずみ／信号対雑音電力比と雑音指数／アナログ変調（振幅変調，角度変調）／パルス振幅変調・符号変調／ディジタル変調／ディジタル伝送／多重伝送／他

東北大 塩入 諭・東北大 大町真一郎著
電気・電子工学基礎シリーズ18

画 像 情 報 処 理 工 学

22888-5 C3354　　　　A5判 148頁 本体2500円

人間の画像処理と視覚特性の関連および画像処理技術の基礎を解説。〔内容〕視覚の基礎／明度知覚と明暗画像処理／色覚と色画像処理／画像の周波数解析と視覚処理／画像の特徴抽出／領域処理／二値画像処理／認識／符号化と圧縮／動画像処理

石巻専修大 丸岡 章著
電気・電子工学基礎シリーズ17

コンピュータアーキテクチャ
——その組み立て方と動かし方をつかむ——

22887-8 C3354　　　　A5判 216頁 本体3000円

コンピュータをどのように組み立て，どのように動かすのかを，予備知識がなくても読めるよう解説。〔内容〕構造と働き／計算の流れ／情報の表現／論理回路と記憶回路／アセンブリ言語と機械語／制御／記憶階層／コンピュータシステムの制御

室蘭工大 永野宏治著

信 号 処 理 と フ ー リ エ 変 換

22159-6 C3055　　　　A5判 168頁 本体2500円

信号・システム解析で使えるように，高校数学の復習から丁寧に解説。〔内容〕信号とシステム／複素数／オイラーの公式／直交関数系／フーリエ級数展開／フーリエ変換／ランダム信号／線形システムの応答／ディジタル信号ほか

九大 川邊武俊・前防衛大 金井喜美雄著 電気電子工学シリーズ11 **制　　御　　工　　学** 22906-6　C3354　　　A5判 160頁 本体2600円	制御工学を基礎からていねいに解説した教科書。〔内容〕システムの制御／線形時不変システムと線形常微分方程式，伝達関数／システムの結合とブロック図／線形時不変システムの安定性，周波数応答／フィードバック制御系の設計技術／他
東北大 安藤　晃・東北大 犬竹正明著 電気・電子工学基礎シリーズ5 **高　電　圧　工　学** 22875-5　C3354　　　A5判 192頁 本体2800円	広範な工業生産分野への応用にとっての基礎となる知識と技術を解説。〔内容〕気体の性質と荷電粒子の基礎過程／気体・液体・固体中の放電現象と絶縁破壊／パルス放電と雷現象／高電圧の発生と計測／高電圧機器と安全対策／高電圧・放電応用
前長崎大 小山　純・福岡大 伊藤良三・九工大 花本剛士・九工大 山田洋明著 最新 **パワーエレクトロニクス入門** 22039-1　C3054　　　A5判 152頁 本体2800円	PWM制御技術をわかりやすく説明し，その技術の応用について解説した。口絵に最新のパワーエレクトロニクス技術を活用した装置を掲載し，当社のホームページから演習問題の詳解と，シミュレーションプログラムをダウンロードできる。
東北大 松木英敏・東北大 一ノ倉理著 電気・電子工学基礎シリーズ2 **電磁エネルギー変換工学** 22872-4　C3354　　　A5判 180頁 本体2900円	電磁エネルギー変換の基礎理論と変換機器を扱う上での基礎知識および代表的な回転機の動作特性と速度制御法の基礎について解説。〔内容〕序章／電磁エネルギー変換の基礎／磁気エネルギーとエネルギー変換／変圧器／直流機／同期機／誘導機
福岡大 西嶋喜代人・九大 末廣純也著 電気電子工学シリーズ13 **電気エネルギー工学概論** 22908-0　C3354　　　A5判 196頁 本体2900円	学部学生のために，電気エネルギーについて主に発生，輸送と貯蔵の観点からわかりやすく解説した教科書。〔内容〕エネルギーと地球環境／従来の発電方式／新しい発電方式／電気エネルギーの輸送と貯蔵／付録：慣用単位の相互換算など
前阪大 浜口智尋・阪大 森　伸也著 **電　子　物　性** ―電子デバイスの基礎― 22160-2　C3055　　　A5判 224頁 本体3200円	大学学部生・高専学生向けに，電子物性から電子デバイスまでの基礎をわかりやすく解説した教科書．近年目覚ましく発展する分野も丁寧にカバーする。章末の演習問題には解答を付け，自習用・参考書としても活用できる．
九大 浅野種正著 電気電子工学シリーズ7 **集　積　回　路　工　学** 22902-8　C3354　　　A5判 176頁 本体2800円	問題を豊富に収録し丁寧にやさしく解説〔内容〕集積回路とトランジスタ／半導体の性質とダイオード／MOSFETの動作原理・モデリング／CMOSの製造プロセス／ディジタル論理回路／アナログ集積回路／アナログ・ディジタル変換／他
前阪大 浜口智尋・阪大 谷口研二著 **半導体デバイスの基礎** 22155-8　C3055　　　A5判 224頁 本体3600円	集積回路の微細化，次世代メモリ素子等，半導体の状況変化に対応させてていねいに解説。〔内容〕半導体物理への入門／電気伝導／pn接合型デバイス／界面の物理と電界効果トランジスタ／光電効果デバイス／量子井戸デバイスなど／付録
前青学大 國岡昭夫・信州大 上村喜一著 新版 **基　礎　半　導　体　工　学** 22138-1　C3055　　　A5判 228頁 本体3400円	理解しやすい図を用いた定性的説明と式を用いた定量的な説明で半導体を平易に解説した全面的改訂新版。〔内容〕半導体中の電気伝導／pn接合ダイオード／金属―半導体接触／バイポーラトランジスタ／電界効果トランジスタ
東北大 田中和之・秋田大 林　正彦・前東北大 海老澤丕道著 電気・電子工学基礎シリーズ21 **電子情報系の 応　用　数　学** 22891-5　C3354　　　A5判 248頁 本体3400円	専門科目を学習するために必要となる項目の数学的定義を明確にし，例題を多く入れ，その解法を可能な限り詳細かつ平易に解説。〔内容〕フーリエ解析／複素関数／複素積分／複素関数の展開／ラプラス変換／特殊関数／2階線形偏微分方程式

前広島工大 中村正孝・広島工大 沖根光夫・広島工大 重広孝則著 電気・電子工学テキストシリーズ3 **電　気　回　路** 22833-5 C3354　　B5判 160頁 本体3200円	工科系学生向けのテキスト。電気回路の基礎から丁寧に説き起こす。〔内容〕交流電圧・電流・電力／交流回路／回路方程式と諸定理／リアクタンス1端子対回路の合成／3相交流回路／非正弦波交流回路／分布定数回路／基本回路の過渡現象／他
東北大 山田博仁著 電気・電子工学基礎シリーズ7 **電　気　回　路** 22877-9 C3354　　A5判 176頁 本体2600円	電磁気学との関係について明確にし，電気回路学に現れる様々な仮定や現象の物理的意味について詳述した教科書。〔内容〕電気回路の基本法則／回路素子／交流回路／回路方程式／線形回路において成り立つ諸定理／二端子対回路／分布定数回路
前九大 香田　徹・九大 吉田啓二著 電気電子工学シリーズ2 **電　気　回　路** 22897-7 C3354　　A5判 264頁 本体3200円	電気・電子系の学科で必須の電気回路を，初学年生のためにわかりやすく丁寧に解説。〔内容〕回路の変数と回路の法則／正弦波と複素数／交流回路と計算法／直列回路と共振回路／回路に関する諸定理／能動2ポート回路／3相交流回路／他
前京大 奥村浩士著 **電　気　回　路　理　論** 22049-0 C3054　　A5判 288頁 本体4600円	ソフトウェア時代に合った本格的電気回路理論。〔内容〕基本知識／テブナンの定理等／グラフ理論／カットセット解析等／テレゲンの定理等／簡単な線形回路の応答／ラプラス変換／たたみ込み積分等／散乱行列等／状態方程式等／問題解答
信州大 上村喜一著 **基　礎　電　子　回　路** ―回路図を読みとく― 22158-9 C3055　　A5判 212頁 本体3200円	回路図を読み解き・理解できるための待望の書。全150図。〔内容〕直流・交流回路の解析／2端子対回路と増幅回路／半導体素子の等価回路／バイアス回路／基本増幅回路／結合回路と多段増幅回路／帰還増幅と発振回路／差動増幅器／付録
前工学院大 曽根　悟訳 **図解 電　子　回　路　必　携** 22157-2 C3055　　A5判 232頁 本体4200円	電子回路の基本原理をテーマごとに1頁で簡潔・丁寧にまとめられたテキスト。〔内容〕直流回路／交流回路／ダイオード／接合トランジスタ／エミッタ接地増幅器／入出力インピーダンス／過渡現象／デジタル回路／演算増幅器／電源回路，他
前広島国際大 菅　博・広島工大 玉野和保・青学大 井出英人・広島工大 米沢良治著 電気・電子工学テキストシリーズ1 **電　気　・　電　子　計　測** 22831-1 C3354　　B5判 152頁 本体2900円	工科系学生向けテキスト。電気・電子計測の基礎から順を追って平易に解説。〔内容〕第1編「電磁気計測」(19教程)―測定の基礎／電気計器／検流計／他。第2編「電子計測」(13教程)―電子計測システム／センサ／データ変換／変換器／他
前理科大 大森俊一・前工学院大 根岸照雄・前工学院大 中根　央著 **基　礎　電　気　・　電　子　計　測** 22046-9 C3054　　A5判 192頁 本体2800円	電気計測の基礎を中心に解説した教科書，および若手技術者のための参考書。〔内容〕計測の基礎／電気・電子計測器／計測システム／電流，電圧の測定／電力の測定／抵抗，インピーダンスの測定／周波数，波形の測定／磁気測定／光測定／他
九大 岡田龍雄・九大 船木和夫著 電気電子工学シリーズ1 **電　磁　気　学** 22896-0 C3354　　A5判 192頁 本体2800円	学部初学年の学生のためにわかりやすく，ていねいに解説した教科書。静電気のクーロンの法則から始めて定常電流界，定常電流が作る磁界，電磁誘導の法則を記述し，その集大成としてマクスウェルの方程式へとたどり着く構成とした
元大阪府大 沢新之輔・摂南大 小川英一・前愛媛大 小野和雄著 エース電気・電子・情報工学シリーズ **エース 電　磁　気　学** 22741-3 C3354　　A5判 232頁 本体3400円	演習問題と詳解を備えた初学者用大好評教科書。〔内容〕電磁気学序説／真空中の静電界／導体系／誘電体／静電界の解法／電流／真空中の静磁界／磁性体と静磁界／電磁誘導／マクスウェルの方程式と電磁波／付録：ベクトル演算，立体角

上記価格（税別）は 2021年 7月現在